冷兵器时代的战争艺术

指文烽火工作室 著

图书在版编目（CIP）数据

战场决胜者：冷兵器时代的战争艺术 / 指文烽火工作室著. -- 长春：吉林文史出版社, 2018.9
ISBN 978-7-5472-5481-3

Ⅰ. ①战… Ⅱ. ①指… Ⅲ. ①冷兵器 – 军事史 – 世界 Ⅳ. ①E922.8

中国版本图书馆CIP数据核字(2018)第224695号

ZHANCHANG JUESHENGZHE：LENGBINGQI SHIDAI DE ZHANZHENG YISHU

战场决胜者：冷兵器时代的战争艺术

著 / 指文烽火工作室
责任编辑 / 吴枫　特约编辑 / 冉智超
装帧设计 / 周杰
策划制作 / 指文图书　出版发行 / 吉林文史出版社
地址 / 长春市人民大街 4646 号　邮编 / 130021
电话 / 0431-86037503　传真 / 0431-86037589
印刷 / 重庆长虹印务有限公司
版次 / 2018 年 10 月第 1 版 2018 年 10 月第 1 次印刷
开本 / 787mm × 1092mm　1/16
印张 / 17.5　字数 / 200 千
书号 / ISBN 978-7-5472-5481-3
定价 / 119.80 元

CONTENTS
目录

序言

“当一队人的手臂和腿部肌肉长时间地一致活动时，他们就会产生一种原始有力的社会联系……各种人牢牢地结合在一起，形成一个紧密的集体。甚至在显然生命处于危难的紧张时刻也能服从命令。”

——《竞逐富强——西方军事的现代化历程》

服从命令、遵守纪律、集体感、合作精神、标准化、等级制，这些已经成为现代社会的重要特征。但在普通人具备这些特质之前，古代军人早已在几百年，甚至几千年前拥有了这些特质。他们也因此成为当时社会里的精英，成为专业的武士阶层，成为当时战争的核心与依靠。

“实际参加作战的是少数‘精英’，但他们的命运却决定着国家中每一个人的命运。”

——《剑桥战争史》

古往今来，世界各地对战场勇士和沙场英雄的崇拜，始终是街谈巷议中热门的话题。早在中国的宋代，就有“或谑张飞胡，或笑邓艾吃”这样的三国演义中的故事流传。由此可见，战场勇士和沙场英雄，无论何时，都是一个永不过时的主题。

但是，以往对于英雄与战争的描写，大多局限在英雄个人事迹的描写，偏重于人文历史，而缺乏理性与客观的分析。一场战争，绝不是一个所谓的锦囊妙计就可以左右的。它是装备、训练、战略、战术、后勤甚至经济的综合体现。

在这本书中，我们将依托实际战例，透过西方式的实证视角，以考古发掘、专家考证、兵器复原介绍的形式，还原一个个真实的战场勇士，再现他们与敌人浴血搏杀的过程。

在那一场场生死对决中，勇士们是如何占据优势的？他们所拥有的哪些特质带来了优势，又是如何将优势转化为胜利的？

古往今来，那些一线军人所流传下来的军事著作，不约而同地指出了导致双方军人对决的几个决定性要素：动员体制，纪律和奖惩制度，武器装备的优劣，军事训练和兵员素质，以及作战指挥。

我们所要讲述和再现的，便是古往今来君王、将军、军事理论家们所渴求获得和梦想掌握的，也是普通读者很难领略和感受到的，最系统、最详细的知识与故事。

强盛的根基

战争是蒙着一层阴影的科学，在这样的阴影之下，人们每走一步都如履薄冰，如临深渊。

——赫尔曼·莫里斯·萨克森 《幻影》

从原始部落时代起，战争就是人类最重要的活动之一。这是自然界的生存选择带来的本能。努力在食物链中占据顶端，已经深深刻在了人类的基因当中。

人类进入文明时代后，消失的民族、国度与文明不计其数。幸存者未必更聪明，更强健或更文明，也不一定有着更优越的科学、经济和文化。他们之所以还存在，仅仅是因为他们赢得了战争这个足以否决其他一切因素的生存游戏。

人类厌恶和恐惧战争，但却无法摆脱它，也无法对它抱以天真的幻想。它是我们得以传承至今的重要原因，至今仍然是人类解决矛盾的最终手段，并因此影响着人类生活的大多数领域。

在我们文明的表面下，依然存在着某种“冷酷的原始性”，那就是依靠战斗作为决定性行动，决意在技能和勇气的考验中赢得胜利。

第一章 龙与狼的死斗

从李陵直捣王庭解析汉匈战争背后的军政体系

作者：原廓

战争是一种特殊的事业（不管它涉及的方面多么广泛，即使一个民族所有能拿起武器的男子都参加这个事业，它仍然是一种特殊的事业），它与人类生活的其他各种活动是不一样的。

——卡尔·冯·克劳塞维茨《战争论》

楔子 直捣王庭

汉武帝天汉二年（公元前 99 年），东浚稽山山脚下（今蒙古国境内阿尔泰山脉中段）出现了一支孤零零的汉朝军队。

这支军队的指挥官名叫李陵，著名的飞将军李广是他的祖父。当时李陵的官职是骑都尉，也就是汉帝国禁卫军骑兵部队的指挥官。可以说，他是当时汉帝国最具人望的青年骑兵指挥官，可现在他的麾下，却只有五千步兵。

李陵带领着这支军队已经出塞三十天了，总行程一千余里。

自汉武帝元光二年（公元前 133 年）的马邑之战起，汉帝国对匈奴的反击战已经进行了整整三十四年。这期间，汉帝国军队对匈奴人已经发动过无数次各种各样的攻击作战。但像这样只派出五千步兵深入草原却是第一次。

本来，李陵一开始的作战任务是为贰师将军李广利的三万骑兵提供后勤辎重保障。但这位年轻的指挥官却决心不依托骑兵，以汉家儿男的传统作战方式来挑战匈奴帝国。李陵在汉武帝刘彻面前许下这样的宏愿："我愿以少击众，率领五千步兵去直捣匈奴的单于王庭！"现在，李陵正在践行他的诺言，因为东浚稽山再往北，就是匈奴帝国单于王庭所在。

匈奴虽是随畜牧而转移、逐水草而迁徙的游牧民族，但自匈奴第一个单于——头曼单于时起，就有了自己的政治中心。其后，冒顿单于建立匈奴帝国，便有了单于王庭、茏城（亦作"龙城"）和蹛林[①]之设。

《史记·匈奴列传》载，每到一年的开始，匈奴的各级首领们就会聚于单于王庭，召开会议。到了每年的五月，他们会大会茏城，祭祀祖先、天地和鬼神。到了秋天马肥膘厚之时，匈奴人又将大会蹛林，

① 匈奴统计户口牲畜之地。

◎ 匈奴（hun）王阿提拉。欧洲人一般所称的匈奴人，是指罗马帝国在公元4世纪时接触到的匈人（huns）。匈人是不是就是西迁的匈奴人，在学术界还有争论。但根据墓葬发掘和欧洲人的记述可以确认，匈人依然主要是蒙古人种。因此就算匈人不是匈奴人的直系后裔，显然也带有匈奴人的血脉。另外可以确认的是，匈人的军队和国家都是典型的牧人军队和国家，充满了与匈奴人相同的特征和习俗

检阅人马牲畜。可见单于王庭、茏城和蹛林分别是匈奴的政治、礼仪和经济中心。

《辽史·卷二·太祖纪下》记载，天赞三年（公元924年），“六月乙酉，（辽太祖）大举征吐浑、党项、鞑靼等部，诏皇太子监国，大元帅尧骨从行。秋七月辛亥，曷剌等击素昆那山东部族，破之。八月乙酉，至乌孤山，以鹅祭天；甲午，次古单于国，登阿里典压得斯山，以麃鹿祭。九月丙申朔，次古回鹘城，勒石纪功；庚子，拜日于蹛林。丙午……略地西南”。

契丹人所说的“古单于国”就是匈奴帝国单于王庭的故址。根据考证，匈奴王庭位于现在蒙古国前杭爱省哈拉和林市以北，燕然山（今杭爱山）与安侯河交汇处附近。

直捣王庭，意味着李陵和他的五千步兵已经深入匈奴帝国的心脏地带。不过，他们的行动虽然极其勇敢，却并非有勇无谋，因为这是一次一箭双雕式的远征。李陵和五千名步兵的任务，就是在规定期限里，以冒进的偏师，吸引匈奴的注意力。其战略目标是，牵制匈奴军队，令其无法集中兵力，以辅助西线汉军主力的作战。

李陵部队同时执行着战略侦察任务。他们既要观察匈奴的军势，又要将匈奴王庭附近的山川地形绘制成地图，为将来的战略打击做准备。因此，李陵带领着这支军队走走停停，用了三十天的时间，将沿途一千余里的山川地形绘制成了地图。

现在约定的期限已经到了。相关地图也已经被使者送回了汉帝国的首都长安，呈献给了汉武帝。于是，李陵命令部下开始班师回朝，向朔方郡高阙关（今内蒙古乌拉特中旗石兰计的狼山山口）西北的受降城前进，以期休整部队。可远方莫名扬起的沙尘和大地突如其来的震动，却带来了不祥的预示。

李陵所不知道的是，就在他前去吸引匈奴军队注意力的时候，西线战局已经发生了巨变。

西线的三万汉军骑兵主力，在李广利的率领下，出酒泉，沿祁连山北麓向西北方向进军。汉军先在天山附近击败了匈奴

◎ 单于庭

的右贤王，斩杀俘虏了一万多敌人。得胜的西线汉军却遭遇了匈奴且鞮侯单于与左右贤王主力的合围。汉军被围数日，苦战不得脱困，粮草消耗殆尽。多亏勇将赵充国率领数百精锐，陷阵猛攻，突破了匈奴的包围圈，李广利又率军跟进，才突出重围，可是西路汉军已经损失了十之六七。

现在匈奴且鞮侯单于正率领着得胜的三万本部骑兵，从几千里外的天山返回王庭。五千名成长于汉地的农家子弟，即将直面三万名来自大漠草原，自称“天之骄子”的游牧骑手的挑战。

这是匈奴赌上尊严和国运的一战，也是汉军彰显军威和豪气的一战。匈奴帝国先后投入且鞮侯单于部和左右贤王部的八万骑兵。战况之激烈，匈奴单于都为之胆寒夺气，以至于向来吝惜笔墨的中国史书，第一次非常详细地记述了李陵与匈奴大军十多天激战的详情。这也是中国军事史上，对外作战最早和最为详细的战例战术记载。

一 牧人的战争

李陵这次深入匈奴帝国腹心的军事行动，被司马迁评价为“横挑强胡”，也就是勇敢凶悍地挑战强大的匈奴人。这次战斗也是汉匈两大帝国长达三个世纪的激烈碰撞与殊死对决的缩影。

这是一场深浸在血泊当中的碰撞与对决。

汉文帝三年（公元前 177 年），匈奴右贤王侵扰上郡，杀掠人民。

汉文帝十四年（公元前 166 年），匈奴十四万骑大举入朝那、萧关（今宁夏固原东南），杀北地都尉，虏人民畜产甚众。此后匈奴日骄，每岁入边，杀掠甚多，云中辽东最甚，每郡达万人。

后元六年（公元前 158 年），匈奴大入上郡、云中各三万骑，杀掠甚众。

汉武帝元光六年（公元前 129 年）冬，匈奴入上谷，杀掠吏民。

元朔元年（公元前 128 年）秋，匈奴二万骑攻入汉，杀辽西太守，掠二千余人。又入渔阳、雁门，杀掠三千余人。

元朔二年（公元前 127 年），入上谷、渔阳，杀掠千余人。

元朔三年（公元前 126 年），入代郡，掠千余人；秋，又入雁门，杀掠千余人。

元朔四年（公元前 125 年），复入代郡、定襄、上郡，杀掠数千人。

元朔五年（公元前 124 年），入代郡掠千余人。

元狩二年（公元前 121 年），入代郡、雁门，杀掠数百人。

元狩三年（公元前 120 年），入右北平、定襄，杀掠千余人。

太初三年（公元前 102 年），匈奴大入定襄、云中，杀掠数千人。

汉昭帝元凤三年（公元前 78 年），匈奴入五原，杀掠数千人。

……

……

东汉建武二十一年（公元 45 年）冬，复寇上谷、中山，杀略抄掠甚众，北边无复宁岁。

诸如此类的残酷杀掠，记满了中国的史书。

同样地，汉民族的反击也充满了血腥的味道。

元朔元年（公元前 128 年）秋，卫青为车骑将军，出雁门，三万骑击匈奴，斩首虏数千人。

元朔二年（公元前 127 年），卫青出云中以西至高阙。遂略河南地，至于陇西，捕匈奴首虏数千，畜数十万，走匈奴白羊、楼烦王。遂以河南地为朔方郡。

元朔五年（公元前 124 年）春，卫青将六将军，出塞六百里，击匈奴右贤王。汉兵夜至，围右贤王。右贤王惊，夜逃，独与其爱妾一人壮骑数百驰，溃围北去。汉轻骑校尉郭成等逐数百里，不及。得右贤裨王十馀人，众男女一万五千余人，畜数千百万。至塞，天子使使者持大将军印，即军中拜车骑将军卫青为大将军。

元朔六年（公元前123年）春，大将军卫青出定襄，斩首数千级而还。月馀，悉复出定襄击匈奴，斩首虏一万馀人。

同年，霍去病为剽姚校尉，与轻勇骑八百直弃大军数百里，斩首虏二千二十八级，及相国、当户，斩单于大父行、籍若侯产，生捕季父罗姑比。

元狩二年（公元前121年）春，霍去病为骠骑将军，将万骑出陇西，有功。过焉支山千有馀里，杀匈奴折兰王，斩卢胡王，执浑邪王子及相国、都尉，首虏八千馀级，收休屠祭天金人。

夏，霍去病复将数万骑，深入匈奴两千多里。攻祁连山，得匈奴酋涂王，以众降者二千五百人，斩首虏三万二百级，获五王，五王母，单于阏氏、王子五十九人，相国、将军、当户、都尉六十三人。

元狩四年（公元前119年），大将军卫青、骠骑将军霍去病将各五万骑，直穿沙漠攻击匈奴。卫青与单于主力对决，击败伊稚斜单于，斩捕匈奴首虏一万九千级。霍去病出代郡二千馀里，与匈奴左贤王接战，大胜，汉兵得胡首虏凡七万馀级。

本始三年（公元前71年），校尉常惠与乌孙兵至右谷蠡庭，获单于父行及嫂、居次（公主）、名王、犁汙都尉、千长、骑将以下三万九千余级，虏马、牛、羊、驴、骡、橐驼七十余万。

……

永元元年（公元89年）汉车骑将军窦宪与北单于战于稽落山，大破之，虏众崩溃，单于遁走。斩名王以下一万三千级，获牲口马、牛、羊、橐驼百余万头。

在这些数字和记录背后，是无数名汉匈战士的尸骸和鲜血。在这厚厚尸骸和浓浓鲜血的深处，其实更是农人与牧人自公元前7世纪到公元18世纪里宿命对决的缩影。

英国人约翰·基根在他的《战争史》中作了如此描述："自公元前7世纪，斯基泰人侵入美索不达米亚平原开始。在此后两千多年里，自欧亚大草原涌出的牧人，开创了一个针对农人的可怕循环。牧人所带来的袭击、劫掠、杀戮和有时征服，反复折磨着中东、印度、中国和欧洲的文明外缘。"

斯基泰人，也译为西徐亚人、锡西厄人或塞西亚人，中国的史料中将他们称作塞种人。斯基泰人是从希腊古典时代起就生活在欧洲东北部东欧大草原至中亚一带的游牧民族。他们是所有牧人的先驱，有

◎《汉匈战争图》，选自"南阳汉代画像砖"

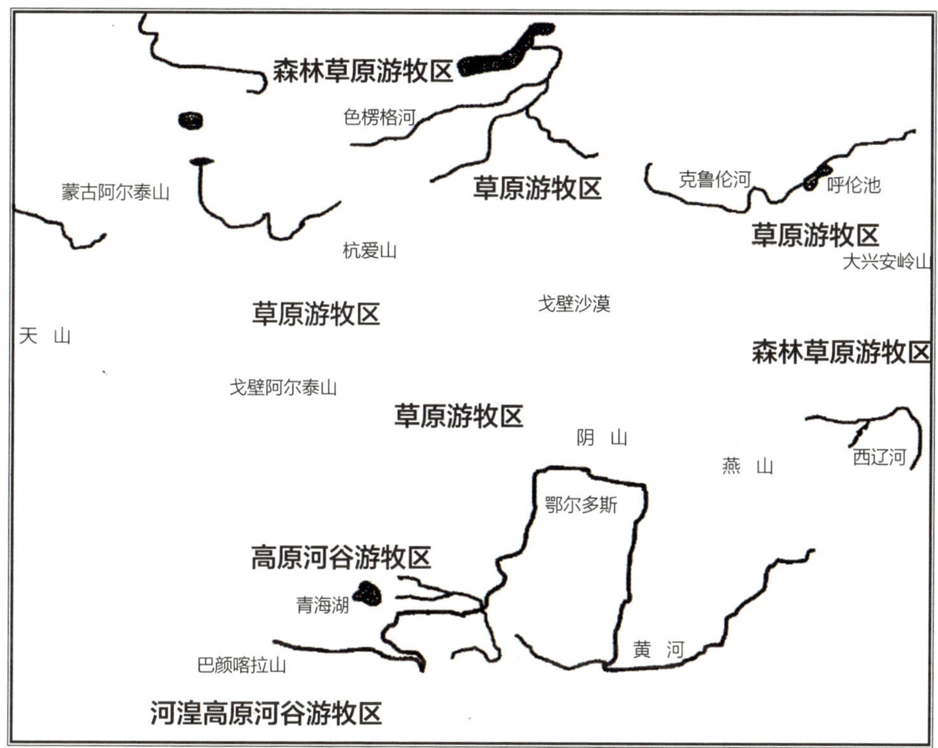

◎ 中国北方游牧区域示意图

传，骑术与奶酪等皆由其发明。

公元前 7 世纪，斯基泰人曾大举入侵高加索、小亚细亚、亚美尼亚、米底以及亚述帝国。斯基泰骑兵恣意驰骋于现土耳其的卡帕多西亚到伊朗的米底一带，威胁整个西亚将近七十年。

公元前 6 世纪，在西亚称雄三十多年的波斯帝国居鲁士大帝与斯基泰人的马萨盖特部落交锋。这个由托米丽斯女王统治的部落击败了波斯人，砍下了居鲁士大帝的头颅。居鲁士的继任者，“王中之王、诸国之王”大流士一世，也是因为在对斯基泰人的战争中受挫，才向西打上了希腊人的主意。

甚至亚历山大大帝也在斯基泰人的手下吃过苦头。古希腊人阿里安在他的《亚历山大远征记》一书中，记述了公元前 4 世纪亚历山大大帝进军中亚时遇到的斯基泰人的顽强抵抗。

在雅克萨提斯河岸，有些分散到各处去收集粮草的马其顿部队被斯基泰人杀了。于是亚历山大带着部队去攻打他们。初期的攻击很快被斯基泰人齐发的箭矢打退，马其顿人受伤很多。甚至亚历山大本人的小腿也被一支箭射穿，腿骨部分被射得粉碎。

自从这次受伤之后，原本喜欢冲锋在一线的亚历山大大帝却鲜有带队冲锋之举了。由此可见这次受伤对亚历山大的影响之深。

亚历山大麾下的军队也曾吃过斯基泰人的苦头。

马其顿人的军官急于要把敌人全部赶跑，就匆忙追上去，贸然地对斯基泰人发动了全面攻击。在靠近斯基泰沙漠的一片平地上，斯基泰人把部队摆好了阵势。斯基泰人的战术并不是消极地等待敌人来攻，也不只是准备在敌人发动攻击后发动反击。

斯基泰骑兵一见马其顿部队来了，就催动战马，围着马其顿步兵方阵兜圈子，不停地向他们猛射箭雨。当马其顿人的骑兵向他们冲击时，斯基泰人很轻易地躲开了。因为斯基泰人的战马精力充沛，所以跑得很快。但是马其顿人的战马则因长途跋涉，又缺少草料，早已疲惫不堪。因此，不论马其顿人想守住阵地还是要撤退，斯基泰人都连续不断地向他们猛冲猛射。慢慢地，因为大批士兵已中箭负伤，有些已经倒地不起。于是马其顿的军官们就把部队集合成方阵，向附近的一条河撤退。河边有一个山谷，山谷里树木很多，这样马其顿人就不太容易被斯基泰人射到，马其顿步兵也能发挥更大的作用。

这时，马其顿人的骑兵指挥官在斯基泰人的压力之下，未经请示就擅自下令骑兵先行渡河，企图躲避斯基泰人的箭雨。结果，马其顿步兵也在未得到任何指令的情况下，跟在骑兵后边渡河撤退。

撤退变成了溃退，很多马其顿人在慌乱中，从悬崖般的河岸上，纷纷跳到河里。骑在马上的斯基泰人看到马其顿部队犯了错误，就快马加鞭，从四面八方冲入河中。有的斯基泰人去追击那些已经过了河并正在继续撤退的马其顿人。有的斯基泰人就横列河中，把那些正要过河的马其顿人拖到水里。在两翼的斯基泰人从岸上向马其顿人拼命射箭，追杀那些刚进入河中的人。最后，马其顿部队走投无路，只能集中到河心一个小岛上躲避。斯基泰人蜂拥而至，把马其顿人全部射死。有几个马其顿人被活捉，立刻也都被砍死。

斯基泰人对马其顿人的这次胜利，就像约翰·基根描述的那样："牧人们以五倍于步行的速度驰骋于战场。他们将远程奔袭、战场快速迂回、高效投射技术，以及人与马的协调互动等这些惊心动魄的概念带给战争。"

牧人的战争没有任何仪式和典礼的意味。他们追求的是迅速、彻底和没有英雄色彩的胜利。避免英雄式展示差不多是牧人共同的规则。比如，成吉思汗本人只在崛起前期受过一次箭伤，此后战斗中却从不身先士卒甘冒风险。

像斯基泰人这样的游牧民族之所以能施展这种非接触式的战术，依靠的是两样东西——战马和弓箭。根据考古研究，历史学家们发现，斯基泰人骑的一般是肩高1.4米左右、头颈肩膀都很粗大的战马；他们用的是一种很小的反曲复合弓，长度仅有75~100厘米，箭头是青铜的，呈三棱型。一些墓葬中，这些箭头甚至嵌入死者的颅骨和脊骨深达 2~3 厘米。可见斯基泰人弓箭的凶狠。

此外，斯基泰人一般还装备一把剑和几支标枪。斯基泰人的王公贵族一般穿戴西亚或希腊风格的铠甲、头盔，而大部分斯基泰人是不穿铠甲的，除非他曾经有过缴获。不过一些斯基泰人会携带蒙有兽皮的木质盾牌。总体而言，斯基泰骑兵是轻骑兵，人和马都缺乏防护。

斯基泰人的一些战场风格还影响到了后来的牧人们。每一位年轻的斯基泰男子要被认为是成年人，就必须在战场上杀死一个敌人，并且饮用他杀死的第一个敌人的血。任何一个斯基泰战士若是想要晋升，就必须杀死一名敌人。

◎ 斯基泰弓箭手

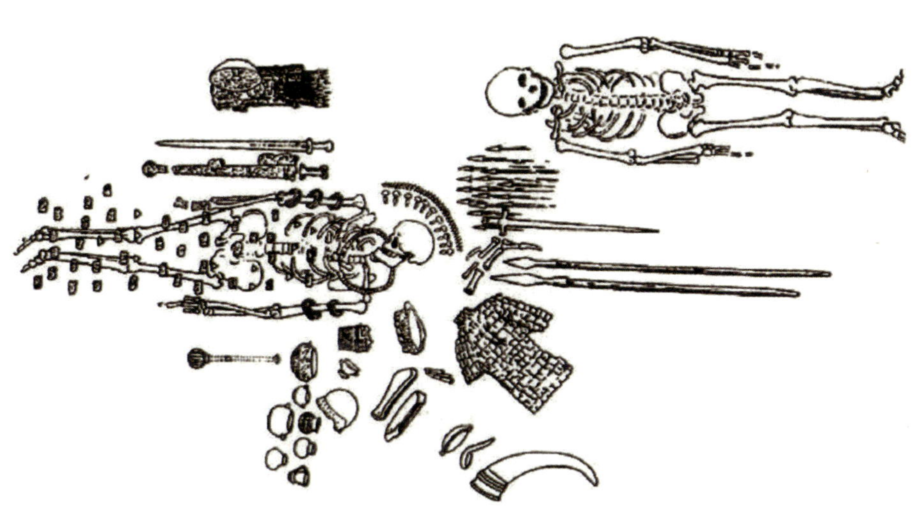

◎ 斯基泰人的墓葬

二 大漠上的苍狼

某种意义上来说，比斯基泰人晚兴起的匈奴人，是前者的学生。

战争在匈奴人的生活中是最重要的事情，匈奴帝国的军事体制渗透至其政治和经济生活中的每一部分。匈奴单于既是匈奴帝国最高的政治统治者，又是最高的军事首领。单于主持下建立的政权系统，实际上是一套完整的军事组织。单于属下的匈奴贵族官吏没有严格的文臣武将之分，多集军政于一身。

匈奴设置左右贤王、左右谷蠡王、左右大将、左右大都尉、左右大当户及左右骨都侯等二十四个中央高级官员，其中左右贤王、左右谷蠡王的地位最高。这些官员同时也是领主，他们各有封地，虽然名称不一，但共同特点是每个领主都是骑兵统帅，也就是万骑长。“自如左右贤王以下至当户，大者万骑，小者数千，凡二十四长，立号曰‘万骑’。”

匈奴最基层的单位是帐，一帐是一个五口之家，相当于汉帝国的一户。每帐要提供一名以上的骑兵。匈奴的什长领十帐之兵，是最小的作战单位；什长以上为百长，领兵约百人，百长以上为千长，统兵千人。千长由那二十四个万骑长统率，或由匈奴单于直辖。匈奴各部中还设有裨小王、相、都尉、当户、且渠等官职。他们权力的大小、地位的高低也都由其所率领的骑兵多寡决定。

要想成为一名合格的骑兵，对农人来说并不是一件容易的事情。因为在斯基泰人和匈奴人称雄的年代，马镫和马鞍还没有被发明出来，匈奴骑兵都是骑在光背战马上，或者最多垫一块皮垫。因此骑手就不得不依靠双腿夹紧战马，以使自己保持在马背上。这种技术被称为骣骑，是需要长期训练才能掌握的骑术。

驾驭没有马镫的战马驰骋、射箭，是现在的特技演员都很难做到的事情。就算借助马镫，普通人要想掌握骑马射箭技术也需要长期的练习。可是骣骑骑射对匈奴战士来说，却仿佛是一项天生就具备的战斗技能。可以说，匈奴人的生活就是军训。在草原分散游牧的经济生活下，保护自己的畜产免受损害，侵夺他人的财物补充己用，成为匈奴人一种天然的生存方式。因此，每个成年男子既是生产者，更是战士。

骑马、放牧和射猎是每个游牧民的基本生活技能。匈奴人从小就先练习骑羊，射猎小鸟和野兽，长大开始学骑马，射猎更大的野兽。从小的狩猎生活和训练培养了匈奴人优良的骑射技术、长途奔跑能力和野外生存能力。畜牧生活能培养一个人的管理统筹能力和团队配合意识，这也为匈奴人日后的实战生活打下了良好的基础，使他们能够很快地适应以服从指挥、协同配合为第一要务的军事生活。另外，每年的一三九月，匈奴的各个部落还要举行大会，进行集中训练和比试。大会还会组织集体围猎，作为军事演习。

◎ 匈奴武士

因此，普通匈奴人非常习惯平时为牧民，放牧打猎，战时为士兵，冲锋陷阵的生活。匈奴单于不需要付出什么，就拥有源源不断的成熟战士。又由于匈奴的行政组织军政合一，单于及以下各级官吏平时既负责一切行政事务，又组织军队的训练，因此官兵关系密切，无将不知兵，无兵不知将，在战斗中尽可发挥最大的战斗能力。凭借此优势，匈奴实行全民皆兵的军事体制，具有极低的战争成本和高效的军事动员体制。

匈奴妇女虽然一般不参与战争，但也能走马射箭。她们常在军中负责后勤和生产。当匈奴大军远征时，妇女们常驱赶牛马随行，“因水草为仓廪”，源源不断地供给后勤补给。这样，便避免了作战中运粮转输之劳，提高了军队的作战能力。可以说，整个匈奴帝国就是一个大兵营，战争成本极低，瞬间就能完成从平时到战时的转换。

◎ 匈奴骑兵

此外，匈奴在继承斯基泰人军事风俗的同时，也有自己的改进和创新。比如将“饮用杀死的第一个敌人的血”这一习俗，改成了“斩首虏赐一卮酒”、“所得虏获因以予之，得人以为奴婢”。匈奴战士只要参与战斗杀死了敌人，也就获得了参与分配战利品的权利，被劫掠到的人还将成为他的奴隶。而且，匈奴还有“战而扶舆死者，尽得死者家财”和“父死，妻其后母；兄弟死，皆取其妻妻之”的习俗，谁能将战死同伴的尸体运回去，就能得到战死者的全部家财和人口，丁壮战死后，其孤儿寡母不会流离失所。以上习俗也就免去了骑兵征战的后顾之忧。

因此，匈奴战士的作战意志和决心完全以利益为基础。当有利可图的时候，匈奴人就如同饿狼见到病弱猎物一样，群起而攻之，穷追不舍，直至啃掉猎物身上最后一块肉。可当无利可图，或遭遇强烈抵抗的时候，他们就会立即四散奔逃，丝毫不觉得耻辱。绝不挑战强者，只欺凌弱者，只有敌人无法还击的时候才会倾注全力——这就是匈奴的战争哲学。没有底线、没有荣誉感，一切都是为了利益。

约翰·基根在《战争史》中如此描述：

一个骑马民族的所有身体合格的成年男性就是军队。一切从大草原出发，打开征服之路、侵入文明地区的骑马民族都是打“真正的战争”。（他们）缺乏对使用武力的限制，除非彻底胜利，否则不会甘心终战罢兵。他们的战争没有克劳塞维茨式的政治目的，也没有文化上的转换效应，更不是为了追求物质发展或社会进步。他们的目的是赢得财富去维持一种不变的生活方式，保持他们的祖先从马上射出第一支箭以来始终不变的天性。他们是为战争而战争的武士，对劫掠、风险和胜利有着动物般的满足与兴奋。

罗马人如此描述他们所面对的游牧对手：

在战斗中，匈奴骑兵（huns）排列成楔形，像是要发动集团冲锋似的推进。突然，他们会分散成小部队发动猛攻，虽然看似杂

匈奴的冲锋（仿欧洲中世纪木刻油画）

乱无章，但其实异常凶猛，准确狠辣。而且，他们的攻击速度极快，对手往往猝不及防。当箭射光之后，他们会非常勇猛地投入近身肉搏。

凭借着全民皆兵，军政合一，以及独特的劫掠文化，匈奴人发动战争的成本很小，所得的收益却很大。于是，匈奴人自然成了大漠上的苍狼。他们建立的匈奴帝国是当时世界上最强大、幅员最辽阔的游牧帝国。整个帝国以蒙古高原为中心，东起辽东平原，西至阿尔泰山，深入中亚的咸海、黑海一带，向北远至贝加尔湖、叶尼塞河流域，向南延伸至河套以南的广大地区。他们征服了如此广袤的土地和如此众多的民族，以至于匈奴帝国被西域诸国被称为“百蛮大国”。

根据学者林干在《匈奴史》中的推算，匈奴单于大约统治着将近两百万的匈奴人。而学者马长寿在《北狄与匈奴》一书中写道：“匈奴所掠汉人奴隶至少有十多万；西域胡、丁零和西羌奴隶人口之在匈奴者，估计约二十五万；其余乌桓、鲜卑、楼烦、白羊等奴隶在匈奴者亦不下二十万，共计全国奴隶人口构五十五万余。此外，匈奴帝国在草原的内部和边缘还拥有很多被征服和奴役的部落。如东方的乌桓、鲜卑，北方的丁零、鬲昆，还有西方的西域诸多小国和部落。”

依托着这样一个庞大的帝国，匈奴单于可以随时动员起单于本部和二十四个万骑的三十多万骑兵！因此，骄傲的匈奴人以“天之骄子”自称。可大漠草原的物产无法真正供养起这个强悍的帝国。苏联学者阿纳托尔·M·卡扎诺夫在他的《游牧民与外部世界》一书中，提出了一个为人类社会学家们所认同的观点：游牧是一个不能全然自足的经济模式，需要辅助性行业进行补充。

当时牧人所能选择的行业有两个：贸易和劫掠。英国学者约翰·基根对此有过论述。其观点可以简单总结为：“大草原上根本产不出足够的、文明世界所需要的东西。正常商业动机下的贸易根本无法长期维持，最后只能演变成依靠军事手段发起的劫掠。有如十九世纪英国人发现自己处于中英贸易的入超地位，也就是存在贸易逆差之后，就将鸦片硬塞给中国人。当中国政府禁烟之后，英国人就不惜发动‘鸦片战争’。英国人的行为与牧人的劫掠行为本质上没有什么不同。只不过，牧人做不到英国人那样精致和周密。因此，对外劫掠，成为游牧帝国的谋生之道。劫掠在牧人当中就变成一件光荣的事情。在牧人与牧人之间相互掠夺的同时，牧人又进行着针对农人的单向掠夺。”

于是，这个被西域诸国称之为“百蛮大国”的可怕帝国成了汉帝国的心腹大患。两个帝国的边境线与著名的400毫米等降水量线重合。这里是农牧两种生活的交界区，气候较为温润，土壤肥沃，水草丰润，既能农耕也可游牧。两个帝国，谁掌握了这条线，谁就拥有了更广阔的生存空间。因此对于双方来说，双方的战争，是赌上国家和民族未来命运的生存之战。

虽然牧人和农人的第一次剧烈碰撞爆发于匈奴帝国和汉帝国之间，但匈奴人与中原人的交往与冲突其实早就已经开始。

根据美国学者狄宇宙在《古代中国与其强邻：东亚历史上游牧力量的兴起》一书中的考证，中原人与匈奴人的第一次接触发生在公元前 457 年。当时，中原晋国的大贵族赵襄子（战国七雄之赵国的创始人）派兵征服了一个名叫“代”的小国（位于今山西大同与河北蔚县一带）。《史记》也记载“襄主并戎取代以攘诸胡”（胡人就是中原人对于匈奴人先祖的统称）。也就是从那时起，匈奴人与中原人拉开了数百年恩恩怨怨的大幕。

狄宇宙还引用了拉铁摩尔（Lattimore，美国著名汉学家、蒙古学家）的观点。

“尽管在胡人和中原人之间还有一些特有的、难以调和的敌意与距离带来的不和谐关系，但是总体上当时胡人和中原人都是喜欢和平的。大约在从公元前 450 年到公元前 330 年的时期内，胡人还是一个驯顺的善邻，这和后来匈奴人所成为的那种危险族群迥然不同。”

但是随着“胡服骑射”的盛行和战国长城的修建，这种和平的关系发生了转变。“胡服骑射”是赵襄子的子孙赵武灵王进行的一场军事改革，目的是学习胡人服饰和胡人骑射武艺。

这是中原军队在战术上的一次重要革新。中原人在殷商时代就有乘骑之习，也有极其少量的骑兵。但这些骑兵主要是用于驿传及追捕逃奴，没有用于战争。春秋时中原骑兵有了初步的发展，但是数量很少，通常和战车混合编制。到了春秋末期，赵襄子“使延陵王将车骑先之晋阳”（《战国策·赵一》）。将车、骑并提，说明骑兵已开始向独立兵种过渡。到了公元前 4 世纪末，赵武灵王“胡服骑射”，实行重大的军事改革后，中原骑兵才迅速崛起。

在公元前 4 世纪末和公元前 3 世纪上半叶，战国七雄中的燕、赵和秦国开始不约而同地在自己国家的北方边境修建长城。这些长城就是“战国长城”。它作为抵抗胡人侵扰的防御工事，目标是将胡人阻挡在山脉的凹处，好集中力量将其包围起来，

◎ 战国匈奴首领

◎ 秦军击败匈奴

进行战斗。如果把“胡服骑射”比喻成矛，那么“战国长城”就是盾。“矛”和“盾”的出现，说明此时的胡人已经从友善的邻居变成了危险的敌人。

“匈奴”这个名字第一次出现在中国史料中就与战争和征服有关。汉代刘向的《说苑》记载了燕昭王元年（公元前312年）的一条史料：“匈奴驱驰于楼烦。”这证明此时匈奴部族已经崛起，匈奴人征服楼烦部落（活跃于今山西省宁武一带）的事情甚至惊动了燕国的君王。

几十年后，进一步崛起和扩张的匈奴人就跟中原人有了直接的冲突。赵孝成王初年（公元前265年），赵国大将李牧在代郡和雁门，采取示弱于敌、诱敌深入的战术，大破入侵劫掠的十余万匈奴骑兵。此时的匈奴人虽然已经变得危险，但还不致命，因为他们还只是一个松散的部落联盟。

到了公元前3世纪末的头曼单于时代，匈奴帝国已经初具规模，军事力量进一步增强，南下扩张已是必然之举。但是头曼单于时运不济，迎头就撞上了已经统一中原的强悍的秦帝国。秦帝国为了破除匈奴帝国的威胁，调集兵力，修缮长城，修筑驰道，做好了充分的准备。

始皇帝三十二年（公元前215年），大将蒙恬率三十万秦军北击匈奴。第一阶段，秦军采取避实击虚的战略，东西并进、南北夹击，夺取了匈奴势力薄弱的河套以南地区，推进到北河（今乌加河，当时为黄河的主流道）。第二年（公元前214年），秦军又发动了第二阶段攻势。蒙恬率军渡河，击败了匈奴主力，夺取了整个阴山地区和贺兰山高地。

头曼单于迫于秦军的兵锋，只能撤退到阴山以北的漠南地区。公元前209年，冒顿杀死父亲头曼，成为匈奴帝国的新单于，匈奴帝国迎来了难得的发展机遇。秦帝国崩溃，天下大乱，群雄逐鹿于中原。冒顿单于借此良机，向东击灭宿敌东胡人；南并楼烦、白羊王，全部夺回秦将蒙恬所占的河南地；向北征服浑庾、屈射、丁零、鬲昆、薪犁各部族；出兵西域消灭月氏，平定楼兰、乌孙、呼揭各族。经过一系列的战争，冒顿单于在历史上首次把大漠南北的草原地区完全统一起来了。等到公元前202年，汉高祖刘邦建立起汉帝国时，匈奴帝国已经是拥有近四十万骑兵，并且不断南下劫掠的“可怕巨狼”了。

三 白登之围

汉高祖六年（公元前201年），刘邦为了防备匈奴的进一步南下，准备设置一道缓冲地带。于是刘邦将太原郡和直至北部边界的31个县划给韩王信（与击败项羽

匈奴帝国
汉军在白登山上据险而守，等待援军
白登山
平城
白羊部落
柏人
代郡
楼烦
广武
由逆
真定
离石
东垣
晋阳
赵国
铜鞮
公元前200年汉军从长安出发
刘邦撤退
洛阳
长安
蕲县
淮南国
图例
汉军行军线路
匈奴行军线路
王黄行军线路
刘邦撤退线路
交战地点

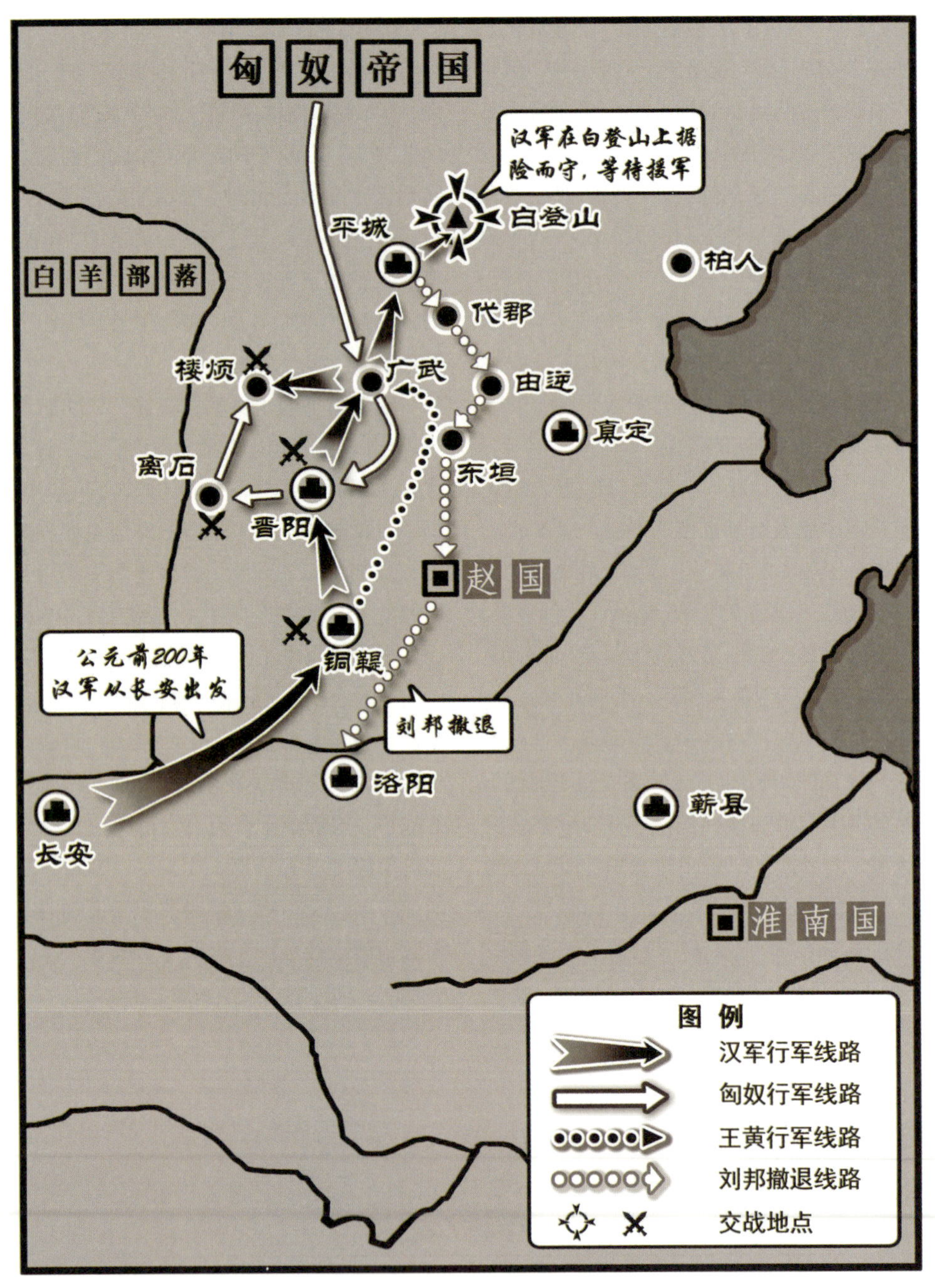

白登之围战局图

的韩信重名，因为他被封为韩王，所以史称韩王信）作为封地，以期韩王信能抵御匈奴。可是当年秋天，匈奴来攻的时候，韩王信却和匈奴约定好共同攻打汉朝。韩王信献出了国都马邑，投降了匈奴，并率军攻打太原。

勃然大怒的刘邦，在汉高祖七年（公元前 200 年）十月，亲率 32 万大军反击。战役的初期，汉军进展顺利，连续击败韩王信的叛军以及叛军与匈奴的联军，甚至还击败了冒顿单于的先头部队。此时已经是冬季，天降大雪。而当时棉衣这类重要御寒物资尚未开始推广，因此，汉军士卒自然缺乏足够的御寒服装。普通汉军战士多被冻伤，甚至有十之二三的士兵被冻掉了手指。汉军的行动越来越迟缓，各部队之间也出现了脱节。

同时，刘邦在连胜之后，中了冒顿单于的示弱诱敌之计，产生了轻敌冒进思想。当刘邦亲率先头部队进驻平城（今山西省大同市）东南三十里的白登山时，主力 20 万汉军还停留在楼烦、马邑一线。冒顿单于抓住汉军的这一漏洞，调集整个匈奴帝国的 30 多万骑兵，将刘邦和汉军先头部队合围在白登山。汉军苦战七日不得突围，情况十分紧急。

后世人有声有色地演绎了刘邦脱困的过程。无计可施的刘邦向随行的谋士陈平求助，陈平建议派人贿赂冒顿单于的阏氏（皇后），让她劝说冒顿解围。汉高祖采用此计，派使者用重金贿赂求见阏氏，并送上一幅美女图。使者说："汉朝有这样的美女，现在汉朝皇帝的状况非常困厄，打算把这位美女献给单于，以求脱困。"阏氏见图，担心单于得此美女，不再宠爱自己，便劝冒顿解围撤兵。她说："汉、匈两主不应该互相逼迫得太厉害。就算你夺取汉地，可能也会水土不服，无法长住。汉帝被围了七天，军中没有什么慌乱，想必是有神灵在相助，不如放他一条生路。"冒顿听后决心动摇，于是将包围圈放开一角，汉高祖刘邦这才顺利逃脱。

其实后世所津津乐道的使者与匈奴阏氏的对话，在司马迁的《史记》中并没有提及。相反，司马迁强调"其计秘，世莫得闻"。那个对话的版本，出自东汉哲学家、经学家、琴家桓谭的《新论》一书。至于桓谭是如何能将一件发生在将近两百年前，连当时的人都不晓得细节的事情，描绘得如身临其境一般，就不得而知了。

更有意思的是关于白登之围的记述，《史记》中不同篇章各自有着不同角度的细节描写。

（刘邦）至平城。匈奴围我平城，七日而后罢去。（《史记·高祖本纪》）

至平城，为匈奴所围，七日不得食。高帝用陈平奇计，使单于阏氏，围以得开。高帝既出，其计秘，世莫得闻。（《史记·陈丞相世家》）

汉令车骑击破匈奴。匈奴常败走，汉乘胜追北，闻冒顿居代谷，高皇帝居晋阳，使人视冒顿，还报曰"可击"。上遂至平城。上出白登，匈奴骑围上，上乃使人厚遗阏氏。阏氏乃说冒顿曰："今得汉地，犹不能居；且两主不相厄。"居七日，胡骑稍引去。时天大雾，汉使人往来，胡不觉。护军中尉

陈平言上曰：“胡者全兵，请令强弩傅两矢外乡，徐行出围。”入平城，汉救兵亦到，胡骑遂解去。【《史记·韩（王）信列传》】

高帝自将兵往击之。会冬大寒雨雪，卒之堕指者十二三，於是冒顿佯败走，诱汉兵。汉兵逐击冒顿，冒顿匿其精兵，见其羸弱，於是汉悉兵，多步兵，三十二万，北逐之。高帝先至平城，步兵未尽到，冒顿纵精兵四十万骑围高帝於白登。七日，汉兵中外不得相救饷。

……

高帝乃使使间厚遗阏氏，阏氏乃谓冒顿曰：“两主不相困。今得汉地，而单于终非能居之也。且汉王亦有神，单于察之。”冒顿与韩王信之将王黄、赵利期，而黄、利兵又不来，疑其与汉有谋，亦取阏氏之言，乃解围之一角。於是高帝令士皆持满傅矢外乡，从解角直出，竟与大军合，而冒顿遂引兵而去。（《史记·匈奴传》）

但是如果我们综合各方面历史记述，从军事角度而不是从简单的宫斗角度来分析整个“白登之围”，那么，我们就能拨开历史的迷雾，发现被后世文人的演绎与想象所层层遮盖的历史真相。

刘邦因为轻敌冒进，与汉军主力脱节，导致整个指挥中枢和前锋被匈奴主力合围。汉军苦战七日不得突围，所带的粮食也要耗尽。在这窘迫之时，刘邦派使者贿赂匈奴阏氏，阏氏劝说冒顿单于，冒顿单于将包围圈放开一角，这些事情都确有其事。但是如果我们只按事情的表面现象去理解，就明显背离了军事常识和冒顿单于的为人性格。

冒顿在当太子的时候，他的父亲头曼单于喜爱后妻所生的孩子，就想废了冒顿。于是头曼派冒顿到月氏国当人质，然后故意发兵攻击月氏国，以此借刀杀人。冒顿偷得了月氏人的千里马，才逃脱了月氏人的追杀。

头曼单于见冒顿如此勇壮，就让他当上了万骑长。当上万骑长的冒顿制造了一种名叫“鸣镝”的响箭，然后规定：“鸣镝所射而不悉射者斩。”出猎时，冒顿射出鸣镝，随从有不随鸣镝射往同一目标的，皆被斩杀。后来冒顿用鸣镝射自己的宝马，随从有不敢射者，也被立斩。再后来，冒顿又用鸣镝射自己的爱妻，随从仍有不敢射者，又被斩杀。最后，当冒顿用鸣镝射父亲头曼单于的宝马，冒顿的随从都没有一个人敢不射了。

这时，冒顿才显露了他的真实目的。他随父亲头曼单于出猎时，用鸣镝射头曼。随从条件反射般都随之放箭，于是头曼单于被射身亡。随后，冒顿又诛杀了后母及那个差点取代他的弟弟，杀光了不服从自己的大臣，自立为匈奴单于。

冒顿刚当上单于，东胡王趁其立足不稳，派使者来索要头曼单于的千里马。冒顿不顾群臣反对，将千里马送给了东胡王。东胡王又索要冒顿单于的阏氏。结果，冒顿不顾周围大臣的反对和气愤，把自己的妻子也送给了东胡王。东胡王认为冒顿软弱可欺，不再将其放在眼里，自然也放松了警惕。过了一段时间，东胡王又来索要匈奴与东胡之间的一块荒弃地。匈奴有大臣认为可以出让，结果冒顿却大怒，称“地者，国之本也，奈何予人”。冒顿杀掉了主张让地的大臣，发兵突袭东胡。东胡猝不及防，东胡王被杀，其民众及畜产尽为匈奴所得。

可见，冒顿是一个性格隐忍果敢，下手毒辣凶狠的枭雄。别人珍视的宝马爱妻，他是说杀就杀，说送就送。只要碍到他了，别说随从大臣，就是后母、异母兄弟，甚至亲生父亲，他杀起来也毫不留情。这样一个枭雄，现在调动了全国的兵力与汉帝国进行战略决战，并且已经包围了对方的整个指挥中枢。他怎么可能因为在他看来可以随意杀掉、随意送人的女人的几句话，就中止这么庞大而关乎国运的军事行动？如果冒顿是这样一个视军国大事为儿戏、耳根子软的人，估计早就死在了月氏国，更别说成为“草原苍狼之王”，建立如此强悍的帝国了。

所以，冒顿主动将包围圈放开一个缺口，明显是一个反常举动。从心理学角度来看，当一个人有突然的反常举动，那么他一定有更深层次的需求。其实我们综合前面的史料，同时换个角度考虑，就能发现其中的端倪。匈奴面对被包围的刘邦，可谓占据了天时、地利、人和。天时，是指当时天气寒冷，汉军非战斗伤亡增多，战斗力下降；地利，指匈奴军队已将汉军重重围困；人和，即匈奴在兵力上的绝对优势。被围的汉军无法突破匈奴人的包围，可是占据了天时、地利、人和的匈奴人同样也无法突破汉军的防御。这就等于，冒顿单于动员倾国之兵，将刘邦和汉军前军包了饺子，但这个饺子夹生了，吃不掉。同时，汉军后续主力也在源源不断地赶来。等到第七天的时候，被包围的汉军、包围的匈奴人、前来解围的汉军主力，三方形成了一个僵持状态。之前占尽优势的匈奴人反而要担心被汉军内外夹击了。

本来冒顿单于也在等待韩王信叛军的支援，但韩王信的叛军却迟迟不到。背叛者从来都是得不到信任的，韩王信的叛军也是如此。冒顿甚至开始担心叛军和汉军重新联合起来。因此，冒顿单于的战役决心不可能不发生动摇。但冒顿打仗一贯喜欢用假象欺骗敌人，使敌人出现误判，从而打破僵局占据主动。比如他对付东胡人就各种委曲求全，然后突然一击必杀。冒顿对汉军同样也是如此。之前匈奴和汉军的前哨战中，面对汉军战车与骑兵的正面突击，匈奴总是处于下风。因此，冒顿故意进一步示弱于敌，面对着汉朝的使者，故意将精锐隐藏起来，只显露老弱病残，于是成功欺骗了久经战阵的汉高祖刘邦，最终促成了白登之围。

因此，冒顿单于听从阏氏的劝告，主动放开围困一角，极有可能是一个烟幕弹，背后有着更大的杀招。《孙子兵法》曾经说过“围师必阙”，强调包围敌人时，为防止敌军产生拼死作战的决心，要虚留缺口，以动摇敌军指挥官的意志，涣散敌军士兵的斗志。更重要的是，虚留缺口并非放任不管，而是要在敌人逃跑时，发动致命一击，使敌人在仓促逃跑过程中陷入覆灭。冒顿单于应该没有读过《孙子兵法》，但大草原上残酷的生存竞争无时无刻不在教授着他这种战争哲学。

草原上的群居猛兽，如狮子和狼，常

常会进行类似的围猎。比如狼群捕猎鹿的时候，会先分散于鹿群的四周，全部隐蔽，逐渐逼近鹿群。当靠近之后，一部分狼采取骚扰或追赶的方式，把目标赶往隐蔽好的头狼附近。当鹿奔跑到埋伏的头狼身边时，头狼便开始以偷袭的方式发动必杀一击。一来鹿已经开始慌乱，二来狼出其不意，故而比简单的追赶更加容易得手。草原上的游牧民族很早就学会了这种需要分工合作、密切配合的群体作战伏击作战方式。13 世纪波斯史学家志费尼有关成吉思汗及其子孙远征国外的历史著作《世界征服者史》一书中记载道："凡从事战争者，必先训练使用武器，必须熟于围猎，如何追近野兽，如何遵守秩序，如何依人数多寡，包围兽类。"

联系冒顿灭亡东胡之前给东胡的"甜头"，从军事角度分析，冒顿在白登之围中给刘邦的这个解围一角的"甜头"，更像是鱼饵。但当时僵持的战局逼迫着身经百战的刘邦只能硬生生吞下这个鱼饵。这时候，陈平出现了。历史上的陈平不是那个后世描写的谋士般的形象。当时他的官职是护军中尉，汉帝国军队里的高级军官。历史上记载的陈平奇计，也不是那个"宫斗奇计"，而是一个重要的战术建议。陈平建议，士兵手持强弩，以战斗队形，徐徐撤出围困。

草原上的哲学是，面对强壮的敌人要主动退让，以减少己方的损害。野狼捕猎时也是让开最强壮的猎物，只攻击病弱者。匈奴的哲学更是如此。面对着围而不乱、退而不溃，严阵以待的汉军阵列，匈奴人找不到发动致命一击的契机。此时，前来救援的汉军也赶到了。因此冒顿单于只能撤兵北返，汉匈两大帝国的第一次碰撞就这样落下了帷幕。虽然没有最终的结果，但双方也在这次碰撞中体会到了对方的实力。

在正面战场上，匈奴面对汉军的车骑突击处于下风。面对严阵以待的汉军，匈奴也无法突破其防御，讨到什么便宜。但匈奴却可以通过机动力上的绝对优势，集中优势兵力，决定什么时候打、在哪里打，或者通过袭扰、围困来拖垮汉军。细究之下，匈奴所有优势的核心点在于这个游牧帝国掌握着当时最重要的战略资源和战争利器——战马。

四 马背上的袭击者

其实直到 20 世纪，战马依然是重要的战略资源之一。纳粹德国就拥有包括第一骑兵师、第八弗洛里安·盖尔骑兵师在内的多个骑兵师。

战马给骑兵部队带来的速度优势是毋庸置疑的。第一次世界大战期间，使用阿拉伯诺曼马的法国骑兵的大部队（营团规模）一天能走 40 公里，小部队（连排规模）一天能走 60 公里左右。而当时的步兵部队行军的标准是一天 24 公里，急行军为一天 40 公里。

法军骑兵的行进方式主要有五种：常步、速步、跑步、快跑步和袭步。前四种的速度依次为：100 米 / 分钟、220 米 / 分钟、320 米 / 分钟、420 米 / 分钟，袭步则是以马的全速来跑。跑步、快跑步和袭步主要用于急行军和快速袭击，而且只能维持很短的时间。骑兵长途行军时，一般只采用常步和速步，大概速度就是 6 千米 / 小时~13. 2 千米 / 小时。而制约近现代骑兵机动力的主要因素是后勤。因为战马和人一样，都得吃东西。马在自然条件下，可以一整天都吃草。但作战状态下不可能让战马一整天光吃草不打仗，必须让战马在短时间内摄取营养。而且进食时战马要停住，因为饲料是包含大麦、燕麦、高粱、大豆、小麦、干草、蒿和食盐的精饲料，这样的干料，战马边走边吃会呛到。

因此，近现代骑兵部队，每天行军一般 5~6 小时。战斗状态中，法军战马的大麦平均定量是 4800 克 / 马 / 日。如果战斗持续七天，就需要 33. 6 千克大麦。这会大

汉军与匈奴战争中掳获匈奴牲畜记录

时间	地点或对象	牲畜种类及数量
公元前 12 年	河南地；楼烦、白羊王	羊（牛、羊）百余万
公元前 72 年	蒲离候水	马、牛、羊万余
公元前 72 年	乌员、候山	马、牛、羊二千余
公元前 72 年	候山	马、牛、羊七千余
公元前 72 年	鸡秩山	马、牛、羊百余
公元前 72 年	丹余吾水	马、牛、羊七万余
公元前 72 年	右谷蠡庭	马、牛、羊、驴、骡、橐驼七十余万；马、牛、驴、骡、橐驼五万余匹，羊六十余万
公元 49 年	北匈奴	马七千匹，牛、羊万头
公元 89 年	稽落山、私渠比鞮海	马、牛、羊、橐驼百余万头

大加重战马的负荷，因此一人一马的近现代骑兵，持续行军作战一般不会超过一周。但这个限制对古典时代的游牧帝国军队来说却不是问题，因为游牧骑兵往往是一人多马。从某种角度上说，游牧帝国是由战马所承载的。

中国台湾地区的著名历史学家和人类学家王明珂先生，在上世纪末和本世纪初曾多次到内蒙古及四川进行蒙古族、藏族游牧经济考察和历史田野研究。根据他的考察和研究，马在游牧民族的文化中有着极其特殊的地位，比如在蒙古社会中马是最尊贵的牲畜。在所有被人类驯养的动物中，除了狗以外，马应是与人类关系最亲密的动物了。马对主人驯服、效忠，据动物行为研究者称，这与马群中的马儿们服从领头雄马之习性有关。马被广泛用于各种类型的游牧中，作为载物、交通以及牧者坐骑之用，马奶也可作为乳品食用。然而马被大量牧养主要还是在欧亚草原，这也是马最原始的栖息地，以及它们最早被人们驯养的地方。

不过对于游牧经济来说，马并不是一种很经济的动物。马的胃只有单胃室，对食物的消化利用不如牛、羊等有反刍胃的动物那样彻底，因此它们消耗草食不甚经济。它们的肉、乳产量与生殖率也不如牛羊。但在大多数游牧社会中，马的肉与乳并非牧养它们的主要目的。比如马与羊在欧亚草原游牧中有密切的共生关系。马在冬季能踢破冰层，得到冰下的牧草，而羊吃草比马接近草根，这样羊能啃食冰层下马吃过的草。另外，据研究，内蒙古地区一个徒步的牧人可照管 150~200 头羊，但一个骑马的牧人能控制约 500 头羊；两个骑马牧人合作，可放牧多达 2000 头羊的羊群。更不用说在没有汽车摩托电话的时代，马卓越的移动力让牧人能利用更广大的、更远的草场资源，可以帮助牧人沟通讯息，并让牧人快速远离危机。因此对于牧人来说，养马已超越“经济”考虑，而蕴含着更多的社会文化意涵与情感——它们被牧民视为忠诚的朋友与伴侣，以及社会身份地位的象征。

王明珂先生曾问一位蒙古族朋友，为何许多蒙古牧人所养的马远超过其生计所需。对此那个牧民的回答十分有趣：“若没有几十上百匹马，出门时就不容易选到一匹宜于乘骑的马。”又比如根据苏联学者的统计，20 世纪之前，在草原上游牧的哈萨克牧民，每一家有 15~30 匹马，最富有的拥有 3000 匹马。以此类推，牧人的军队最大的优势就是以一人多马为常态，能够突破近代骑兵部队受限于后勤的瓶颈。

又比如宋代时，辽军每正军一人，就要备马三匹，其中一匹为战马，以供临阵冲锋交战时骑乘，另二匹为备用马，供平时行军时骑乘。《辽史·兵卫志》中写道，“未遇大敌，不乘战马；俟近敌师，乘新羁马，蹄有馀力”。每一名正军还配有两名管后勤的家丁随军从征，此二人也各有一匹马为坐骑。因而，辽军每一战斗单位（一名正军、两名家丁），要自备五匹马。而这种军马资源上的优势，被蒙古帝国发挥到了极致。

高强度、不计成本的快速行军，是以

战马的大量损耗为代价的。1252 年 9 月，忽必烈与将领兀良合台等率军十万人，迂回数千里，远征大理。中国蒙元史研究著名学者方龄贵教授曾经考证，忽必烈在这次远征中，光战马就损失了将近四十万匹。

关于忽必烈大理行军艰险的情状，《元史》所载不多，惟《牧庵集·卷一七·雍国公谥忠贞贺公神道碑》中有较具体的描写，节录如下：

公（贺仁杰）由是人备宿卫，经吐蕃曼沱，涉大泸水，入不毛瘴喘沮泽之乡，深林盲壑，绝崖狭蹊，马相縻以颠死，万里而至大理。归由来涂，前行者雪三尺，后至及丈，峻阪踏冰为梯，卫士多徒行，有远至千里外者。比饮至略畔，最诸军亡失马几四十万匹。

不过这种巨大的损耗对于游牧帝国来说，根本不会伤筋动骨。比如辽国道宗年间，“以牧马蕃息，多至百万”；至天祚朝，尽管“累与金（女真）战，番汉战马损十六七”，但仍有马“数万群，每群不下千匹”。辽亡后，除被女真掠走的外，塞外尚有马数十万匹，被西迁的耶律大石所得。

作为历史上第一个游牧帝国，匈奴帝国自然也是如此。如公元前 127 年，“卫青复出云中以西至陇西，击胡之楼烦、白羊王于河南，得胡首虏数千，牛羊百余万”；公元前 71 年，“校尉常惠与乌孙兵至右谷蠡庭，虏马、牛、羊、驴、骡、橐驼七十余万”；公元 89 年，窦宪破北匈奴单于于私渠比鞮海，“获生口马牛羊橐驼百馀万头”；公元 134 年，“车师后部司马率加特奴等

◎ 蒙古马

千五百人，掩击北匈奴于阊吾陆谷，获牛、羊十余万头”。以上仅一个地区的一次战役，俘获数量就已十余万甚至上百万。

又比如由汉朝投降匈奴的卫律被匈奴人封为丁灵王，他家牲畜之多，被形容为“马畜弥山”，以山量谷记。由此可见当时匈奴畜牧业的“土豪”程度。那么，普通匈奴人到底拥有多少牲畜呢？经过苏联历史学家和人类学家的研究，匈奴每人平均拥有的牲畜数与1918年一户蒙古牧民所拥有的牲畜数几乎相同。而在20世纪初，一个五口的蒙古家庭需要14匹马、3匹骆驼、13头牛、90头羊才能生活。我们以前说过，在匈奴时代，这样的一个五口之家，被算作一帐，要提供至少一名骑兵。由此可见，普通的匈奴骑兵就能实现一人五马的“土豪”配置。

匈奴骑兵坐骑的主力是蒙古马。现在这种古老的草原马种依然驰骋于内蒙古草原上。蒙古马普遍肩高13掌，也就是1米3左右。蒙古马体质结实、粗糙，平均体重在300~350公斤，特征是头大额宽，鼻梁平直，耳小直立，颈短厚，背腰平直，臀部短斜，肩短而较立，腹部大，四肢粗壮直立，关节强韧，肌腱发达，蹄质坚实，鬃毛长密。

内蒙古牧业系统曾进行过统一测算，蒙古马的普遍驮载量在100公斤以上，最大拉车挽力可达300公斤。短距极速能达到40千米每小时，10千米只需要花不到15分钟，长距离奔跑8小时可走60千米；优良品种可每小时前进13~15千米，日行150千米。相比之下人的速度就差多了。1500米世界纪录是3分26秒00，2000米是4分49秒99，10千米是26分17秒53。而且这些长跑纪录，是在绝对轻负荷状态下达到的。善于步行行军的解放军，5千米武装负重越野，20分钟就已经是优秀成绩。

由此可见，一人五马的匈奴骑兵在那个没有电报和汽车的时代，拥有着情报传输和机动力上的绝对优势。这使得匈奴骑兵能够快速绕过汉军防线，袭击毫无防护的和平居民，然后在大批汉军赶来前撤退。如果汉军追击，匈奴骑兵就会利用机动上的优势，不与汉军正面作战，或偷袭，或袭扰，或快速调集优势兵力合围汉军，甚至不断引诱汉军追击，然后将其引入大漠，使其迷路，靠饥饿和干渴来解决敌人。就像法国历史学家勒内·格鲁塞在他的《草原帝国》里所写的一样：“（匈奴）会出其不意地出现在耕地边缘，侵袭人畜和抢劫财产，然后在任何还击可能来到之前带着战利品溜走。当他们被追赶时，他们的战术是引诱汉朝军队深入大戈壁滩或是草原荒凉之地，然后在自己不遭埋伏的情况下，以雷雨般的箭攻击追赶者，直到他们的敌人被拖垮，被饥渴弄得精疲力竭，他们才一举而消灭之。由于他们的骑兵的机动性以及他们的弓箭技术，这些方法相当有效。”

汉高祖刘邦通过“白登之围”的困境，明白了刚刚建立起来的汉帝国力量还很虚弱，还没有实力跟拥有雄厚军事实力，战争成本极低，却又凶狠难缠的匈奴帝国争锋对决。那个时候汉帝国刚刚建立，百废待兴。经过秦末乱世长期战争的消耗，中

◎ *汉代瓦当“单于和亲”*

原大地早已是残破不堪，社会生产受到严重破坏，土地大量荒芜，人口锐减，急需休养生息。建立在废墟之上的汉帝国国力空虚，财政捉襟见肘，皇帝尚不能用四匹同色的马驾车，大臣亦只能乘坐牛车，内部军事政治环境也很不稳定。

因此，汉帝国只能暂时采取怀柔的“和亲”政策。汉帝国定期从宗室选出女子，以汉帝国公主的名义嫁给匈奴单于。每年汉帝国还需要赠送一定数量的布匹、丝织品、谷物、美酒和金银给匈奴。

但这种和亲政策并没有浇灭匈奴帝国的掠夺野心。匈奴帝国的小股骑兵仍不时入犯燕、赵、代的边境城邑，掳掠人口，抢劫财物，给边地百姓带来极大的灾难。汉高祖刘邦去世之后，冒顿单于甚至还给汉帝国当政的吕太后送来了充满嘲弄、羞辱的书信，信中声称：你刚死了丈夫，我这边也是一个人过，不如咱们两个人“凑合”过吧！

◎ *汉代长城遗址*

但是就算面对这样的羞辱，汉帝国也只能暂时隐忍下去。

汉帝国的忍辱负重其实是在韬光养晦。因为“白登之围”告诉了汉帝国，匈奴人并不是不可战胜的。汉帝国现在最需要的就是时间。汉帝国只是在积聚国力中等待着，等待着自己的实力足以击败匈奴帝国的那一天。

经过六十年的忍辱负重和休养生息，这一天终于到来了。

五 汉帝国的力量

公元前140年，汉武帝刘彻登上了皇帝宝位。此时汉帝国的人口已经从建国初的1300万人，增长到了近3000万人。国家和民间都积累了大量的财富。据《史记·平准书》记载，当时从京师到边远城邑，粮仓中都装满了五谷，府库中都堆满了财物。国库里的钱累亿万，因为存放太久，穿钱的绳子都腐朽了。民间马匹成群，骑母马的人都不好意思参加朋友聚会。帝国边境上有三十六个军马场，为帝国提供了将近四十万匹军马。

不过，真正支撑起汉帝国反击战的还是那个带有浓厚古典军国色彩的“耕战”体制。这个体制的开创者，正是那个无比强悍的大秦帝国。对于大秦帝国来说，“耕”与“战”都是国家的命脉所在。可农业生产无法培养出战争所需要的技能，为了战争而进行的军事动员和训练却要影响和破坏农业生产。因此为了平衡农业生产和保家卫国之间的矛盾，大秦帝国建立了一套复杂的军事动员体制。这套体制与西方的古罗马帝国前期军制一样，都是依托自耕农实行“公民兵”模式的义务征兵制。

汉帝国则在这种军事体制基础上进行了继承和发扬。当时，汉帝国的自耕农被称为“编户齐民”，他们以家庭为单位向国家缴纳税务，承担兵役。同样的，他们也拥有各种政治权利。“编户齐民”里的每个身体健康的男人在成年之后，都要到帝国的军事机构里去办理登记手续——“傅籍”（也叫作“始傅”）。这也代表此人被纳入了整个帝国的“耕战”机器。秦时一般认为男人到了十五岁就是成年了，因此十五岁是秦帝国男子开始登记“傅籍”的年龄。汉帝国一开始也将“始傅”的年龄定在十五岁，后来出于减轻负担，让人民休养生息的考虑，调整到了二十岁。

“傅籍”之后的男子，被称为“更卒”，每年要服一个月的“更卒之役”。这一个月里并不接受军事训练，但要为家乡承担劳役，比如修路、治河、开渠、漕运、运输物资。通过这种集体劳作，可以培养每个男子的团队精神、协作能力、管理统筹能力，养成遵守纪律和服从命令的习惯。

到了二十三岁，每个“更卒”就要转成“正卒”。正卒首先在汉帝国的地方部队里服役一年，负责当地的防卫和治安，期间将接受一整年的军事训练。

汉帝国的军事训练非常系统和专业。其主要宗旨是“一人习战”到“教成三军”。

首先，要学习兵法与战阵，接受队列、阵形训练。《汉官仪》说：“武官肄兵，习战阵之仪”，“官兵皆肄孙吴六十四阵，名曰乘之”。所谓“肄兵”、“讲肄”，主要当指学习兵法。《孙子兵法》和《吴子兵法》总结了先秦时期丰富多彩的实战经

汉军军阵

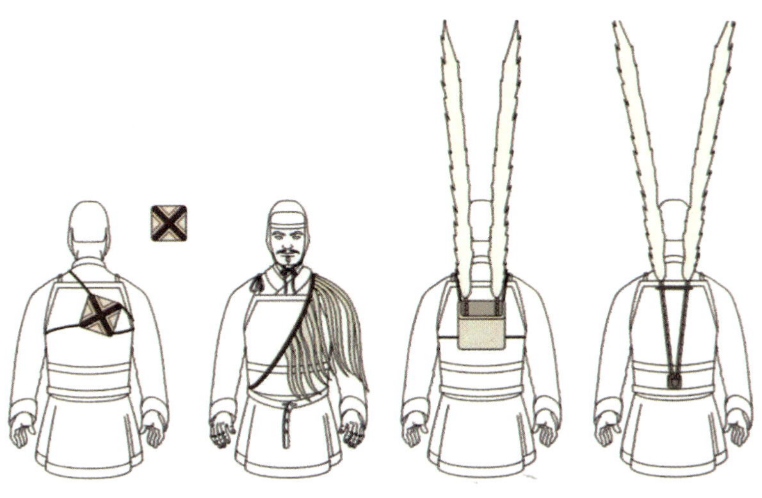

汉军标示

验，到了汉代，仍然是兵学的经典。所谓的“习战阵之仪”，就是演练阵法，包括军事编制的序列、队形操练等。英国军事历史学家杰弗里·帕克在他的《剑桥战争史》中如此评价：“只有两大文明发明了步兵操练——中国和欧洲！”汉军战士要学习和掌握方、圆、锥形、钩形、雁行、箕形等阵的站位和队列变换，熟悉旗帜金鼓，熟悉用来表明士兵身份位置的章、幡、负羽，这些都是当时军人最基本的技能。

其次，要掌握优秀的单兵格斗技能。汉帝国的战士还要通过练习足球（蹴鞠）、摔跤（角抵）、跳远以及投石来强健体魄，习练弓弩、矛戟、刀剑和空手格斗来增强单兵格斗能力。班固的《汉书》记载，汉代当时的军队武术教科书，也就是“兵技巧书”，多达一百九十九篇，其中有一百多篇“射法”，六篇“空手格斗”，三十八篇“剑法”，甚至还有二十五篇讲授如何通过蹴鞠和角抵来强壮体魄的健身书。

再次，根据个人的特点和专长，接受步兵、骑兵、车兵各种专业技能的训练，然后被赋予“材官”、“骑士”等称号。

最后，还要进行兵种协同演练。步兵、骑兵、车兵混合编队，演练战争攻防。每年的秋天，汉朝军队都要进行大规模的“秋试”，对一年的军事训练进行考核，同时进行实兵军事演习。

汉帝国的男子在担任过一年“正卒”之后，帝国将根据每个正卒的军事素质、家庭财力和家庭里男子的数量，选取质优者，继续为帝国再服役一年。他们或者加入边防军，成为“戍卒”，守卫边境；或者加入中央禁卫军，成为“卫士”，宿卫京师。每个正卒、戍卒、卫士退役之后，将成为预备役，在需要时被征集入伍，一直为帝国服务到五十六岁。在服役期间，这些战士都是脱产的，全部由国家来供养。

依托这种“全民皆兵”“寓兵于农”的征兵制度，以及预备役、地方卫戍部队、中央禁卫军和边防军的三级军事体制，汉帝国就拥有了源源不断、训练有素的士兵兵源。根据《中国军事通史》和《两汉乡村社会史》的估算，汉帝国在正常状态下，能拥有60~80万正卒、戍卒和卫士。此外，还有同等数量的更卒提供后勤补给和工程杂役。在这些人员身后，还有无数有过两年以上从军经历的预备役战士。

这种“寓兵于农”的征兵制度，虽然能为国家提供源源不断的兵员，但如果频繁地征调，必然会影响国家的整体经济运行。因此汉帝国在实行征兵制的同时，也开始实行募兵制。汉帝国征募那些具有勇敢精神，身体强壮、武艺高强，并且想为国家效力的壮士，在边防军和中央禁卫军里长期服役。这些人由国家提供钱粮来维持生计，成为完全脱产的职业军人。

这种征募的萌芽，其实在秦帝国的时代就已经出现了。2002年，在中国湘西土家族苗族自治州龙山县里耶古城的一口古井中发掘出来一批秦代简牍。这些秦简被称为“里耶秦简”。在里耶秦简中，有十二件简牍特别引人注目。这些简牍是秦帝国追讨债务的文书，其债权方是远在关中的阳陵县，而债务人都是从军于迁陵县（今里耶）的阳陵籍普通民众。这十二件

阳陵戍卒名录

简牍编号	人 名	籍 贯	爵 位	债 务
J1（9）1	毋死	阳陵宜居	无爵（士伍）	赀余钱 1640
J1（9）2	不狱	阳陵仁阳	无爵（士伍）	赀钱 836
J1（9）3	不识	阳陵下里	无爵（士伍）	赀余钱 728
J1（9）4	衷	阳陵孝里	无爵（士伍）	赀钱 1344
J1（9）5	盐	阳陵下里	无爵（士伍）	赀钱 384
J1（9）6	徐	阳陵褆阳	上造（秦 20 级爵位之次低级）	赀钱 2688
J1（9）7	小欬	阳陵褆阳	无爵（士伍）	赀钱 11211
J1（9）8	越人	阳陵逆都	无爵（士伍）	赀钱 1344
J1（9）9	頯	阳陵仁阳	无爵（士伍）	赎钱 7680
J1（9）10	胜日	阳陵叔作	无爵（士伍）	赀钱 1344
J1（9）11	不采	阳陵谿里	无爵（士伍）	赀钱 1344
J1（9）12	广	阳陵谿里	无爵（公卒）	赀钱 1344

简牍编号连续，形制、措辞、纪年亦非常接近，每一件都明确记有“（某某）戍洞庭郡”、“乃移戍所”、“阳陵卒署迁陵”这三句公文。由此看来，这十二名阳陵籍民众是千里迢迢从军于迁陵县的戍卒。

秦代法律规定，如果欠了国家的税金或无法缴纳国家的罚款，可以选择服役作为抵偿。因此，初看之下，这十二名阳陵人之所以到千里之外来当兵，是因为欠了国家的税金，或犯了过错欠了国家的罚款。但根据睡虎地出土的秦简《司空律》，秦帝国法律规定的服役抵偿标准为：勿需官府提供伙食者，每日服役可抵偿八钱；需要官府提供伙食者，每日服役可抵偿六钱。日本学者堀毅在其所著的《秦汉法制史论考》中曾经以“日居八钱”的标准推算过一年服役的抵偿金额。他认为一年中服役日数实为 325 天，325 × 8=2600 钱，即使以“日居六钱”的最低标准计算，一年的时间至少应该可以抵偿 325 × 6 =1950 钱。

据此，细读里耶秦简可以注意到，有个名叫“盐”的士兵，所欠罚款只不过区区 384 钱。显然，按照上述标准，算上服役期间的公休日，不出三个月，他即可全部还清欠款！而实际上，“盐”跟他的十一位同乡均在迁陵县至少戍守了两年。换而言之，十二名阳陵戍卒中，除了欠罚款较多的“小欬”（11211 钱）和“頯”（7680 钱）而外，其余十人早就已经没有债务了。而且，每一件简牍均记有阳陵司空“已訾责其家”或“已訾其家”的讨债记录。假设债务人被远遣他郡服役是为了抵债，依秦律，阳陵司空再去当事人家里作威作福，岂不是非法行径？就算真去讨债，也不写在司法文书上。唯一的解释是：戍卒们临行之前，并没有以兵役抵偿债务的相关协议。而且这些戍卒也没有要退役的迹象。相反，他们似乎还要继续在迁陵戍守下去。说明这十二个阳陵人其实是自愿的“募兵”，也就是靠挣取军饷为生的职业军人。

这些简牍也揭示了募兵制的演变过程：征兵制的戍卒或卫士，因为债务问题选择超期服役，偿还债务。债务还清之后，这些军士被丰厚的超期服役补偿款所吸引，将从军作为了自己的职业。

但要维持汉帝国这样庞大、专业和系统的战争机器，供养如此精锐、强壮的战士，就需要极大的战争成本。就像《孙子兵法》中所说的，“千里馈粮，日费千金”。相比之下，军事动员成本极低，不需要投入就能大量获得成熟战士的匈奴帝国，理论上要比汉帝国更经得起长期战争的消耗。

◎ 霍去病墓前马踏匈奴像

可从雄才大略的汉武帝刘彻在元光二年（公元前133年）对匈奴发动战略反攻开始，到元狩四年（公元前119年）的漠北之战为止，汉帝国一共发动了长达十五年的远征。期间，两位不世名将卫青、霍去病立下了赫赫功勋。

大将军卫青，七次出塞，斩捕首虏五万馀级，收河南地，置朔方郡。

骠骑将军霍去病，凡六出击匈奴，斩捕首虏十一万馀级。降服浑邪王以下数万众，夺取河西酒泉之地。

匈奴帝国遭受沉重打击，只能向西北远遁，躲避汉帝国的兵锋，以至于“漠南无王庭”，汉帝国军队出塞数千里，皆不见一人。汉帝国以数倍于匈奴帝国的战争成本，依然保持将近十五年的战略猛攻，说明其具有无比雄厚的国力。而获得这种国力的诀窍，其实也隐藏于里耶秦简当中。这些简牍不光揭示了秦帝国早期募兵的出现，还提供了更为深层次的信息。

十二个人来到千里之外的异地，其拖欠国家税金和罚款的文书也能随之跟进，而且还能及时更新其家庭信息。可见，秦汉这样的古代军事帝国有着对基层强大的控制力和周密的赋税征收体系。汉帝国从秦帝国那里继承了郡县制，也继承了其对基层严密的控制力和税赋体系。在郡县制中，县一级单位的下面是乡。根据西汉时的统计，全国有1587个县，6623个乡。乡是一个非常重要的基层单位，设立有专门的官员，承担行政、司法、治安、税收、教育、劳役、人才选拔和社会福利等多种功能。乡之下每一百户设“里”。“里”有里正，对乡直接负责，管理一百户“编户齐民”。通过县乡里三级体制，国家把整个基层牢牢控制在手中，无论是政策执行、兵役征发，还是缴纳税收，都高效而迅速。

汉帝国对基层的控制力从全民财政登记这一点上也可以看出来。当时汉帝国实行严密的家庭财产登记制度。乡里的官员会仔细统计“齐户编民”的财政情况，比如车马、田地，房屋等等，然后根据家庭财产的多少将其分为“大家”、“中家”和“小家”。家资在一百万钱以上的是“大家”，家资在十万钱以上的是“中家”（在汉景帝时代被调整为四万钱以上），家资不到四万钱的则是“小家”。汉帝国将根据其财产的多少按比例征收“赀算”（财产税）。按照汉帝国的法律，每万钱的资产要征收一算（一百二十钱），但家资在三万钱以下的“小家”是免征的。从这严密的财产登记和财产税征收制度可以看出汉帝国对基层的强大控制能力。

此外，汉帝国还有田租和人口税。在汉帝国，一开始的田租标准是“十五税一”，也就是征收十五分之一，之后为了休养生息，调整为“三十税一”。人口税则分为成年人（15~56岁）的“算赋”（每人征收一算即一百二十钱）和未成年人（7~14岁）的“口钱”（每人征收二十钱）。

仅通过以上税收，汉帝国一年就可以收入“四十余万万钱”。算上盐铁专卖等其他各种收入，汉帝国一年的财政收入将近一百四十亿钱。而按照汉帝国的法律规定，一万钱为一金，也就是一万钱的实际价值等同于一斤金子（汉代一斤大约为250克）。汉帝国的经济实力由此可见一斑。

依托着这样强大的经济实力，汉帝国用非常丰厚的薪水供养着那些征募来的，具有良好体魄、技能，拥有才智和勇气的职业战士。刚一入伍，官府就必须付给一定的报酬，称为“赏值”、“赐钱”。《明帝纪》曰：“募士卒戍陇右，赐钱人三万。”日常，国家不光负担战士的口粮、衣物、副食，而且动辄就赏赐钱粮，甚至连其家属都由国家供养。

靠着优厚待遇和“军功授爵”制度奖励，汉帝国将来自“中家”以上的“良家子”，帝国最优秀的青年们大量吸收入了军队。这些帝国的中产阶级精英，因为有良好的家境，从小就开始习武锻炼。他们平素张弓踏弩、舞刀弄剑，极具冒险精神，渴望建功立业。这样的“良家子”大量加入军队，自然让汉帝国的边防军和中央禁卫军有了最高质量的骨干和中坚。

可以说，汉帝国这种军事体制是农业文明时期，古代公民义务兵制与职业专业军人制度相结合的最好典范。再加上汉帝国的军队极其强调军功赏赐和严刑峻法，表现勇敢、斩得首级的将士将获得钱物奖赏甚至受封爵位，可如果不服从命令，或因为怯懦退缩而影响战列齐整，则要被处死。因此，当这种动员体制运转起来，汉帝国就彻底转变成了一头可怕的战争巨兽。

这也是为什么汉帝国一直到灭亡还拥有“强汉”威名的原因。但随着时间的推移，地方豪强与官员商贾逐渐勾结在一起，形成利益集团。这些利益集团兼并土地，侵占户口，逃避税赋，逐渐剥夺了中原帝国对基层的控制权，最后出现了“皇权不下县”的怪象。以至于汉代之后的中原帝国空有庞大的国土和众多的人口，却再也拿不出足够的财力和人力来抵御蛮族的侵略。

不过这些都是题外话。汉武帝在积极准备对匈奴反攻的同时，也在打击豪强势力，所以现在还丝毫看不到未来中原帝国那悲剧性的前景。

六 铁砧上的反击

汉武帝打击豪强的目的很直接，就是让国家拥有更多的财政收入，以便让动员起来的军队装备起最精良的武备。因为汉文帝的智囊、汉景帝的老师和副宰相晁错曾经说过：“兵不完利，与空手同；甲不坚密，与袒裼同……器械不利，以其卒予敌也。”兵器不锋利，跟空手没什么两样；铠甲不坚固，跟没穿没区别；武器装备不好，就等于把士兵送给敌人。

无独有偶，生活在公元13世纪，代表罗马教皇出使蒙古帝国的意大利主教约翰·普兰诺·加宾尼曾说：“凡是希望同鞑靼人作战的人应备有下列武器：好的硬弓，弩（他们对弩非常害怕），充足的箭，箭头应该达到足够的硬度。此外，还应该有保护人体的盔甲。”

两位古人，一东一西，相隔一千四百多年，却给出了相同的论断。因为他们都看穿了与游牧骑兵队作战的诀窍。农人很难拥有牧人那么多的战马和优秀骑射手，但农人却拥有更高的生产力和科技水平。只要农人找到一种媒介将自己的生产力和科技水平转换为军事力量，就能拥有击败牧人的实力。这种媒介就是在地表物质中含量高达4.2%，并且分布广泛的铁矿石。在农人的努力下，铁矿石被加工制成各种精良的武器装备，为农人武装起无数的专业战士。如果说牧人的侵袭是来自于马背，那么农人的反击就来自于铁砧。

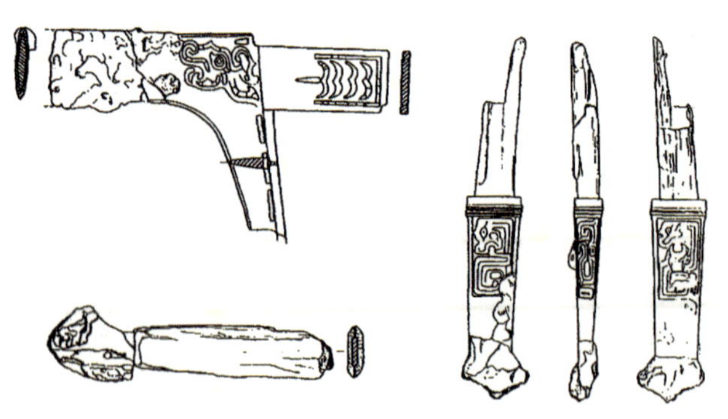

◎ 陨铁武器

我们常说的铁其实是铁碳合金，包含生铁、熟铁以及钢。生铁是碳含量在 2% 以上的铁，虽然硬度很高，却很脆，因此只能铸造成各种器皿，也被称作铸铁。熟铁含碳量在 0.25% 以下，便于锻造，但质地很软，不适合制作兵器，也被称作锻铁。古代人所说的钢主要是指碳含量 0.25%~0.6% 的中碳钢和 0.6%~1.4% 的高碳钢。前者硬度足够，韧性很好；后者硬度非常高，韧性足够。

中国出土的最早铁制武器，大约属于商中期，最迟不晚过公元前 14 世纪。不过其所使用的铁是天上掉下来的陨铁，而不是人工冶炼的铁。

《左传》曾记载鲁昭公二十九年（公元前 513 年），晋国的赵鞅、荀寅带了军队在汝水旁边筑城，借此向“国”（国都）中征收军赋“一鼓铁”，用来铸造刑鼎，刻录范宣子制定的《刑书》。这是中国历史上最早使用生铁铸造器物的记载。要用铸型来铸造这样一只刻有《刑书》的大铁鼎，如果冶铁炉上没有鼓风设备是不可能进行的。因为熔化铁矿石需要很高的温度，如果没有鼓风设备，就无法将冶铁炉加热到那么高的温度。

炼铁技术发展的早期，由于炼铁炉小，温度不高，不能使铁矿石熔化，被还原的铁从炉中出来时是海绵状态的熟铁块，要冶炼得大量的液体铸铁是比较困难的。在欧洲，直到中世纪中期，由于水力鼓风机械设备的出现，才基本上解决了这个问题。中国在公元前 6 世纪就能铸造刑鼎，说明当时已经使用了比较高大的冶铁炉和先进的鼓风技术，能够提高冶铁炉的温度，炼出大量的液态铸铁来。十分明显，春秋晚期已是冶铁技术有了一定发展的时期，中国冶铁技术的发明，应该远在这时以前。目前考古人员已经在中国境内发现了大量公元前 5 世纪左右的冶铁遗址，并出土了

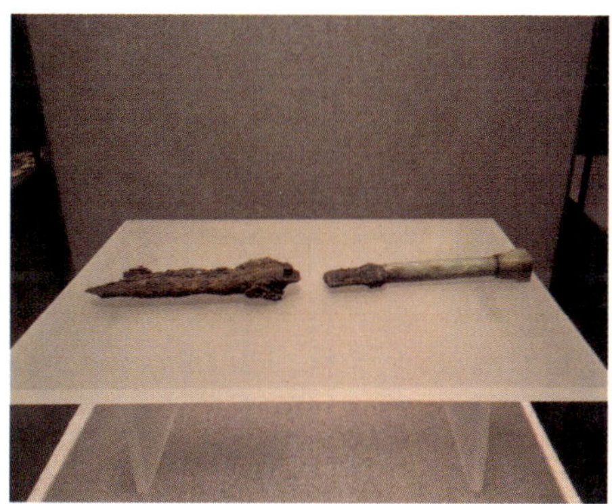

◎ 西周晚期的玉柄铁剑

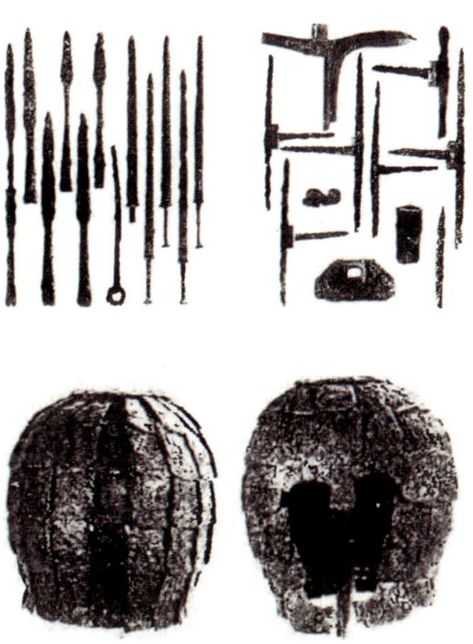

◎ 燕下都遗址中出土的武器和头盔

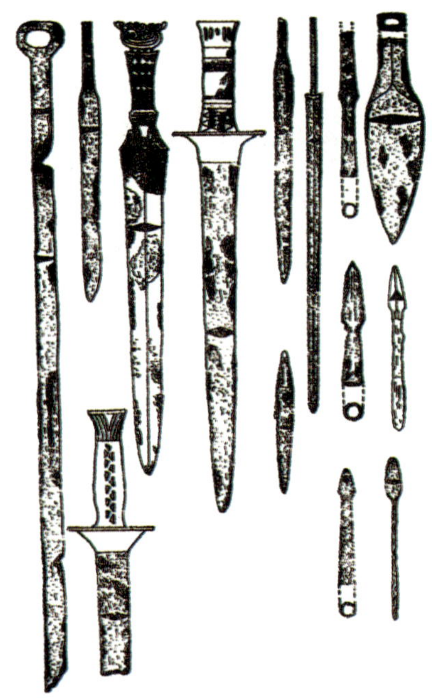

◎ *在贵州出土的秦汉早期铁质兵器*

很多的冶铁制品。

到了战国时代，铁质兵器大量出现。1965 年，在河北省易县燕下都遗址中，发现了大量铁质兵器与防护装备，其中一些甚至已经达到了钢铁的标准。齐国临淄古城中也有大量的冶铁遗址。

到了秦汉时代，中国人的铸铁技术发展到了一个非常成熟的阶段。据不完全统计，光是秦汉时代的铁犁，出土量就比战国时期多了五倍。

汉代铸铁技术飞速发展，更是钢铁兵器普及的时代，在中国盛行了一千多年的青铜兵器退出了历史舞台。

汉代之前，获得钢一般有两种途径。

一种是世界通用的“块炼法”，其步骤可概括为：块炼铁、渗碳、锻造、淬火。

根据牛津大学《技术史》的记述，古罗马人将铁矿石与木炭混合在一起加热，在加热过程中两者发生还原反应。因为热量不够，加上炉体小，鼓风设备差，因此炉温比较低，不能达到铁的熔炼温度，所以炼出的铁是海绵状的固体熟铁块，因此称为“块炼铁”。这种铁块上面附着了很多炉渣，需要重新加热并锻打成更结实的铁块。这种工艺需反复多次，才能将所有的炉渣排除掉。将这种熟铁渗碳，然后锻造淬火，才能生成钢。不过这种钢更接近于熟铁，有时候会显得比较软。比如曾受古罗马恺撒大帝称赞的古凯尔特铁匠制作的剑，经常在战斗中弯曲而需要不断校直。

块炼法的另一个缺点是能耗高，产量小。据《技术史》记载，在西里西亚，用 200 磅木炭，花 8~10 个小时才可以生产出约 50 磅的半熔状态的铁块。然后还需要 25 磅木炭，用于下一步的锻造和加热。诺里克姆的罗马熔炉炼的铁块很少有超过 100 磅的。如果想得到硬铁或钢，则需要加入更多更厚的木炭，熔炼时间也需要加长。为此罗马人不惜花巨资从东方进口十分上等的“中国铁”（罗马人认为其来自中国，所以称为“中国铁”，其实这些钢铁的产地是印度海得拉巴地区）。

另一种是中国独有的做法，将生铁（铸铁）铸造成型，脱碳退火，形成钢。其步骤可以概括为：生铁、脱碳成钢、锻造、淬火。

中国是公认的世界上最早发明生铁冶铸术的国家。1923 年，瑞典地质学家丁格

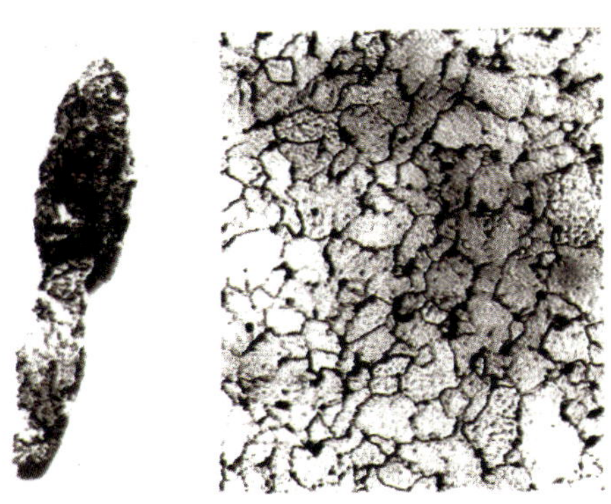

◎ 河北满城汉代刘胜墓出土的铸铁脱碳钢镞和其金相分析照片

◎ 炒钢画

兰（F. R. Tegengren）在《中国铁矿志》第 2 编“中国之铁业”中已经指出：“中国炼铁术之发明是否较近东诸国为古虽尚未证明，但中国一知生铁之后，即自发明新法以铸炼之。……中国铸铁工作之通行，盖远在欧洲一千五百年以前。”中国由于商周时代青铜铸造技术的高度发展，炉温高到能将铁矿石直接熔化，得到大量含碳量高的铸铁。而在同一时期，欧洲铁匠还在将偶然生成的铸铁当成废品丢掉。当时中国的铁匠会将生铁铸造成薄板状，然后慢慢冷却来脱碳得到钢材，再将钢材反复锻打做成兵器。

总之，以上两种炼钢法的产量和成品率一直不高，很难满足军队武器的大规模需求。到了汉代，一种革命性的新技术出现了，这就是著名的“炒钢法”。其步骤可以概括为：生铁、炒炼成钢、锻造、淬火。

这种新技术的秘诀说起来其实很简单，那就是“搅拌”。“炒钢”，也就是把生铁加热到熔化或基本熔化，在熔池中加以搅

◎《武库永始四年兵车器集簿》与《东海郡吏员设置簿》

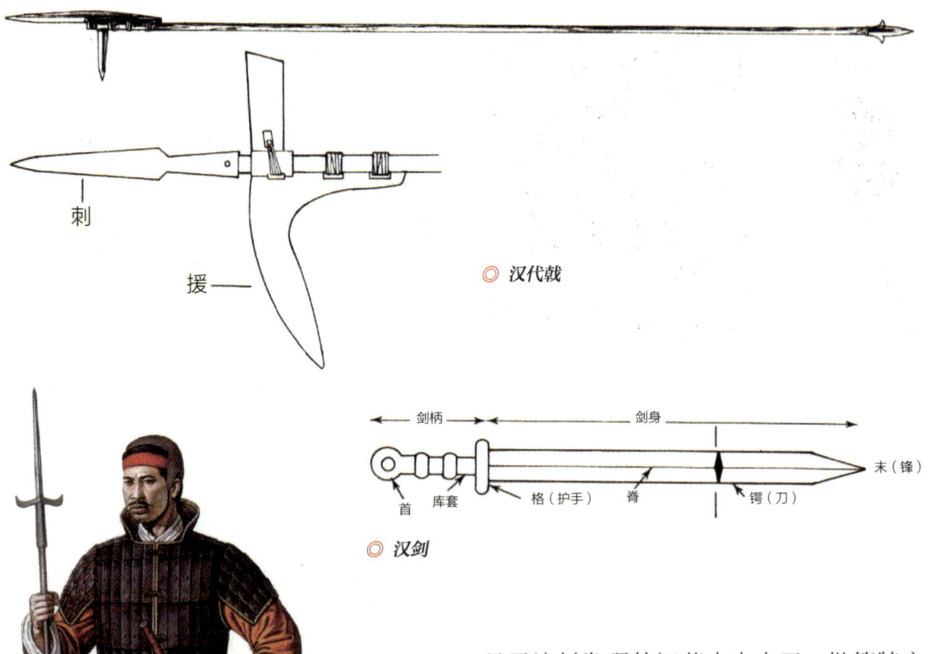

◎ 汉代戟

◎ 汉剑

◎ 装备长铩的汉军战士

拌（古人称之为“炒”），借助空气中的氧，把生铁所含的碳给氧化掉，从而炼铁为钢。炒钢技术的出现彻底解决了钢的产量和成品率问题，军队对于钢铁武器在质量和数量上的双重需求得到了最大的满足。

1993年，在江苏省连云港市所辖东海县尹湾村发现的汉墓中出土了一批简牍文书，内有一件《武库永始四年兵车器集簿》，是汉成帝永始四年（公元前13年）武库所藏武器装备的统计报告。该报告包括了当时汉帝国军队除水军船具以外的几乎所有武器装备，弓弩箭矢、刀剑矛戟、甲胄盾牌、金鼓旗帜、兵车驽车，应有尽有。

远程武器：

弩：五十三万七千七百零七张

弩矢：一千一百四十五万八千四百二十四支

弓：七万七千五百二十一张

弓箭：一百一十九万九千三百一十六支

格斗长兵：

矛：五万零一百七十八把

戟类长兵：七万八千三百九十二把

铍：四十五万一千二百二十二支

铩：两万四千一百七十支

格斗短兵：

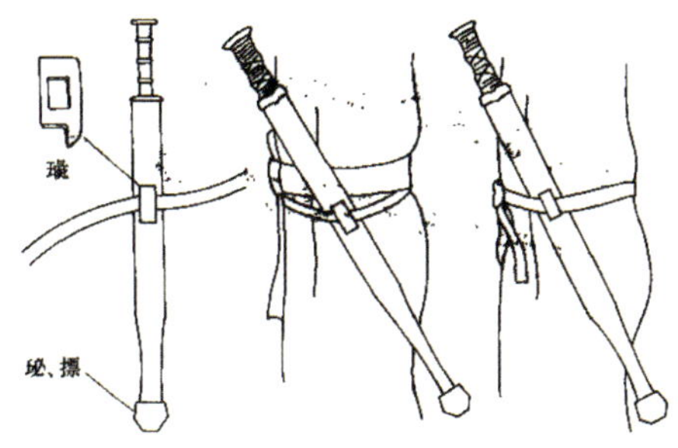

汉剑佩戴方式

剑：九万九千九百零五把

刀：十五万六千一百三十五把

防护装备：

皮甲：十四万两千七百零一套

铁甲：六万三千三百二十四套

头盔：九万八千两百六十二顶

盾牌：十万零二百五十五面

制作铁甲和头盔的甲片：五十八万七千两百九十九片

该集簿“是我国迄今为止所见有关汉代武库建设中时代最早、内容最完备的统计报告，而且是发现在内郡政府文书档案上，其文献价值更非同寻常”。

《汉书·成帝纪》中如淳注引记载：“北边郡库，官之兵器所藏，置令。”汉帝国不仅在长安、洛阳建立直属中央的国家武库，而且在边郡、内郡分设武库。因为在《东海郡吏员总簿》或《东海郡吏员设置簿》中都未见有“库令”的设置，因而可知，东海郡武库是汉帝国设在东南沿海，受中央管辖的国家武库，承担着帝国东南方向上的武器战备任务。仅负责东南战略方向的一个中央直辖武库，就能武装起包括六万多名铁铠重装战士和十四万名皮甲中型战士在内的五十万人，并能保证五十万多战士都拥有远程和肉搏两套兵器。那么，更为精锐的中央禁卫军武库又是什么样呢？20 世纪 70 年代中期，中国考古工作者对长安武库遗址进行了发掘。武库的四周有用夯土筑造的长方形围墙，围墙东西长 710 米，南北宽 322 米，总面积达 228620 平方米，实为一座规模宏大的库城。可以想象，这样一座庞大武库里的装备，丰富到了什么样的程度。

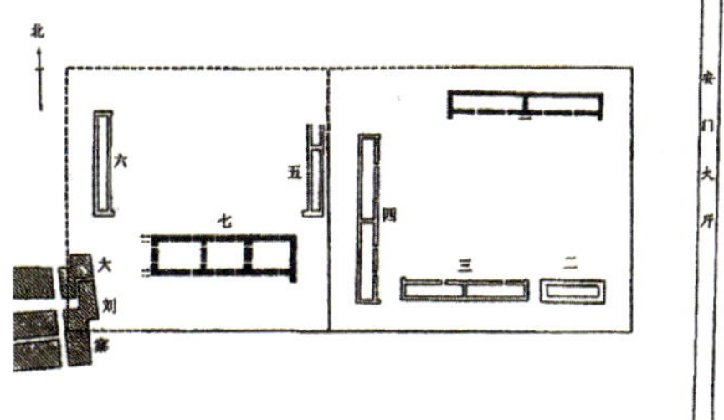

汉代长安武库遗址图

百湅钢剑

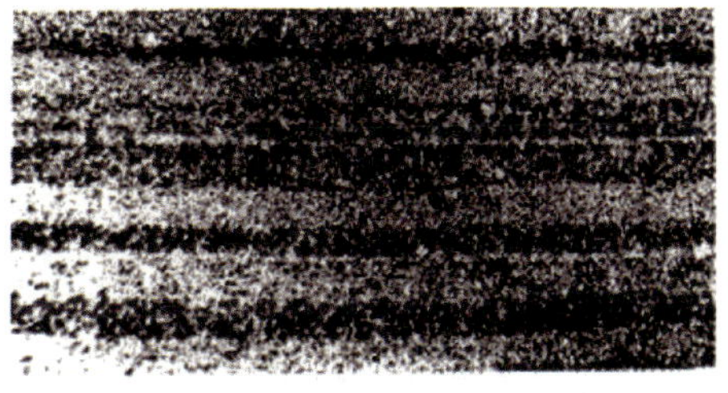

徐州铜山出土的五十湅钢剑金相分析图

冶金技术与武器制造技术的进步，不光带来了军备数量上的优势，更带来了质量上的优势。出土文物显示，汉代武器制造已经掌握了当时非常先进的特殊制作工艺，比如通过局部淬火、表面渗碳等工艺，让武器的刃部更锋利。汉代还掌握了非常先进的贴钢工艺，就是在一块作为刀身的低碳钢上锻焊上一块高碳钢作为刀刃，这样就能保证整件武器刚柔并济，拥有更好的性能。

更为关键的是，汉代大范围采用“百湅”技术（也就是常被现代人误读的“百炼”）。“百湅”通过反复锻打，使钢材组织致密、结构均匀，刚性增强，并形成层叠式的复合结构，使得整个武器的综合机械性能更为精良。所谓“百”可能是一种虚数，根据出土的“卅湅”钢刀，组织分层确实到了三十层。

随着冷锻制甲技术的出现，汉帝国钢铁铠甲的防御力进一步得到了提升。现代科学实验表明，碳钢经冷加工变形，会有冷作硬化效应，其强度随锻造比增加。冷锻制甲还避免了热锻时金属氧化造成表面粗糙的缺点，能使甲片表面更加光滑。

对于汉帝国在军备上的优势地位，汉帝国西域副校尉陈汤曾经有过详细的论述。这位汉朝名将曾经阵斩匈奴郅支单于，并将其传首万里，留下“明犯强汉者，虽远必诛”的名言。他论述道：以前胡人士兵五人才能抵上一个汉帝国士兵。因为胡人兵刃朴钝，弓箭质量不好。现在听说他们学得了很多汉帝国的军备技巧，但仍要三个人才能抵得上一个汉兵。

不过，他口中的胡兵主要指的是西域诸国中的乌孙国士兵。那么，拥有着典范般的古典帝国军事体制，由钢铁武器装备起来的汉帝国军队，面对“天之骄子”匈奴帝国军队之时，又是一种什么状况呢？晁错在他的《言兵事疏》一文中，对汉军将士和匈奴战士的优劣做过系统的总结与评论。

晁错首先肯定了战马给匈奴帝国带来的军事优势。他认为汉军不如匈奴之处有三：攀山跨涧，汉朝的战马不如匈奴的战马；在崎岖的山路上，驰骋骑射，汉朝骑兵不如匈奴；风餐露宿，忍受饥渴，坚韧顽强，汉军不如匈奴。接着，晁错分析了汉帝国军事体制和先进武备所带来的军事优势。他认为汉帝国军队的长处有五：在平原上，汉军战车和突骑冲锋，很容易就能把匈奴打垮；汉军强弩的射程与威力，远超过匈奴的弓箭；使用强弩的汉军万箭齐发，匈奴的皮甲与木盾根本抵挡不住；汉军战士身穿铁铠，手持锋利的兵器，在弓弩的掩护下，排成阵列奋勇前进，匈奴的战士根本抵挡不住；汉军战士步行用长戟和刀剑近身格斗，匈奴根本不是对手。

晁错这段关于汉匈双方实力对比的论述，神奇地预言了李陵“横挑强胡”这一仗的战场态势。汉帝国的前期反攻已经取得了不少辉煌胜利，但由于牧人物资匮乏，汉帝国并不能从胜利中得到多少实质性的补偿。虽然汉帝国的财力依然可以支撑对匈奴的远征，但是之前苦苦积累的马匹数量已经急剧减少。因此汉帝国无法像之前那样保证全部战略方向上的战马供应。这也是为什么李陵出塞千里，竟然没有骑兵掩护的原因。匈奴帝国虽然之前已经遭遇了多次沉重打击，但凭借战马所带来的机动优势，匈奴人依然可以在想要的战略方向上，集中优势兵力。

现在，让我们再回到汉武帝天汉二年（公元前99年）的东浚稽山山脚下，去复原那场农人与牧人的宿命对决。

七 餐桌上的差距

这是两支阵列、军势迥然不同的军队。

李陵麾下的五千汉军，是由强弓硬弩、钢铁武器和铠甲所武装起来的重装步兵，其核心是征募自荆楚地区的剑客勇士。汉军战士站立于地面，个个高大健壮，拥有良好防护，队伍阵容齐整。

李陵对面的三万匈奴人则是典型的草原轻骑兵。这些匈奴骑兵都来自于匈奴单于的直属部落，这也就意味着他们或多或少地跟匈奴单于或匈奴单于的部落有一定血缘关系。匈奴战士高坐马背之上，松散随意，身上的防护装备稀少，与汉军相比接近裸奔。虽然匈奴战士更能忍饥挨饿、吃苦耐劳，但他们远没有汉军战士高大健壮，因为这些匈奴人很少能吃到肉。

拥有众多牲畜的牧人很少能吃到肉，这听上去像是一个滑天下之大稽的笑话。因为中国史料中常常记载“匈奴之俗，人食畜肉”，许多生活在牧区或去过牧区旅游的人也对牧区便宜美味的牛羊肉有着深刻的印象。

但根据中国台湾学者王明珂先生多次到牧区实地考察的结果与苏联和国内人类学者的研究，我们会发现，古代牧民吃不起肉，是历史中的残酷真相。至于古籍中笼统认为牧人以肉类为主食的记述，往往来自文人缺乏实地考察的臆想和坊间传闻。现代牧区丰富的肉类供应要归功于现代畜牧兽医技术的发展，以及现代贸易经济对畜牧业的全方位辅助和引领。

古代游牧人群难以依赖畜肉为主食。经常宰杀牲畜为食难以维持游牧生计，因此，在近现代之前（牧业被纳入市场经济之前），世界上各个类型的游牧经济人群皆普遍依赖乳产品为食。

在人类刚开始畜养动物的早期，也就是在新石器时代的采集、狩猎经济阶段，畜养动物主要是为了得到肉食。游牧，在人类经济生态历史中，是在采集、狩猎经济阶段之后出现的，其本质是利用草食动物的食性和移动性，将广大地区里人类无法利用的植物转化成人类所需物资。

游牧业与其后出现的传统农业相比，是种极其低效的生产方式。在现代化条件下，在杂类草草地环境下，兼顾最大生产效率和经济效益的最佳草地放牧密度为

3.1~3.2 只绵羊 / 公顷。而古代的放牧条件远远比不上现代，因此为了能持续以此营生，几乎所有古代牧人都尽量避免食用牲畜的肉，而多利用动物的毛、乳制品，和它们的牵引力。换句话说，当人们学会忍住不吃畜养的动物，而以食乳制品来取代食肉后，游牧经济才得以出现。因为这些牲畜等于牧人生活的“本金”，乳制品等于“利息”。如果牧人以肉类为主食，就等于吃掉了“本金”，几年之后就没有“本金”可吃了。

这其实是一个数学问题。若牧人以畜肉为主食，一个五口之家就必须饲养大量牲畜来维持一年所需的肉食。大量的畜产意味着大量的草食性动物，需要广大牧地来供应其草料；而广大牧地，代表着需要更长程的游牧与更多照料、保护牲畜的工作。五口之家的人力，根本无法支撑如此大数量牲畜的放牧及其他工作，也没法稳固拥有如此大量畜产所需的草场资源。

而且我们要注意到游牧经济另一个突出的特点：生存环境险恶，经济循环极其脆弱，无法形成积累。游牧经济对自然环境依赖极大，草场牧草的状况，如生长、产量、营养物质等都受到自然环境的制约和影响。气温、水分、土壤墒情决定着草场牧草的高度、盖度，也就决定着草场的载畜量。大草原地区又是影响东亚的寒流的发源地，干旱、低温等等自然灾害多发。现在中国北方还流传着这样一句俗语：“家有万贯，带毛不算。”一场大雪，一场干旱——也就是牧民常说的“白灾”和“黑灾”——瞬间就能使最富有的牧人都变成乞丐。更凄惨的是，雪灾情况下运输断绝，同时牧人要尽快转移，所以倒毙的牲畜只能吃掉和带走一小部分，绝大部分只能便宜食腐动物。

所以，在古代，无论多少牲畜其实都无法真正保证牧人的生存。“本金”谈不上增加，相反很容易赔光。为了保证在遭受突来的天灾、畜疫后仍有足够的牲畜可供繁殖，牧民都希望保持最大数量的牲畜，绝对不轻易宰杀它们来吃。

因此，牧人没有“盈余”的概念。所谓“盈余”，不只是客观的生产与消费之间的量化差距，更是人们主观上认为扣除生活基本消费后剩余的物资。一个农人能知道他谷仓里有多少存谷盈余，但对于一个游牧者来说，有多少畜产可称为盈余是难以判断的——因为自然灾害带来的损失无法预估。

几种因素影响，肉食成了普通牧民吃不起的高级食品。清代学者赵翼在他的《檐曝杂记》中记载了蒙古牧民的自述：“食肉惟王公台吉能之。我等贫夷，但逢节杀一羊而已，杀羊亦必数户迭为主，到而分之，以是为一年食肉之候。”逢年过节才杀一头羊，并且还是各家分着吃。

直到 20 世纪中叶，现代社会条件下，畜牧业与工农业联系异常紧密，并且得到了现代工业、医学以及社会管理的支援，再加上此时国际毛类和肉类市场的大发展，使得游牧地区与定居城镇之关系更加密切。新的运输通信工具、畜产照料与防疫技术也减少了许多游牧风险。这才大大改变了欧亚草原普通牧民的生活，让吃肉成了他们的生活常态。

至于匈奴帝国时代的普通牧人，是很难吃得起肉的。不过就算是乳制品，在当时的物质条件下也无法真正满足牧人的需求。因此牧人们还需要通过狩猎、采集，甚至农作来补充生活所需。

狩猎是牧人们喜好从事的活动，也能让他们避免宰杀牲畜而仍可得到肉食。牧人的歌谣中经常传唱狩猎之乐，但在现实生活中，狩猎并不是牧人最重要的辅助生计。首先，草原上并不是总有丰富的野生动物可供猎取。其次，在耗费人力的游牧经济模式下，牧人往往格外忙碌而无暇从事狩猎。一般来说，秋季到初冬，牧民的狩猎活动多一些。此时游牧工作较少，兽肉易保存，在薄雪上容易追踪猎物足迹，马也较肥壮。

草原上的大型食草动物都有移栖性，以追寻不稳定的、季节性的自然资源，而匈奴各部落皆有其固定牧地，因此并不是所有匈奴牧民都有机会猎得大型动物。相反，小型动物如松鼠、兔、狐、貂、獾，以及各种鼠类等都是定栖性动物，这才是匈奴人经常猎获的猎物。虽然如此，在同一定牧区过度捕杀小型动物也会造成“射猎无所得”的后果。而且这类小型动物往往带有潜在的危险，那就是鼠疫。

真正支撑起匈奴人生存的，其实是被人们所忽视的采集和农作。采集食物的工作多由女人、小孩来做。可食的植物根茎、野果、野菜、菌菇等等都是牧人的采集对象。民族志数据显示，在添补牧人食物方面，采集常比狩猎更可靠和重要。越是在艰困的情况下，人们便越依赖采集食物维生。

与普通人的传统观念不同的是，其实匈奴人的生活非常依靠农业。中原人的历史文献里常有匈奴储存粟米，以及某年他们的作物收成欠佳（谷稼不熟）或匈奴派军队屯田等的记载。比如“匈奴复使四千骑田车师”、“遣左右大将各万余屯田右地”等等。苏联与蒙古国的考古学者在贝加尔湖附近也曾发现匈奴时期当地住民的村镇遗址以及谷物、农具遗存。当然，牧人从事的农作大多是相当粗放的。他们只在春季出牧时简单地整地、播种，然后离去开始游牧，秋季回来收成，有多少算多少，遇上干旱也可能毫无收成。

因此，一个普通匈奴人的日常餐桌上，是以奶制品和谷物为主流，辅以采集来的野菜、蘑菇和植物根茎。肉食只有运气特别好或者是运气特别差的时候才会出现。甚至，一个匈奴人的餐桌上如果出现了大量的肉食，那么对他来说可能是一件很可怕的事情。因为这意味着他的牲畜已经死得差不多了。

除了匈奴贵族，每个普通匈奴人都徘徊于温饱线上，随时面临着挨饿受冻的可能。这也是匈奴人经常对汉帝国发动侵略战争的原因之一。相比之下，农人的生活状况就好得多了。定居的农业经济，提供了更高的生产率和安全性，而且更容易积累资产。虽然他们也会遭遇旱灾和蝗灾的袭击，但土地是不会消失的“本金”，只要不失去土地，农人就能过上富足的生活。

汉武帝发动反攻之前，汉代经过秦末战争后的休养生息，人口从初年的不到一千三百万增长到了大约三千万。但这些人生活在辽阔的中原大地之上，依然还是地广人稀。秦汉以及之前的古典时代，国家规定“一户百亩”，也就是一户五口之家大约有一百亩田地（相当于现在的三十市亩）。

汉代随着铁器的普及，牛马耕的推广，肥料的应用，水利的修建，农业亩产得到很大提高。当时中国北方的主要粮食作物是粟（小米）和小麦，南方的主要粮食作物是水稻。根据原中国商业史学会会长吴慧先生在《中国历代粮食亩产研究》中的统计，汉代平均亩产能达到三石原粮（未去壳的粮食），换算成现在的单位，大约是每市亩 132 公斤。其中亩产较高的是四年五熟的复种田，亩产达 3. 33 石，产量较低的南方水稻田也能达到 2. 77 石。

“石”在汉代是容积单位也是重量单位。被用作计量粮食时，就是容积单位。一石为十斗，一斗为十升。根据出土文物显示，汉代的一升大约能装 200 毫升小米，一石大约二十升，约是 17. 5 公斤小米。

汉代人一天吃两餐，每人每月的食量（以粝米为准）大体是：丁男月食一石二斗，约今 21 公斤；大男（十五岁以上的男性）月食一石零八升，约 19 公斤；大女（十五岁以上的女性）、使男（七岁至十四岁）月食七斗八升，约 13. 5 公斤；使女（七岁至十四岁）、未使男（六岁以下）月食六斗，约 10. 5 公斤；未使女（六岁以下）月食四斗二升，约 7. 4 公斤。已经和现代社会相差无几。

当时汉帝国已经实现了“一人耕而四人食”，即一个成年劳动力除自己以外能养活四个非农人口。综合统计，汉代每一个成年劳动力的劳动生产率是年产原粮 1789 公斤，汉代每一个农业人口全年的粮食（口粮和其他用粮）需求量为原粮 405 公斤；汉代城乡人口平均每人一年占有的原粮为 496. 5 公斤。地广人稀加上生产力的大发展，使得汉帝国时代成为中国古代人均占有粮食量的一个高峰时期。

汉帝国的劳动生产率一直遥遥领先于欧洲。人均产出一直到了文艺复兴之后，才被欧洲赶上并超过，而亩产一直到工业革命之前，都未被超越。根据迈克尔·特纳《18 世纪英国农业生产率》和富塞尔《18 世纪人口与小麦产量》的估计，18 世纪初英国小麦英亩产量在 21 蒲式耳左右，即相当于 1 英亩产 438 公斤，折合中国市制，相当于 1 市亩产 72 公斤。

因为汉帝国农业生产高度发达，再加上地广人稀，畜牧业非常兴旺。汉代《盐铁论》记载着大畜牧主们“原马被山，牛羊满谷”，普通人家则有“农夫以马耕载，而民莫不骑乘”的盛况。

汉帝国的畜牧业还有着一个无与伦比的优势，那就是饲料粮的使用。不管是打仗、

汉代马耕图

运输还是犁地，也不管是牛马驴骡，让牲畜从事大运动量劳动就要喂粮食，只凭草料是无法满足需求的。比如在淮海战役的支勤工作里，对牲畜的配给标准是牛马骡每日小米 3 斤，草料 12 斤左右。

《多桑蒙古史》曾记载，元朝在占据大片农耕地区之后，规定骑兵要配置一两匹用豆料和盐巴精养的马，再加上五六匹不需要粮食喂养的马。可匈奴帝国当时还停留在“马不食粟”的认识阶段，而汉帝国已经开始给军马喂粮食，出战前还要“粟马”。当时，有经验的战士从马粪中是否遗留有粮食的残渣，即可判断该马是哪一方的马匹。依靠农业的定居畜牧业，与依靠天然水草的游牧畜牧业相比，在军马选育和军马素质上拥有着巨大的优势。

除了饲养马匹以发动对匈奴的反攻之外，汉代人还饲养着多种牲畜以专门提供肉食。牛、羊、猪、狗、鸡、鱼为汉代人提供了丰富的肉食。同时史料还告诉了我们，汉代人有一个重口味的饮食爱好——爱吃猫头鹰。

至于汉代人吃肉的频率和数量，我们可以从其家资和物价进行推算。前面曾经说过，汉代人家根据家庭财产被分为“大家”“中家”和“小家”。家产在十万钱以上的“中家”，是一个涵盖小地主、富农和中农的广大阶层（根据古籍的记载，在居延地区有一户户主名为礼忠的人家。这是一个典型的“中家”，有田五顷、马五匹、牛两头、牛车两辆、轺车两辆、宅一区、奴婢三人，总资产十五万钱。这个家庭放到现在，算得上一个相当富裕的中产阶级了）。中家享有一定的政治权利，中家以上的子弟才能算作“良家子”，才能当官进入仕途或加入“羽林”“期门”这样的帝国最精锐禁卫军部队。李陵的祖父飞将军李广，就是以“良家子”的身份从军的。可以说中家是汉帝国的社会中坚，中家子弟也是汉帝国军队的主力与核心。

汉代的物价，我们可从出土的众多汉简和史籍中窥知一二。根据张家山汉墓出土的竹简记载，每石粟约是二十六钱。《史记》记载，一石粮食是二十钱。居延和敦煌地区出土的汉简当中，有较多的价格记载。居延竹简记述，在汉宣帝刘询的时代，粮食最低到了一石五钱的程度，肉价最便宜时到了三钱一斤。敦煌竹简则记述，猪肉是一斤九钱。悬泉置竹简记载，当地的驿站招待路过的一个官员和一个官员随从吃了一顿饭，用去了米六升和肉一斤，这顿饭的价值是十钱。

那么对于资产不到四万钱的小家，情况又是如何呢？董仲舒的再传弟子，汉元帝的御史大夫贡禹，小时候家里很穷，有田一百三十亩，家产不到万钱。这种家产在三万钱以下的免税家庭，自然拿不出多余钱来买肉了。

可根据汉简记载，当时的人们经常用粮食直接换肉吃。约 0.6~2 斗米可换一斤肉，整体平均 1~1.5 斗米换一斤肉。联系前文，汉代亩产三石。鉴于汉代农民除副食之外，并没有太多的生活支出，因此如贡禹这样的家庭，就算在肉价最高的两斗米换一斤肉之时，拿出年收成的十分之一，也能达到现代中国农民的肉类消费水平。

至于汉帝国的军人，享受的饮食待遇则更为优厚。根据居延汉简记载，汉帝国的边防军人驻防时一天四升米，一个月21公斤，执行任务时，一天的主食标准提高到六升米，一个月30公斤。

之前文章中说过，汉帝国会承担起军人家属的饮食。《居延汉简甲乙编》就记载了这样一个事情：有一名叫作富风的男子，岗位是“执胡燧卒”。他的妻子君以，二十八岁，每月由国家给予原粮二石一斗六升。富风还有两个女儿，一个十岁，一个三岁，分别也能享受到一石六斗六升和一石一斗六升的原粮供给。此外，这个边防军家庭每个月还能得到三升盐的配给。

居延汉简还记载了一个“燧长”的副食消费情况。“燧长”是五人队长级别的小吏，待遇也与普通士兵相差无几。每月俸钱为六百钱到九百钱。而就是这样一个算不上官吏的岗位，一个月副食费就有二百八十六钱。此人用其中七十钱来买肉，二百一十六钱来买菜。联系当时的肉价，燧长一个月就消耗了十五到二十斤的肉。另外根据记载，当时一头羊二百五十钱，五只鸡一百八十钱。也就是说这个燧长如果减少买菜的支出的话，一个人一个月吃一头羊或者三天吃一只鸡，都是不成问题的。由此可见当时汉代军人享受的丰厚待遇。对比汉匈双方战士的饮食情况，自然也就能够明白为什么汉军战士要比匈奴战士高大健壮得多了。

八 弩射三百步

当然，仅凭身体素质上的优势，并不足以形成如晁错所说的那种正面对抗上的绝对优势。古罗马军事家恺撒，还有古罗马历史学家塔西坨和普鲁塔克都曾经记述过，日耳曼人远比罗马人高大健壮。但古罗马军队还是凭借着严密的军事组织和精良的武器铠甲多次在正面对决中打败并征服日耳曼人。可见军事组织和武器铠甲上的优势，往往可以抵消身体素质上的劣势。但对于汉匈双方来说，身体素质、军事组织和武器铠甲上的优势，全在汉帝国一方。匈奴人跟他们的老师斯基泰人一样，都是典型的草原轻骑兵。因为铁器的缺乏，匈奴战士只能用皮甲甚至是皮袄来保护自己。

不过匈奴人比斯基泰人更进了一步，匈奴当时已经进入了铁器时代。根据中国和苏联的考古学家对匈奴墓葬的发掘，当时铁制箭头已经成为主流。

牧人所倚重的武器是草原复合弓，现在还有文物留存。从实物的外形来估算，匈奴骑射用弓的拉力一般在20公斤到30公斤。这种弓针对无防护目标，不考虑命中精度的话，杀伤射程大约为100米。

但实战中，一般不会在100米之外射

击目标，原因是拉力不到30公斤的弓所射出的箭飞速会很慢，100米外的人甚至可以及时躲避。连李广这样让匈奴人惧怕的神射手，能准确命中目标的骑射距离也不超过70米，“其射，见敌急，非在数十步之内，度不中不发”。根据现代弓箭爱好者的复原，骑射状态下，要想命中人型大小的目标，距离最好不要超过40米。因此，草原轻骑兵的骑射作战距离一般不超过40米，甚至有时候更近。

◎ 匈奴骑兵

即使骑射的距离较近，装备了铁制箭头的匈奴骑兵依然是所有步行无防护目标的噩梦与死神。战马和弓箭将杀伤力和机动性良好地结合在了一起。面对步行者，匈奴人可以轻易实行“打带跑”战术，在安全距离里射杀目标。所谓“打带跑”，不一定是真的一边打一边跑，更多是发挥机动优势，在安全距离上骑乘静止射箭，等目标快要接近自己时，骑手再移动，拉开安全距离。目标如果没有弓弩作为反击武器，也没有铠甲防护，一两个回合后就会失去抵抗能力。

但是，汉军所装备的两种军备——铠甲和头盔却好好克制住了这一死神。《武库永始四年兵车器集簿》表明了汉军非常重视战士的防护。武库中拥有皮甲十四万两千七百零一套，铁甲六万三千三百二十四套，头盔九万八千两百六十二顶。另外还有五十八万七千两百九十九片用来制作铁甲和头盔的甲片。考虑到东海郡武库承担着汉帝国东南方向上的武器战备任务，军队在东南水网地区作战，对于机动性的要求更高，因此皮甲比例较高并不奇怪。

居延汉简中，有一枚竹简揭示了汉帝国边防线上军队装备铠甲的真实情况。“白玄甲（精致铁甲）十三领，革甲六百五十，铁铠二千七百一十三”，铁甲的装备量是皮甲的四倍还多。说明当时铁铠已经成为汉帝国军队的主流装备，皮甲退为次要地位。因为铁铠一般是黑色的，所以汉军也被称作玄甲军。

出土文物显示，当时一般部队装备札甲，精锐部队装备鱼鳞铠，高级军官装备精细鱼鳞铠。这三种铠甲以及头盔都是由锻造的钢甲片编联而成，甲片的厚度一般是1~3毫米。

越高级的铠甲，甲片越小，编联得越

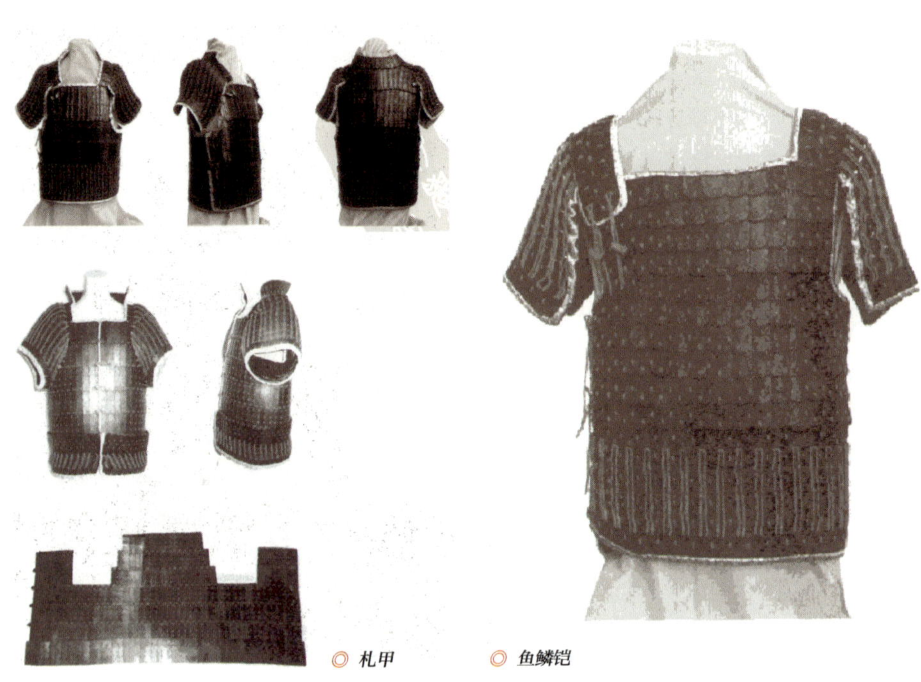

◎ 札甲

◎ 鱼鳞铠

◎ 精细鱼鳞铠

紧密，重叠率越高，防护性能越好。一般一套札甲的甲片在700片左右，一套鱼鳞甲有甲片1000~2000片，而一套精细鱼鳞甲的甲片多达3000片。

这些铠甲的长度都在80厘米左右，肩部有筒袖或披膊，能够有效地保护胸、背、腰、腹、臀、肩和上臂，有的铠甲还有盆领，加强了对颈部的防护。有的头盔有很大的垂缘，能有效保护两颊和后脑。

据统计，最重的汉代鱼鳞铠接近17公斤，常用的札甲也有11公斤重。要知道，根据《骑士与火炉》（*THE KNIGHT AND THE BLAST FURNACE*）一书的记述，距离汉代一千五百年之后的14—15世纪，欧洲出现的那种全身防护的板甲也很少超过15公斤，到了16世纪，为了抵御火枪的攻击，这些“铁罐头”的重量才增加到了25公斤左右。

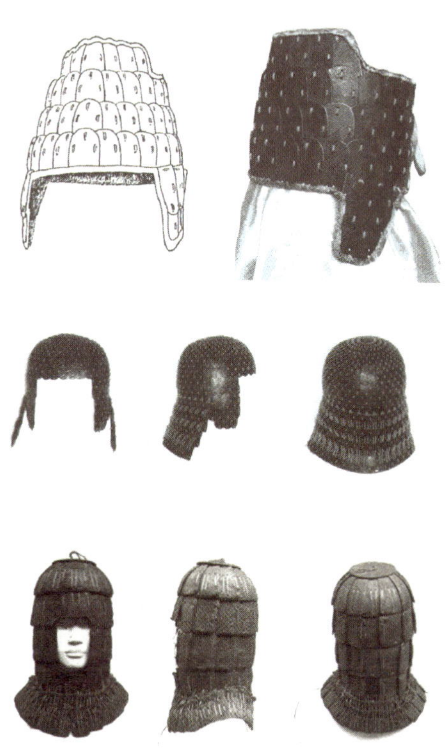

◎ 汉代头盔

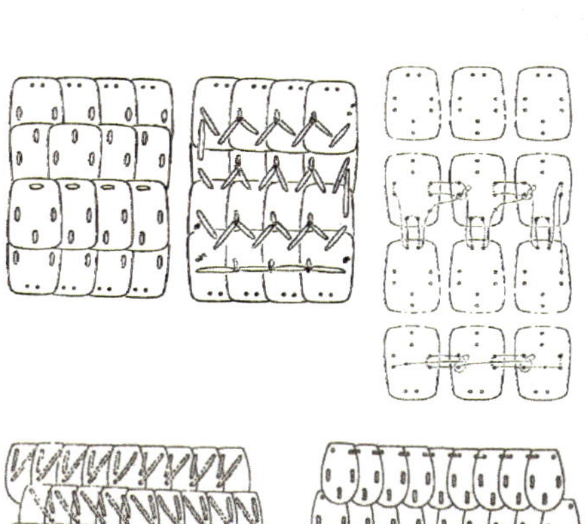

◎ 甲片编联方式

◎ 汉代弩兵

由此可见，汉帝国军人拥有良好的防护。面对这样的敌人，匈奴的弓箭往往就显得非常无力。匈奴弓箭只有在非常近的距离，以合适的入射角度，才可能射穿精钢的铠甲。否则要么被撞断箭尖，要么被甲片弹开。因此，匈奴骑兵只能接近到20~30米乃至更近距离上，争取命中无防护部位或击穿铠甲的薄弱部分；或者在100米的距离上，利用抛射来袭扰汉军。可这两种作战方式对于缺乏防护的匈奴战士来说，都是非常危险甚至致命的。因为汉帝国拥有那个时代最为可怕的武器——弩。

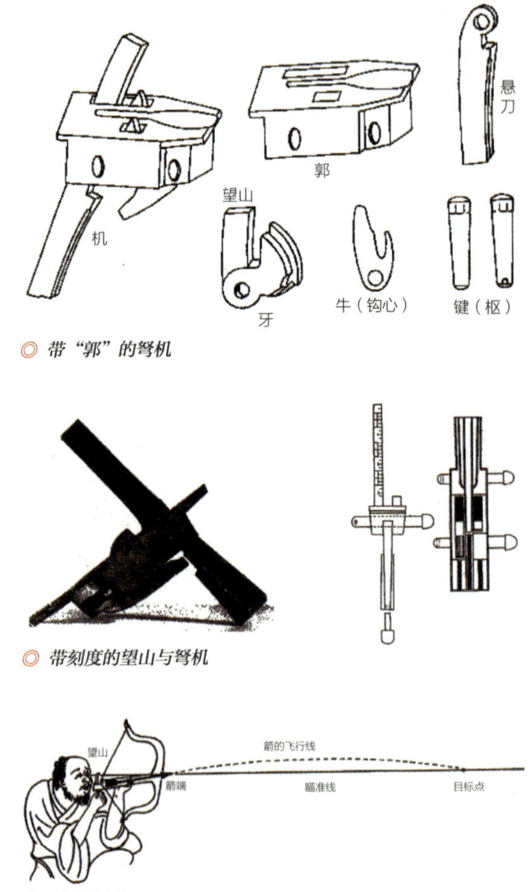

◎ 带"郭"的弩机

◎ 带刻度的望山与弩机

◎ 弩瞄准图

汉弩与秦弩相比有两大进步。其一是青铜的机匣——"郭"的出现。汉代对弩的改进，突出体现于弩机上，汉代弩机普遍增设了铜质的机匣——郭。牙、悬刀、牛等部件先装入郭内，再嵌入弩臂上的槽中，使得弩机的装配更加严密。而且，贯连弩机各部件的轴销，不仅穿在弩臂之槽的边框上，同时也穿在铜郭的孔中，因而使弩臂能够承受更大的张力。弩的杀伤力因此更加巨大。其二是在望山上增加了刻度。这使弩射的三点一线瞄准变得更为准确。射手依据目标物的距离远近，选定望山刻度中的某一条标线，将之与弩矢的端头（镞）和目标三点连成一线发射弩矢，即可准确命中目标。因为弩矢射出后受地球引力和空气阻力影响，不可能直线飞行，而是沿抛物线形的轨迹前进，所以弩手瞄准时，必须将弩臂的前端微微抬起，使望山上的某一点、矢镞和目标物在一条直线上，射出的箭矢以高于瞄准线的路线飞行，才能命中目标。弩的强度越大，射程就越远，箭矢的飞行路线和瞄准线的误差就越大。如果望山没有刻度，弩手射击时将弩臂前端抬高多少，以望山上的哪一点作为瞄准基点，纯粹靠经验。射程短时还好，射程一长，误差就会增大。望山刻度的出现，说明汉帝国的军人们对于弩矢的弹道不仅有了科学的认识，而且有了定量的把握。

经过以上两项改进，汉帝国的弩愈发凶狠、精准。西北汉代边塞遗址出土的大量简牍文书，以及汉帝国首都长安城未央宫中央官署遗址出土的众多刻字骨签，提供了大量关于汉帝国弩的强度和射程的宝贵资料。

弓弩的拉力，中国古人习惯称之为“弓力”、“弩力”，即拉满弓或弩所需之力。中国古代检测弓弩的强度，一直采取悬垂重物的方法，即将弓倒挂，在弓上悬垂重物，直至弓张满为止，然后称量出重物的重量，这便是张弓所需之力。

汉代用来衡量“弓力”、“弩力”的单位是石。石作为重量单位时，一石等于四钧，一钧为三十斤。根据出土文物显示，汉代一斤大约 250 克，只有现代一市斤的一半，因此汉代一石大约相当于 30 公斤。

根据简牍和刻字骨签的显示，当时汉代弩共有十八个等级。从一石到十五石，还有二十石、三十石、四十石。一般来说一到十石的弩都是单兵弩。一石和两石的弩是仅靠手臂就能拉开的臂张弩，三石以上的属于强弩，需要用脚或腰部帮助上弦的蹶张弩和腰引弩。十石到十二石弩也有单兵弩，这种弩被称为“大黄”，不过这

◎ 测试“弓力”、“弩力”

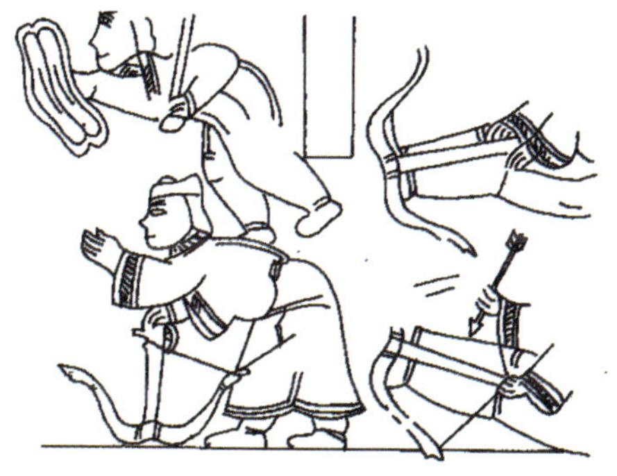

◎ 蹶张弩和腰引弩

种单兵最强弩，需要最强壮的战士才能拉开。再往上就是需要绞车来张弦的弩炮了。

关于汉代弩的射程，在西北汉简中能够见到七条材料（“□”为文物缺字）：

力五石二十九斤射百八十步

力四石四十二斤射百八十五步

□□□□□□□射百一十六步

力四石□□□□射二百□□□

□□□□□□□射百五十步

五石具弩射百二十步

三石具弩射百二十步

未央宫中央官署遗址出土的刻字骨签所记载的弩都是强弩甚至弩炮，因此射程都在三百步以上，最远者达到了四百步。

步是中国古代常用的距离单位，一般是一个成年男子两跨步的距离，即“两跨为一步”。汉代规定一步为六尺，换算成现代单位大约为1.4米。由此可见，一石和两石的普通弩有效射程在150米左右，三石到六石的强弩有效射程在170米到270米之间，弩炮甚至能达到四百步，也就是560米。

汉帝国非常重视弩的威力、射程和命中率。比如晁错在《言兵事疏》说：“弩不可以及远，与短兵同；射不能中，与无矢同；中不能入，与无镞同。”因此，汉军经常进行弩射考核。根据汉简记载，弩射距离是一百二十步（170米），每个战士发十二支弩矢，射中靶子六矢，才算合格。如果超出将有奖励，如果不到将被处罚。

此外，汉军喜欢用“大黄”或弩炮进行狙击作战，远距离击杀匈奴的指挥官。元狩二年（公元前121年），李陵的祖父李广率四千骑兵从右北平出塞几百里，结果被匈奴左贤王率四万骑兵重重围困。在这危急时刻，李广前出阵列，用大黄弩连续狙杀匈奴指挥官，打断了匈奴的指挥链，这才抵御住匈奴的猛攻。

强弩的唯一弱点是射速太慢，解决办法就是全员备弩，进行三列式射击。一列上箭、一列准备、一列射击，保证弩箭发射的连续性。

因此在实战中，匈奴骑兵在300米的距离上，已经开始变得不安全。前进到170米，就开始遭受强弩的打击，被击中的概率很高。匈奴人要想冲击到几十米内能使用弓箭作战的距离，就需要很强的运气，付出相当大的伤亡代价。在整个战斗过程中，匈奴的骑射手相对汉军的步兵弩射，在射程、杀伤力、防护性和精度等诸多方面都处于劣势。

美国学者阿彻·琼斯在他的《西方战争艺术》一书中这么写道：“乘马弓箭手与徒步弓箭手相比，具有更多的显著不利条件。徒步弓箭手不必分神而集中精力于

◎ 三列弩射图

射箭，这使得他们拥有更快的发射速度和更高的命中率。徒步弓箭手还可以使用重量较轻的盾牌保护自己。马匹还是一个巨大而脆弱的目标。”这也就是晁错所说的“汉军强弩的射程与威力，远超过匈奴的弓箭。使用强弩的汉军万箭齐发，匈奴的皮甲与木盾根本抵挡不住”。

就算匈奴骑兵冒死冲锋到汉军阵列前，双方展开最残酷也最考验体力、战技和意志的肉搏战，匈奴的轻装骑射手也不是那些汉军重装战士的对手。

当汉军列好阵列，匈奴人首先会面对如林的长铍和长矛。这些四米长的铍和矛是汉军主要的长柄兵器。面对骑兵时，汉军阵列的前几列都高举铍和矛来担任进攻或防御的主力。汉代的长铍和长矛都是钢制，表面经过淬火和渗碳，甚至采用了贴钢工艺，因此锋利无比。特别是长铍，锋刃长度有65~75厘米，相当于一把短剑，对于缺乏防护的敌人，杀伤力非常可怕。

长铍和长矛真正的优势是它们将近四米的长柄。步兵武器长度上的优势抵消了

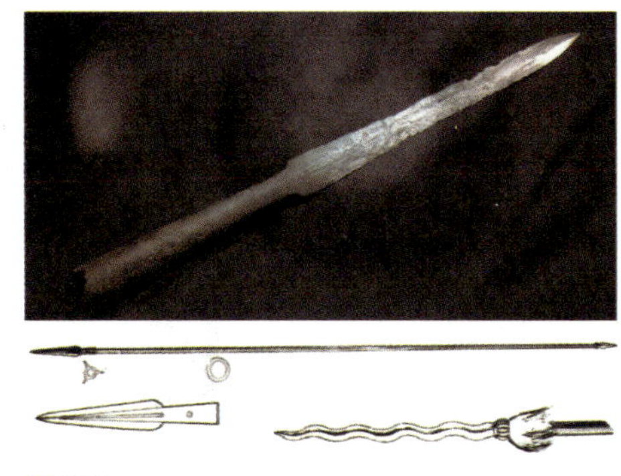

长矛

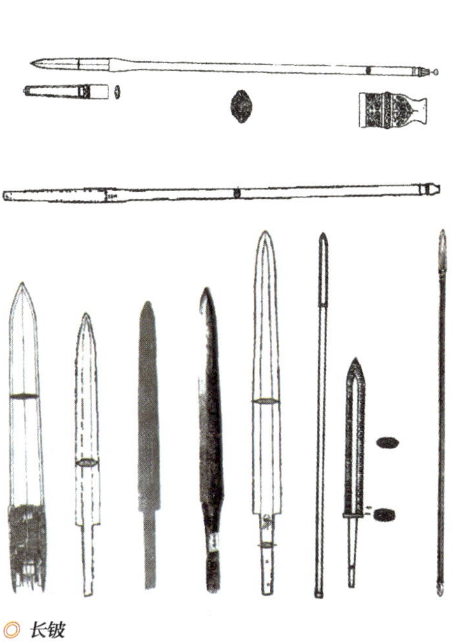

长铍

汉军重装战士

匈奴骑兵高度上的优势。明代军事家戚继光在北方练兵防御蒙古人时，做过步骑对练实验，以向士兵展示轻装骑兵在重装步兵面前的无奈。当时戚继光让一名军官骑马持刀奔驰而来，戚继光自己则手持长枪对战。“马高三尺、人在马上亦三尺，腰刀仅三尺，马颈且长三尺”，于是每次在那名军官攻击到戚继光之前，戚继光的枪尖就能抵住军官或战马的喉咙（《练兵实纪·杂集卷四·登坛口述》）。

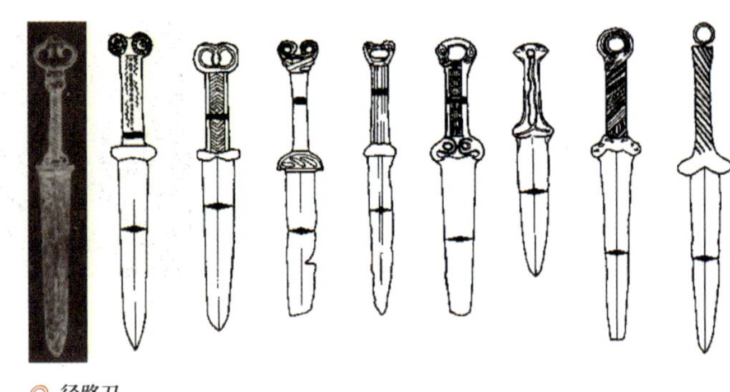

◎ 径路刀

因为战马颈长的阻碍，轻装骑兵的攻击范围不超过两米。步兵手握四米长枪，向前跨步，单向攻击距离可超过五米。长度的优势还可以让前后数列的步兵同时攻击单独一个骑兵。

◎ 古波斯武士像，武士腰上悬挂的是斯基泰风格短剑

根据出土文物显示，匈奴人主要的肉搏兵器是剑和短矛。剑是铁质，长一米左右，短矛不到两米。至于匈奴著名的径路宝刀，根据考古发掘，其实是一种波斯或斯基泰风格的蝴蝶柄短剑，实战意义不大。匈奴人是因为相信这种短剑拥有神秘的力量，能让盟约得到遵守，才如此重视它的。

匈奴人没有马镫，不得不依靠双腿夹紧战马，以使自己保持在马背上，也就是骣骑。因为作用力和反作用力，骣骑的骑兵不是一个稳定的作战体系，因为骑兵找不到一个受力点来支撑自己。无论攻击还是被攻击，骑手都很容易掉下去。而步兵唯一需要克服的，就是对于战马的恐惧心理。只要克服了这种心理，失去机动力的轻装骑兵将成为最好攻击的目标。

匈奴骑兵如果不顾牺牲，跳下战马，徒步冲入汉军的阵列，双方就会陷入刀剑相交的近身格斗。匈奴人将面对汉军刀盾手的挑战。汉军刀盾手装备的就是著名的环首刀。这是一种长度一米多的直刃长刀。因为尾部有一个大环，因此得名。它因为单面开刃，可以加强刀脊，所以整体结构比剑更为坚固，也更容易生产。

锋利的刀尖、长长的刀刃以及厚实的刀背，兼顾刺击与斩杀，使用起来极为方便灵活。汉代高超的冶金技术，局部淬火、渗碳、贴钢技术，以及“百湅”技术赋予了环首刀更强的杀伤力，即使与现代刀具相比也毫不逊色。

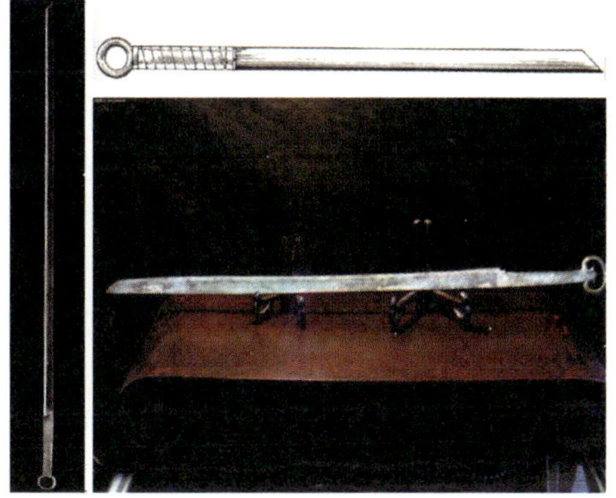

◎ 汉代环首刀

◎ 使用环首刀的汉军武士

著名刀剑收藏爱好者皇甫江曾用自己收藏的五把汉代环首刀和日军的九五式士官刀做过对比。前者是两千年前的技术打造，后者是现代钢材机械锻造。参与对比的五把环首刀长从120厘米到100厘米不等，宽3厘米，厚7毫米到1厘米。日本士官刀长93厘米，宽3厘米，厚7毫米。双方锋利程度相当，可汉代环首刀弯成弓形后可以瞬间恢复成原状，而且无弯曲变形。日本士官刀在弯曲后容易发生形变，几乎不能回弹。

其实这个试验并不能证明汉代环首刀压倒了日本士官刀。因为日本士官刀更重视劈砍，而环首刀还要兼顾刺击功能，战术目标不同，导致了金属效能的不同。但这也证明了环首刀是一种极其优秀的武器，面对匈奴劣质铁剑，自然拥有了传说中“削铁如泥”的力量。

因此，只要汉军做好战斗准备，列好

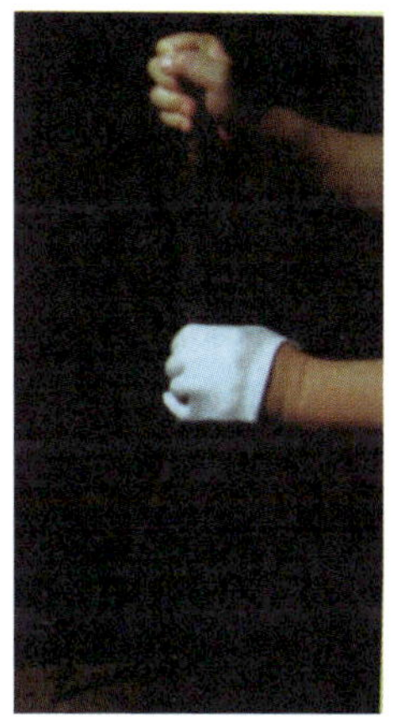

◎ 汉代环首刀金属强度测试图

战阵，就拥有了面对面肉搏的绝对优势。就如晁错所说：汉军战士身穿铁铠，手持锋利的兵器，在弓弩的掩护下，排成阵列奋勇前进，匈奴的战士根本抵挡不住。当汉军战士步行用长戟和刀剑近身格斗，匈奴根本不是对手。这也解释了为什么李陵敢于用五千步兵深入单于庭了。那份看似狂妄的许诺，其实是知己知彼的自信和勇敢。这五千步兵的核心是征募自荆楚地区并经过李陵亲手训练的剑客勇士。他们是汉军中的精锐，拥有对匈奴战力上的绝对优势。

匈奴人已经与汉军交战数十年了。且鞮侯单于和他所率领的三万骑兵，自然也都知道双方的优劣所在。但他们自恃是得胜之师，而且有数量上的绝对优势。因此匈奴人自然没将这区区五千汉军步兵放在眼里，直接发动了突击。但他们忘记了，自己之前击败的汉军将军是靠裙带关系爬上来的李广利，而现在面对的则是世代将门的李陵。

终章 死斗的循环

李陵在两山之间摆下阵势，前排戟盾长矛，后排强弓硬弩，严阵以待。狂妄的匈奴骑兵，先被强弩攒射，然后被长铍攒刺，损失惨重。前排的骑兵被击退，后排的骑兵仍在猛冲，拥挤在一起。越来越多的伤亡，压垮了匈奴本不坚韧的神经，匈奴人开始溃逃，一些人慌不择路，下马想逃到两侧的山上，结果被汉军追上斩杀。

双方第一个回合，匈奴惨败，被杀数千人。

感到被狠狠扇了一耳光的匈奴单于急忙召集部队，想彻底吃掉李陵那一小支孤零零的汉军。很快，来自匈奴左右贤王的援军赶到了。八万多匈奴人死死咬住开始南撤的汉军。可一开始的惨败让他们不敢再进行冲锋，只是远远放箭以图削弱汉军。就像跟踪在又饿又累的旅行者身后的旷野狼群一样，匈奴兵执拗地追逐在汉军之后，一点点增加对手的创伤，打算伺机给予最后的致命一击。

在漫天的箭雨下，汉军的伤亡开始增多。李陵规定，只有一处伤的人仍然要执

◎ 军阵演示

武器战斗，两处负伤的人帮忙推辎重车，三处以上负伤的伤者才坐担架或由人扶行。这一方面说明了李陵的困境，另一方面也说明了汉军铁铠的良好防护。受伤者大多只是轻伤，而且通常没有伤到要害部位，三处负伤者还能行走。

在用箭雨削弱了汉军好几天之后，匈奴以绝对优势兵力再次发动了冲锋。结果却被汉军发动反冲击打垮，匈奴军队被斩杀三千多人。第二次吃了苦头的匈奴，继续削弱汉军四五天之后，顺风放火想烧死汉军，结果被汉军反向纵火破解。之后，李陵带领军队撤入林地，依托树林继续顽强反击匈奴的进攻。

连续遭遇挫败的匈奴单于彻底愤怒了。他亲自压阵，命令匈奴太子亲率骑兵，不顾伤亡,发动猛攻。可是不管多么不计损失，匈奴仍无法吃掉拥有还击之力的汉军。李陵又用几千名匈奴骑兵的性命，给匈奴单于上了一课。甚至连匈奴单于都差点被汉军床弩所狙杀。

李陵的这次反击，虽然战果丰厚，但是却缺乏突击骑兵的配合。晁错说过，汉军战车和突骑冲锋，就很容易能把匈奴打垮。其实要想击败骑兵，最好的兵种就是骑兵。匈奴人的前辈斯基泰人正是被喜欢使用突击骑兵的萨尔马提亚人所击败的。

当时汉帝国也出现了手持长矛冲阵的突骑。汉帝国初年有猛将灌夫，七国之乱时与父出征，披甲持戟，与亲随十几骑，驰入敌阵，杀伤数十人。在元狩二年，李广遭遇匈奴围攻的那一仗中，李陵的叔父李敢，就率领几十名突骑，直透匈奴阵仗，打掉了匈奴人的锐气。如果李陵的反击有突骑的配合，那么这次斩首行动真的有可能成功。

◎ 汉墓壁画上的骑战图

◎ 汉代持矛持戟铜骑俑

◎ 突骑与军官复原图

饶是如此，上万匈奴战士的战死，以及那来自五百多米外的汉军弩矢，让且鞮侯匈奴单于开始胆怯了。这天李陵捕得一个匈奴俘虏，俘虏供出，单于认为汉兵如此顽强和强悍，毫无怯色一日接一日向南行进也许是诱敌之举，开始有些想退兵了。但他杀红眼的部众却不肯答应。他们觉得，匈奴单于亲率数万精骑，若不能消灭汉军这支孤兵，匈奴人今后就在汉人面前彻底抬不起头来了！因此匈奴人最后决定，向南还有四五十里山谷绵延，在这段路程里继续全力猛攻，要是到了平原还不能取胜的话，便收兵北返，彻底认栽！

于是，最激烈的追击战展开了。匈奴凭借着兵力上的绝对优势，疯狂地发动攻击。李陵一日内打退了匈奴的数十次冲锋，让匈奴人付出了两千多人的伤亡。就在匈奴打算认栽北撤的时候，一个犯错被责罚的汉军军官投降了匈奴。这个叫作管敢的叛徒泄露了汉军箭矢将近，并无援军的真实情况。

匈奴单于据此发动了最后的猛攻。当时李陵处在山谷底，匈奴军在山上从四面射箭，矢如雨下，但汉军依然坚持南行。在距离汉朝边塞只有一百多里的地方，李陵军队所带五十万箭矢终于全部射光。李陵孤军的最后时刻到来了。

没有强弩的打击，匈奴骑兵可以冲到离汉军二十多米的地方任意射箭，而汉军却毫无还手之力。束手无策的李陵只能仰天长啸："如果再给我每人几十支箭，我就能杀回汉地！"是夜，尚存三千多人的汉军开始分散突围。可失去还手之力的勇士们，只有四百人逃回了边塞。

李陵和他五千步兵的奋战和失败，揭示了这样一个事实：再强悍的步兵也无法摆脱骑兵的纠缠。这也验证了晁错的预言："今匈奴地形技艺与中国异。"仅凭正面远征攻击，并不足以彻底击败匈奴人。而且要支撑这种千里远征，花费的后勤物资是极其可怕的。它对汉帝国国力的伤害，甚至要远大于匈奴的劫掠和汉军战败的影响。

北宋科学家、政治家沈括曾对宋代的情况做过一次推演：

一个后勤人员可以背六斗米，一个士兵自己可以带五天的粮食。（宋代的一石大约是汉代一石的 3.35 倍。）

一个后勤人员供应一个士兵，一次可以维持十八天的行军。六斗米，每人每天吃二升，二人吃十八天。但其实只能前进九天的路程，因为要留出回程的粮食。

两个后勤人员供应一个士兵的话，一次可以维持二十六天，也就是前进十三天的路程。一石二斗米，三个人每天要吃六升。八天以后，其中一个后勤人员背的米已经吃光，给他六天的口粮让他先返回。以后的十八天，二人每天吃四升米。

三个后勤人员供应一个士兵，一次可以维持三十一天，也就是前进十六天的路程。三个后勤人员供应一个士兵，已经到了极限了。如果要出动十万军队，辎重占去三分之一。能够上阵打仗的士兵只有七万人，就要用三十万后勤人员运粮，再要扩大规模很困难了。

而且，每名后勤人员背六斗米的数量其实是理想状态。因为队长自己不能背，负责打水、砍柴的人只能背一半。他们所减少的要分摊在其他后勤人员的头上。另外后勤人员还会生病和死亡，他们所背的也要由其他后勤人员分担。

因此在没有大量牲畜与车辆支援的情况下，战士与后勤人员以 1: 1 的人数比例，只能维持不到十八天的作战。战士与后勤人员以 1: 2 的人数比例，也只能维持不到二十六天。就算把后勤人员的数量提高到战斗人员的三倍，也只能维持不到三十一天。在此之上，就算再增加后勤人员也只是有弊无利了。

而在牲畜与车辆非常充足的秦汉时代，又是如何呢?

秦帝国，蒙恬北击匈奴，“率三十钟而至一石”；汉帝国，卫青北击匈奴，“率十余钟而至一石”。钟也是秦汉时代的容积单位，一钟是六石四斗。“率三十钟而至一石”和“率十余钟而至一石”，意思是路上要消耗十余钟甚至三十钟粮食，才能将一石粮食送到前线。也就是说，北击匈奴这样的千里远征，转运成本高达 64 倍甚至 192 倍。战士每吃到 1 斤粮食就要在路上消耗掉 64 斤甚至 192 斤。这就是古典时代低得可怕的转运效率。军事后勤学上将其称作“距离的暴虐”。

古代运粮不仅要面对低效的问题，还要克服各种各样的困难。古代的道路情况不好，许多道路经过一场大雨之后就变得很难通行。因此，运粮人员往往是一边探路一边修路。修路时甚至高官也会参与，比如宋太祖赵匡胤就曾在雨后亲自带人拾柴枝填路。

由于军队的行动不定，而运输带有滞后性，运输的数量和时间往往要卡得很死。运输路线，调度，分配，一旦出了一点纰漏，就可能造成非常大的混乱。路上要是延迟几次，前线的粮食吃完，后方粮食还没运上来，就会导致一整场战役的失败。这个道理简单而残酷，再勇猛的战士，只要三天不吃饭，就基本失去了战斗力。于是，在古代，后勤部队失期的后果是很严重的，经常与死刑挂钩。

此外，运输中还要克服敌人的骚扰与攻击。后勤人员还经常由于风餐露宿，高强度的劳动以及糟糕的医疗条件而大量病倒和死亡。可以说，对于当时的将军们来说，最可怕的困难不是敌人多么强大，而是后勤出了问题。

这也是为什么当毫无军事常识的篡位者王莽突发奇想要发动三十万大军对匈奴进行一整年远征时，他手下的将军冒死也要阻止的原因所在。三十万大军，一整年仅粮食就要消耗七百二十万石，要是再算上 64 倍甚至 192 倍的转运成本，那将是一个所有最强大的帝国都无法承受的天文数字。这也可以解释，为什么中原帝国爆发内战的时候，兵力可以高达几十万，而远征边疆之时，却只能投入几万的兵力。

由此可见千里远征对一个农业帝国带来的巨大财力、物力、人力的损耗。雄才大略如汉武帝刘彻，虽然曾经取得了对匈奴的辉煌胜利，但晚年也不得不颁布《罪己诏》，检讨自己的远征对于汉帝国国力的巨大伤害。也正是因为这种“距离的暴虐”的阻碍，汉帝国始终没能对匈奴帝国给予致命的一击。因此在汉武帝去世的几十年后，汉匈两国仍然进行着殊死的对决。

渐渐地，汉帝国发现了匈奴帝国的要害所在。匈奴骑兵虽然驰骋如风，但匈奴帝国赖以生存的牛羊却移动缓慢，而且需要大量的草场和水源才能生存。特别是对牧人来说，初春时节是最艰苦、最不易迁徙的时候。因此汉帝国开始改变战略。一方面，汉军集中在春季发动攻击，迫使匈奴人要么在这个不适应聚集和迁徙的季节里赶着牲畜逃避汉帝国的打击，要么集中起来对抗汉帝国。于是猎人变成了猎物，不管匈奴是回身决战，还是转身逃避，都要付出远比汉帝国惨重的损失。我们在历史书上看到的只是汉军取得的匈奴首级数和俘获人畜的数量而已，实际上汉军这种春季攻击所造成的匈奴人畜损失远大于此。汉帝国修筑了长城和一系列边境要塞。长城并不只是一道墙，它是一个由前方烽燧堡垒、长城边墙，以及后方屯兵要塞所共同组成的防御体系。前方的烽燧堡垒，能够迟滞匈奴的袭扰，并赢得宝贵的预警时间；长城边墙则阻断了匈奴小部队的袭扰和侦查；后方屯兵要塞，能够根据前方情报，及时对匈奴的侵扰进行反击。这就使得匈奴骑兵失去了深入汉帝国边地城镇和集市进行劫掠的可能，匈奴自然也就无法得到更多的物资和财富。

面对越来越虚弱的匈奴帝国，原来那些臣服于匈奴帝国的游牧部落也开始转身反叛。这就更加速了匈奴帝国的衰亡与分裂。到了东汉帝国初年，匈奴帝国分裂为南北两个单于。南匈奴内附臣服，北匈奴依然与汉帝国进行着宿命般的对决。

终于，在“白登之围”的二百九十年之后，公元 91 年，东汉帝国军队出塞五千多里，对北匈奴发动了最后一战。在金微

◎ 烽燧堡垒图

山（今阿尔泰山）附近，东汉帝国的军队追上了逃亡的匈奴人。那一战，匈奴自皇太后以下一千多名王族被俘，北匈奴单于仅以身免，甚至历史上都没有留下这个逃亡单于的名字。

从公元前 209 年匈奴冒顿单于在大漠南北建立匈奴帝国，到公元 91 年金微山北匈奴覆灭，匈奴帝国与汉帝国经历了整整三百年的殊死对决与浴血搏杀。最终，曾经的大漠苍狼，以“天之骄子”自称的匈奴帝国被汉帝国彻底摧毁。匈奴人一部内附臣服，融入了中原人的血脉，另一部则选择了向西逃亡。西逃的匈奴人继续对西方的各个民族进行着攻击和征服。这些民族在匈奴人的逼迫下不得不也向西逃亡，结果造成了各民族西迁的连锁反应。这种连锁反应所形成的蛮族入侵狂潮最终摧毁了西罗马帝国。

不过，虽然龙图腾下的中原民族成了这次对决的胜利者，但历史很快告诉我们，草原上还会产生无数的强者，龙与狼的死斗其实才刚刚开始。

◎ *西征的匈奴人*

第二章 千年帝国的铁骑

拜占庭农骑兵与超重装骑兵的辉煌与陨落

作者：龙语者

战争是一幕伟大的戏剧，有上千种精神和物质因素在里面起着不同程度的作用。

——A·H·若米尼《战争艺术概论》

提起公元10世纪的农兵，很多人的脑海中会迅速浮现出手持草叉，衣衫褴褛，战战兢兢，极不情愿地跟随骑士老爷们徒步行军的可怜人。“装备低劣”、“纪律涣散”、“士气低落”、“乌合之众”之类的成语经常被用于形容这些黑暗时代的军队。

但在同时期的拜占庭帝国（又称东罗马帝国）——欧洲当时唯一拥有职业化军人的国度，农兵的表现却截然不同。这些貌似不起眼的平民，平时耕种、训练，战争时期骑乘神骏的战马，身穿重札甲或鳞甲，手持长矛与利剑，跟随更加精锐的中央军骑兵，一起对敌军发动猛烈冲锋，成为拜占庭帝国黄金时代强大军事力量的基础。

一 农骑兵的胜利

一般认为，农兵们赖以生存的军事制度出现在公元7世纪，也称为军区制，从晚期罗马帝国的总督区演变而来，希拉克略大帝是这个制度的首创者。军区是在抵御外敌的紧迫时期设立的，混乱的局面得到了初步整顿。整个军区制度的基础是“军役地产”，简单地说，就是让大量士兵在和平时期开垦、种植与训练，战争时期出征，尽可能地自给自足，自备武器与装备。

军区制为小农的复兴创造了条件。军役土地制实际上造就了一个负有军役义务的小农阶层。农兵在分得土地的同时也负有从军作战的义务，他们以小农家庭经营方式从事农业生产。这种小生产成为农兵经济的主要形式。农兵除了担负赋税以外，还要为从军作战做好一切准备。当农兵的长子继承其父的军役义务和军事田产后，其他的儿子便补充到负有军役义务但不从军作战的自由小农中。虽然在当时（公元10世纪），大地产的兴起已经对农兵造成

◎ 早期农兵制下的拜占庭士兵

了威胁，但在诸如罗曼诺斯一世及君士坦丁七世等皇帝的明智保护下，农兵依旧走向了黄金时代。

三个世纪的时光掠过，东罗马帝国进入了被称为“拜占庭黄金时期”的马其顿王朝时期（此名取自该王朝第一位皇帝的绰号“马其顿人”），而边界的农兵们则在不间断的战火中凝望着一个又一个对手的逝去与更替。曾经拥有号称“不朽军”的公元 7 世纪最强大超重装骑兵的萨珊波斯帝国被东罗马的军人们击败，随后被兴起的阿拉伯人彻底消灭。阿拉伯帝国经历了倭马亚王朝与阿拔斯王朝的辉煌，也在同拜占庭帝国不间断的战争中逐渐走向了分裂与衰落。

拜占庭帝国西北部的蛮族也在不断更替。现在，从北方乘龙头战舰沿河南下的瑞典维京人，也在乌克兰草原上建立了新的基辅罗斯王国。他们拥有强悍的战士与庞大的舰队，与帝国时而友好通商时而摩擦冲突，已经成为帝国北方一股不可忽视的力量。罗斯人在著名大公斯维亚托斯拉夫的带领下，先击败了东欧最强大的哈扎尔人，又轻松击败保加利亚人，并俘虏了后者的国王。罗马人终于发现，这是一个比原本想象中强大得多的对手。公元 970 年，罗斯大公斯维亚托斯拉夫的强大军队开始进犯帝国的色雷斯地区。

罗斯有 3 万大军，关于他们的兵力，拜占庭斥候更是提供了 30800 这个更加精准的数字。斯维亚托斯拉夫的军队带有很强烈的北欧维京军事传统色彩，就像他们的先辈一样，狡猾，残酷，凶猛，擅长使用战斧与阔剑发动突袭。其大公卫队“德鲁日纳”身穿重甲，骑乘战马，多数情况下下马作战。除了罗斯士兵外，他们还拥有大量擅长弓马的佩切涅格骑兵与保加利亚骑兵，刚好弥补了军队骑兵数量的不足。

应该说，斯维亚托斯拉夫较为忌惮的是东罗马帝国的中央军。中央军一直是拜占庭帝国马其顿王朝重要的军事支柱。而中央军的核心部队就是从尼基夫鲁斯二世时开始重新扩建的超重装骑兵。希拉克略时代过去后，大建制的超重装骑兵消失了二百多年。

马其顿王朝时期复活的铁甲圣骑兵，相比其二百年前以及更早时期罗马晚期帝国的同类，拥有更强悍的冲击力与更强的实用性。骑兵连人带马包裹在闪闪发亮的盔甲之中，而骑手的装甲也采用以贴身锁甲、棉甲、重型札甲组成的多层甲，比之前拥有更加坚固的连锁防护。骑手手中的长矛长度也远远超过先辈所用长矛。骑兵们均携带着长剑与钉锤，部分重骑兵携带弓箭与标枪。

◎ 斯维亚托斯拉夫和他的罗斯士兵

超重装骑兵们习惯排列成大楔形队发动猛烈冲锋，楔形阵内部位置靠后的重骑兵则使用弓箭或标枪进行掩护，重骑兵们小跑发动冲刺。沉重的骑兵小跑并非是因为装备太重跑不快，而是他们要保持阵形冲刺以达到最好的效果，其齐整程度之高，甚至被人称为“马上枪阵”。这种骑兵墙式冲锋方式效果较狂暴式高速冲锋的效果更好，颇有后世近代骑兵的风采。这些装备沉重而纪律森严的骑兵成了热爱征战的皇帝们的一张王牌。约翰一世更是在此基础上建立了颇有萨珊波斯风格的皇帝禁军“不朽军”。这些重骑兵不但装备精良，造型更是华美，“全身披挂闪闪发光的金色铠甲随同皇帝出征”。

对于入侵时机，斯维亚托斯拉夫估计得似乎恰到好处。因为当时的拜占庭皇帝约翰一世虽然才华卓绝，却是靠与前皇后通奸并谋杀了舅舅尼基夫鲁斯才获得皇位的（可怜尼基夫鲁斯也是一世英雄，却被“征服了一切，除了一个女人”这么一句墓志铭所揶揄）。由于约翰一世篡夺皇位的卑鄙行为，内战不可避免。此时约翰一世正在集中力量对付东部发动叛乱的“舅舅党”，一时半会还腾不出手。也就是说，斯维亚

◎ *拜占庭超重装骑兵*

托斯拉夫的入侵大军将不会碰上精锐的拜占庭帝国中央军，更不会碰上中央军最精锐的铁甲圣骑兵或是“不朽军”。他的对手仅是色雷斯地区的农兵。

当地的拜占庭军区将军一开始并没有将罗斯入侵当回事，因为拜占庭和罗斯的小型军事摩擦一直没有停歇过。将军以为这又是一次普通劫掠，正当他准备带兵惩罚这次“袭扰”的时候，他的斥候给他送来了详细的敌军规模情报。他立刻改变了想法，着手疏散平民，并让他们躲进坚固的堡垒。

约翰一世本人无法亲临战场，他派遣了自己的爱将——名将斯科莱鲁前往该地区，斯科莱鲁到达后立即组织兵力，拜占庭有了 10000~12000 人的兵力。两军在君士坦丁堡以西 80 公里处的留莱布尔尬兹（现在是土耳其的城市）对垒。面对人数占优、士气正旺的对手，斯科莱鲁命令士兵们躲在坚固的堡垒之后，不与罗斯人交战。斯维亚托斯拉夫知道自己不会碰上拜占庭中央军，所有罗斯人理所当然地认为农兵不敢与自己交战，所以在乡村里四处掠夺，晚上也喝酒狂欢，忽略了营地的防御。

这时候就有必要描述一下这些躲在堡垒后的拜占庭农兵了。

经过两个多世纪的军区建设，拜占庭帝国于公元 9 世纪进入了被称为“黄金时代”的马其顿王朝，而 10 世纪被称为“黄金时代”中的“征服者时代”。当时的拜占庭皇帝约翰一世、前任皇帝尼基夫鲁斯二世、约翰一世的后继者巴西尔二世都极其注重军队的建设。而之前的一些皇帝颁布过不少保护农兵财产与土地的政策，以免农兵土地被大地主兼并。一大批相对稳定的中产者由此产生。这个时期，农兵们由于收入稳定，随军装备精良，大部分可以负担骑兵军役。即使是相对不那么富裕的中农，一般也可以负担一名准重装骑兵的装备。而富有的地产者，甚至能够提供战马披挂全身装甲或半身装甲的具装骑兵，骑兵的装备已经很接近中央军的那些同样类型的精锐兵（也许训练水平与纪律上尚有差距）。

黄金时代，农兵们普遍薪水较高。资料显示，军区士兵每月薪水 1~1.5 诺米斯马（1/72 磅重的金币），即每年 1/6~1/4 磅金。此外，军区农兵还有所属土地的土产收入。君士坦丁七世在 947 年规定，每个皇家海员的土地产值至少每年 2 磅金。而军区骑兵和海员的 4 磅金，在 10 世纪末一度涨到 12 磅金。此外，士兵在军事行动中可以得到补贴以及奖金和部分战利品，而伤残人员可以得到一笔抚恤金，阵亡士兵的寡妻有时可以得到一次性的补偿金。

因此，骑兵们有足够的财力为自己提供优良的装备，一些大的军区可以提供超过一万名合格农兵骑兵作战，其中包括四千名拥有装甲战马的顶级骑兵。皇帝利奥六世曾经表示，如果东部发生战事，他可以立即集结三万骑兵迎敌，并且还保留有预备队。西部军区的规模往往小一些，但迅速集结数千精锐骑兵也不成问题。

罗斯军队开始四处劫掠之时，拜占庭方面，斯科莱鲁已经开始策划组织一次大规模的袭击。他将军队分成三个部分，自己亲自带领两千骑兵出战，并将六千人埋伏在通往罗斯营地的路上树木繁茂的地方。也就是说，他要用自己做诱饵来分割敌人的军队。

◎ 拜占庭重骑兵

拜占庭骑兵悄然离开堡垒，以敌军侧翼的一支佩切涅格骑兵队为目标发动了突然袭击，农骑兵端起长矛冲进草原骑兵的营地，佩切涅格人毫无防备，被冲得七零八落。得手后，拜占庭骑兵重整队形准备撤退。罗斯人把这当作是一次牵制性的袭扰攻击，立即调集军队，准备围歼这支“占了便宜就想走”，而且主将位置明显的小部队。

拜占庭骑兵都是熟练的骑手与严守纪律的农兵，在敌人主力赶来之前便有序进行撤退。但他们显然低估了罗斯人军中佩切涅格轻骑兵的速度，这些草原骑兵很快集中起来，追上了拜占庭撤退的骑兵，并射来漫天箭雨。虽然一部分战马披有全身或半身马铠，但依然有许多因箭伤而完全丧失战斗力甚至死亡。

这是考验拜占庭农骑兵纪律与耐力的时刻，假撤退与伏击，历来是军事史上看似简单但极难执行的战术，“假撤退”变为“真崩溃”的例子举不胜举（例如前秦对东晋的淝水之战）。更别提此时佩切涅格骑兵已经追上了拜占庭骑兵。杀死对方主帅成为罗斯人的目标。但拜占庭骑兵依然保持着良好的队形且战且退，加之他们有良好的盔甲防护，并未遭到大的伤亡。

完备的盔甲保护了士兵，更保护了主

将斯科莱鲁，佩切涅格骑兵功败垂成。根据利奥执事的记载，一名草原骑兵冲近了斯科莱鲁，用长剑狠狠地砸在了他的头盔上，虽然这名草原骑兵立刻被斯科莱鲁年轻的弟弟康斯坦丁杀死了，但也足以让拜占庭人惊出一身冷汗。

随着追击的继续，罗斯人的军队被分成了三部分，最前面是围攻斯科莱鲁不舍的佩切涅格骑兵，之后是保加利亚人，最后是罗斯人的刀斧手。当佩切涅格人和保加利亚人进入拜占庭人的伏击圈时，斯科莱鲁下令吹响军号，埋伏的六千士兵从林中杀出，从侧翼和后方猛攻佩切涅格人，并切断了他们的退路。草原骑兵惊慌而逃，佩切涅格人的将领试图重整他的手下，被驱马猛冲过来的斯科莱鲁亲手用剑杀死。

将领死亡，佩切涅格骑兵混乱逃跑，打击成了追歼战。草原骑兵的崩溃蔓延到了保加利亚人身上，接着，拜占庭骑兵转向攻击保加利亚人，后者随即也四散奔逃，遭到了巨大的人员伤亡。而位于最后的罗斯军队终于做了一个正确的决定，他们停住追击的脚步，随佩切涅格人和保加利亚人残部撤出了战场，避免了损失。

根据利奥执事的记载，这次战役罗斯军队损失了两万人，但根据后世历史学家的整理和估算，应该损失了“好几千人”。关于拜占庭方面的损失有两个记录，分别是斯科莱鲁将军记载的25人和利奥执事记载的55人，一般认为55人的记录是可信的，但拜占庭骑兵在对方弓骑的箭雨攻击下还损失了不少战马。

这是一次规模不算特别宏大的战斗，却显示出了拜占庭农兵的战斗力。农兵被追击时显示出的纪律性与耐力给人留下了深刻的印象。这些对国家财政依赖甚少的地方农兵，发挥出了专业军人的水平。这也是当时帝国强大力量的一个保证。

◎ *佩切涅格人和保加利亚骑兵*

二 恐怖的铁骑

这次胜利对拜占庭人最大的好处，就是拖延了斯维亚托斯拉夫的入侵。罗斯大公认为应该继续增加兵力，才能再次发动对罗马人的进攻。971 年，斯维亚托斯拉夫亲自前来，并将军队人数增加到了 65000 人。但问题在于，约翰一世已经平定了“舅舅党”的叛乱，现在已经可以派出大量军队奔赴色雷斯地区，罗斯人必将领教帝国中央军的愤怒。

约翰一世亲自出征，集结了四万大军，披挂金色盔甲的“不朽军”与超重装骑兵伴随在皇帝左右。中央军带来了大量的攻城器械，河面上还有拜占庭海军携带着致命的“希腊火”陪同。他先做出了一个大胆的决定，带兵穿越山区，突然出现在被罗斯人占领的保加利亚首府普利斯拉夫城下并在开阔地展开，猝不及防的罗斯人抓起自己的武器与长盾（这种盾牌很长，可以一直覆盖保护到脚），摆出紧密的盾墙阵形，在平原上迎战拜占庭军队。但这时，拜占庭皇帝派出了他可怕的“不朽军”，超重装骑兵从左翼猛冲罗斯军队，亲临战场的宫廷执事利奥记载道：“骑兵们在身前举着长长的骑矛，急促地策马前进，猛烈冲锋，罗斯人无法承受罗马重骑的骑矛，阵形崩溃转而逃跑。跑向城门，罗马军队在背后无情地追杀他们。”

约翰一世乘胜一鼓作气猛烈攻城，经过短促而激烈的战斗，夺取了城市，放出了之前被罗斯人废黜的保加利亚国王，重新扶持他成为君主。如此得到了保加利亚人的支持。斯维亚托斯拉夫害怕保加利亚人叛乱，抓了三百多个保加利亚贵族关押起来。当拜占庭军队前进时，沿途堡垒与据点上的保加利亚军队纷纷投降。

约翰一世的军队挺近至多瑙河城市多罗斯托隆。在那里，罗斯大军在城市前方列阵以待。拜占庭步兵与罗斯军队经过了长时间的苦战，约翰一世再次命令他最精锐的超重装骑兵——铁甲圣骑兵与金色铠甲的“不朽军”向罗斯人阵形推进。排列成密集冲击队形的超重装骑兵不断射出箭矢、投掷标枪，以地动山摇的冲锋阵势在第一时间彻底冲垮了罗斯刀斧手的阵形。罗斯军队迅速崩溃并撤入多斯托隆城内。

尽管拜占庭军队在城下取得了胜利，但斯维亚托斯拉夫手中还有大量军队，并且罗斯勇敢善战的步兵也给拜占庭皇帝留下了深刻的印象。超重装骑兵不可能在城市巷战中发挥出作用，而拜占庭皇帝也不愿意将自己的步兵投入多罗斯托隆攻坚战与凶猛的罗斯刀斧手血拼。“不要从正面

◎ 拜占庭军队对阵罗斯军队

进攻敌军，哪怕他们的实力弱于我们。”利奥大帝的这句警语正是当时拜占庭军事思想的写照。这是一个处于四战之地的帝国对于保护宝贵兵员的无奈和残酷现实。

于是，长达三个月的围困开始了。斯维亚托斯拉夫计划用维京人擅长的浅水战舰与船只突围，但被河道上使用“希腊火”的拜占庭海军拦截，突围失败。之后，他开始组建小分队偷袭城外的拜占庭驻军。擅长突袭的罗斯人几次得手，抢到拜占庭军队的一部分给养。但约翰一世不为所动，南方公路与河道上继续运送来大量物资维持着围困。因为约翰一世很清楚，斯维亚托斯拉夫城内的士兵很多，还有士兵家属与奴隶，他们抢到的给养不足以维持所有人的生活。

三个月后，陷入困境的罗斯军队发动最后了一次突围，然而这次突围也被拜占庭军队粉碎。失败的结果是，饥饿让这支军队的意志走到了尽头，斯维亚托斯拉夫遣使与约翰一世谈判，宣布投降。他的65000大军现在还剩下22000人，而绝大多数的损失是由于饥饿造成的。斯维亚托斯拉夫宣布他将放弃掠夺的财物，退出保加利亚，不再出现在巴尔干半岛，不会进攻拜占庭帝国在黑海北岸的车绳领地，并以仆从军的身份对付拜占庭帝国的敌人。约翰一世则给这些饥肠辘辘的罗斯人提供食物，还答应与罗斯人保持通商。

返回的斯维亚托斯拉夫的运气比他那些活下来的战士差，军事失败造成其与佩切涅格人的反目，在第聂伯河上，斯维亚托斯拉夫被佩切涅格人突然袭击，死在了那里。但罗斯大公的死并没有改变当时合约的内容，合约竟然被良好地执行了两百多年。之后，拜占庭帝国与罗斯公国再未发生大规模的战争。前者将北方的一个强邻削弱并变为盟友。后者则逐渐在罗马人的影响下进一步推进东正教会的发展。

罗斯人军中凶猛而勇敢的北欧刀斧手也给拜占庭帝国皇帝留下了深刻的印象。约翰一世死后，他的继任者巴西尔二世以从罗斯公国带来的6000名瓦良格人为主打，取得了内战的胜利，并以此为基础，开创了拜占庭帝国历史上最强大的时代。而战士们也在帝国长期服役，娶妻生子。这似乎提醒了继续沿黑海航行而来的维京勇士们，与其与帝国强大的重骑兵硬碰硬，不如为皇帝服役，获得优厚的报酬。因此，瑞典人、丹麦人、挪威人纷纷前来参军，将传统的勇气融入进高纪律的东罗马军队。这些军人组成了帝国最著名的禁军步兵——瓦兰吉卫队。

◎ 斯维亚托斯拉夫与约翰一世谈判

巴西尔二世还扩大了铁甲圣骑兵的编制，甚至连劫掠队都可以拥有超重装骑兵以加强打击力量。当时的拜占庭名将乌拉诺斯的军事手册《战术学》记载道：“可以挑选出 40 或 50 名铁甲圣骑兵从超重装骑兵的队列里分出，加入一支劫掠队，但是需要将他们重铠披挂的战马交给别的铁甲圣骑兵保管，换上轻战马。”巴西尔二世带领这些军队用近五十年的时间东征西讨，使东罗马帝国达到了极盛。

三 转折点曼西克特

伟大的巴西尔二世死后，帝国在一系列无能又自私自利的继承者的统治下走向了没落。巴西尔的第二个继承者由于出身首都官僚，担心周边各军区势力扩大而不断打击军队，放任重新崛起的大封建主们兼并农兵的土地，并破坏巴西尔二世对小农及军区制的保护制度。连续八代皇帝及女皇为了他们自身对国家权力的控制，不遗余力地削弱军队。小农军役制度遭到了彻底的破坏，再也没有收入稳定，随军装备精良，同时又训练有素的农兵了，继承者们为了维持国防，只能引入大量的外籍雇佣兵，如草原上的佩切涅格骑兵，来补充捉襟见肘的兵力。但这些军队，除了有纪律性不强、训练水平不高、忠诚度较低等各种问题外，还不能像农兵那样给帝国带来一定财富，缓解军费开支，相反还给国家带来了沉重的军费负担。

在拜占庭帝国国力越发衰弱的时候，原先可以被巴西尔二世轻易击败的突厥塞尔柱人在东方逐步强大起来，他们的苏丹亚尔斯兰（绰号“狮剑”）率领以庞大的游牧弓骑兵为主力的塞尔柱人，开始大举入侵小亚细亚。而东罗马这边，继八代“败家子”之后，军人将领的代表罗曼诺斯四世又登上帝位重新掌权。只不过，现在的拜占庭军队已经被削弱到了只剩一个空壳，

◎ 拜占庭11世纪后期的各族佣兵

他唯一可以倚仗的只有同样被极大削弱的中央军。

1071年，罗曼诺斯四世率领集结起来的一支数量庞大的拜占庭军队，在曼西克特迎战亚尔斯兰的塞尔柱军队，但此时军区军队及中央军都已今非昔比，队列中充斥了大量的外族雇佣军。

曼西克特会战之时，军区农骑兵已经在几任政府官僚的打击下变得极其衰弱，没有了成建制具装的铁甲圣骑兵。也就是说，唯一拥有成建制铁甲圣骑兵的就是罗曼诺斯的中央军帝国卫队，但是先不提质量，仅就人数而言完全无法与约翰一世或巴西尔二世时期相提并论。巴西尔二世时期，单独一支中央军教导军团重骑就可以提供4000名以上的超重装骑兵。而据史料记载，罗曼诺斯这次参战的近卫铁甲圣骑兵仅有2000人左右。

◎ 曼西克特会战时拜占庭骑兵不敌乱箭的场面

曾经的“黄金时代”、尼基夫鲁斯二世和巴西尔二世时代有着非常成熟的对游牧骑射手战术。东罗马步兵弓箭手与骑射手的箭雨，足以将游牧骑射手驱离，而普通的中型农骑兵，则能极快地接近敌军，将敌军骑兵冲得七零八落。

而现在，面对突厥骑射手，局面则是完全逆转。军区步兵弓箭手数量、质量下降，严重影响了其对射能力，他们不但没能驱离塞尔柱骑兵，反而被对方压制住了火力。无奈之下，罗曼诺斯四世命令军区骑兵出击，希望像970年时一样获得胜利，但早已今非昔比的农骑兵“没有遭到多大伤亡就退了回来，称无法攻击”，最后竟是依靠重步兵方阵冒着箭雨，顶着盾阵，将突厥主力军逼出了营地。

其实这个时候，亚尔斯兰对于在正面战场击败罗曼诺斯依然没有太大把握，史料记载他从决战前就非常紧张，因为这是有先例的，在巴西尔二世统治后期，皇帝只派了一员科穆宁家族的将军，就轻易将入侵亚美尼亚地区的突厥军队赶出了此地。

现在战场出现了僵持，塞尔柱人虽然重创了拜占庭军队的军区骑兵，但也无法吃掉中央军主力均在的拜占庭军队，而后者同样没有办法逼迫突厥骑兵进行肉搏。考虑再三之后，罗曼诺斯四世命令全军安全撤回驻地。

拜占庭军队即使衰落到这个程度，其中央军禁卫军的战斗力依然不可小觑，罗曼诺斯还是可以做到安全撤回防区的。但这时候，他的一个重要将领杜卡斯发动了叛乱，成了压垮骆驼的最后一根稻草。拜占庭军队陷入一片混乱之中，塞尔柱人趁机铺天盖地地围了上去。曾经辉煌的军区部队在混乱中溃败，将皇帝与数千名中央军军人丢在了突厥人的大包围圈中。最终，这些骄傲的超重装骑兵及来自北欧的瓦兰吉禁卫军被全部围歼，皇帝重伤被俘。有趣的是，根据土耳其的史料，曼西克特会战的总伤亡人数，塞尔柱人多于东罗马人。而之前塞尔柱人根本没有什么伤亡（因为东罗马军区骑兵根本没能接近塞尔柱骑兵，而重步兵也只是将塞尔柱骑兵驱离营地），那也就是说，塞尔柱人巨大的伤亡反而是在围歼拜占庭军队的时候造成的。

罗曼诺斯手下战斗最英勇的就是身边的铁甲圣骑兵和瓦兰吉卫队。瓦兰吉卫队大约也有 2000 人，加上一些坚持战斗的佣兵，造成了塞尔柱人数倍于己的伤亡，但最终拜占庭具装圣骑兵全部被歼灭，瓦兰吉卫队全部战斗到最后一刻阵亡。

但战争并不是以损失人数比来看胜负的，亚尔斯兰的精锐部队没有建制损失，而东罗马军队唯一可以依靠的禁卫军则全军覆没。本来就衰落到了谷底的军区部队失去依靠，佣兵也在失败后另投明主，小亚细亚的命运就无法逆转了。

曼西克特会战成了整个拜占庭帝国历史的转折点。

1071 年拜占庭帝国在曼西克特会战中大败于塞尔柱所导致的大混乱一直持续到 1080 年。这段时间里，西方诺曼人、北方各游牧民族及东方塞尔柱突厥人对帝国的攻击一直没有停歇。现在拜占庭的王朝已经是科穆宁王朝，新皇帝阿历克塞一世艰难地重整帝国，经过一系列外交与军事上的努力，利用十字军与塞尔柱人的战争收复了尼西亚地区，并花了 20 年时间复兴帝国军队。

内忧外患已经令当时的农兵衰弱到了极点，阿历克塞一世则启用了近似西方封建制度，但提供的军事土地不归私人所有的普罗诺埃制度，希望通过支持大封建主来重建拜占庭军队。

阿历克塞一世的努力有了成效，拜占庭军队于 1108 年击败了博希蒙德的十字军并将其擒获，又于 1116 年复仇性地重创了

◎ 拜占庭铁甲圣骑兵

塞尔柱军队。

阿历克塞的儿子，“破城者”约翰二世也是一位非常出色的统帅，他稳固地扩张了帝国东西两线的疆土，并且收复了东线小亚细亚沿海领土。约翰二世在位时，拜占庭军队实力进一步恢复。东罗马帝国再次成为欧洲最强大的国家之一。

约翰的第四子，勇敢的战士皇帝曼努埃尔一世的扩张理念似乎比其父更甚，他恢复了拜占庭海军，并重建了过去一直让拜占庭帝国引以为傲的超重装铁甲圣骑兵，同时还引入了西方的高桥马鞍与站立式冲刺技术。只是，在没有军区制支持的情况下，他的这些重骑兵仅存在于中央军里，而且人数比罗曼诺斯四世时代更少（历史学家估计有 1000~1500 人）。

1158 年，曼努埃尔刚刚顺利结束了对东方小亚美尼亚王国与安条克公国的战争，又必须转向西方——因为匈牙利王国开始向东扩张，兼并了达尔马提亚与克罗地亚地区。但他临行前因为健康问题，把指挥权交给了他的侄子，能征善战的将军安德罗尼卡斯·康托斯特法诺斯。

四 最后的辉煌

1167 年 7 月 8 日，拜占庭军队与匈牙利军队在萨瓦河以北的瑟乌姆（今塞尔维亚）对阵。

拜占庭的排列中，最前方布满了主要由土库曼骑兵与库曼人组成的轻装弓骑兵，构成战列的先锋。土库曼骑兵是拜占庭雇佣兵中的老面孔，他们足够灵活与专业，但忠诚很有限，战斗意志也不强。

中央阵线由安德罗尼卡亲自指挥，包括著名的瓦兰吉卫队与意大利雇佣枪骑兵，以及五百名塞尔维亚重步兵和一部分瓦达瑞泰骑兵。

瓦兰吉卫队在科穆宁王朝时代与在马其顿王朝时代一样有相当多的精彩战例，最辉煌的莫过于曼努埃尔父亲约翰二世带领下的对佩切涅格人的贝罗亚（今保加利亚城市旧扎格拉）战役，北欧卫队发起的强袭几乎让敌军庞大的队伍在营地全军崩溃。结局是失败的佩切涅格人完全融入帝国。

塞尔维亚重步兵的装备几乎与希腊本国重步兵的装备一样——长矛，长剑，帕拉迈恩弯刀与大盾。约翰与曼努埃尔都通过招募外省本国人的方法来控制雇佣兵人数，弥补本国重步兵的不足。

瓦达瑞泰骑兵原居住在瓦尔达尔河附近，也就是现在罗马尼亚的瓦拉尼亚与马其顿。他们由于在 1184 年土拉佐战役中的精彩表现，成为拜占庭帝国皇帝的骑兵警卫队，装备着比他们匈牙利表亲好得多的

◎ 拜占庭军中的突厥系佣骑兵

此外右翼还有从德意志雇佣的北萨克森人重装步兵。这些步兵习惯携带家乡的阔剑与重剑。

整个队列的后方仍旧布置了三个步兵弓箭手大队作为总预备队。

匈牙利军队的总指挥巴奇的丹尼斯伯爵把他们的三个纵队排列成一条很长的战线。匈牙利人将胜利寄望于自己精锐的骑士以及数量庞大的骑兵。骑兵们以很大的正面发动冲锋，并从两翼包抄拜占庭军队。

匈牙利王国的精锐是沿用了西方模式的贵族骑士，他们是完全按照西方封建式骑兵的装备组建起来的。为了保障冲锋的效果，最前列的重骑兵头部与胸部还悬挂有链甲保护。其他侍从骑兵与马扎尔轻骑兵则在左右。

战马与装备。曼努埃尔时期，瓦达瑞泰骑兵是重型的弓骑兵。

左翼是拜占庭的四个步兵弓箭手大队，这些弓箭手中可能有特拉柏森人，其实希腊人步兵弓箭手也相当不错。

右翼中包括由猛将兰帕德斯指挥的拜占庭本国精锐部队，以及帝国延续了六百年的传统精锐，一度统治重骑兵历史，连人带马身披重铠的纪律铁军——一千名铁甲圣骑兵。铁甲圣骑兵在黄金时代的马其顿王朝达到极致，而在1071年的曼西克特会战失败后退场，五十年后，他们在曼努埃尔皇帝的重新组建下复活。尽管数量比马其顿王朝时代少得多，但依然是令人生畏的精锐力量。

◎ 贝罗亚战役中表现突出的瓦兰吉卫队

◎ 战斗中的匈牙利骑兵

相对于占优势的骑兵，匈牙利的步兵显得比较衰弱，他们大都是这些重装骑士的侍从与随从，当然还有斯拉夫的民兵，这些部队准备在骑兵排山倒海的冲锋成功后再扩大战果。

战斗却是防守方拜占庭人先发起的，左翼的步兵弓箭手立即上前，加上最前列的库曼弓箭骑兵与土库曼弓箭骑兵，中央阵线的瓦达瑞泰骑兵也投入战斗，在一定距离上乱箭齐发，匈牙利几乎没有步兵弓箭手，骑兵射手素质与数量都有限，火力被完全压制，匈牙利统帅被迫让自己的骑兵部队开始冲锋。整个战线的骑兵部队都开始向前。

拜占庭人看见匈牙利人骑兵出动，左翼的步兵弓箭手、中央的骑兵弓箭手立即后撤，骑兵弓箭手退到中央战线后方，左翼两个步兵弓箭手大队稍稍向后撤，另两个步兵弓箭手大队则一直跑到了河岸，在那里完成了重新集结。

匈牙利骑士对拜占庭的中央阵线猛烈冲锋，安德罗尼卡立即命令兰帕德斯指挥右翼全身披挂重甲的铁甲圣骑兵以整齐的队形对匈牙利骑兵进行了反冲锋。而左翼两个稍作后撤的步兵弓箭手大队这时候重新向前推进，并从侧面向匈牙利骑兵射来了漫天箭雨，密集的射击使一些匈牙利骑兵无法前进，右翼的铁甲圣骑兵反冲击方向正是丹尼斯伯爵的将军卫队，他们挡住了匈牙利的重骑兵冲锋，战斗到了最激烈的时刻，拜占庭铁甲圣骑兵挥舞着他们恐怖的钉头锤，把匈牙利重骑兵砸得人仰马翻。

眼看主帅卫队有覆灭的危险，本来迂回两翼的匈牙利骑兵只得返回支援伯爵。但这样一来，匈牙利骑兵对拜占庭精锐步兵的威胁就完全解除了。

◎ 战斗中的拜占庭铁甲圣骑兵

安德罗尼卡命令整个步兵战线向前推进，这包括中央阵线的瓦兰吉卫队与右翼的萨克森战士。瓦兰吉卫队和萨克森人挥舞着双手战斧与巨剑杀入匈牙利骑兵阵形中猛烈砍杀，最后方作为总预备队的弓箭手也全部上前，重步兵与圣骑兵的双重屠杀让匈牙利的骑士立即崩溃。他们开始向后没命逃窜，以至于整个匈牙利步兵阵线也跟着逃跑了。拜占庭人的库曼骑兵、突厥骑兵与瓦达瑞泰骑兵成了追击的主力，拜占庭人缴获了匈牙利的帅旗，并抓住了五名匈牙利的高级军事指挥官，但丹尼斯伯爵成功逃脱了。匈牙利残余的部队想穿过萨瓦河逃跑，这样他们就能通过河流与拜占庭人隔开。但是当他们进入河流，想利用河边的小船渡河时，却发现小船上的不是普通船夫，而是拜占庭人藏在那里的士兵，大部分匈牙利士兵在那里被杀死或者被擒获。第二天，拜占庭军队掠夺了匈牙利大军的营地。

包括被俘者在内，匈牙利在整场战役中损失了将近一万五千人。拜占庭的损失微小。双方重新签订条约，达尔玛提亚、克罗地亚必须接受拜占庭帝国的控制，匈牙利向拜占庭帝国支付赔偿金以及纳贡。

另一个重要的就是，除战俘外，匈牙利还必须向曼努埃尔提供服兵役的人员，曼努埃尔把这些人安置在西北开垦土地，和他父亲击败佩切涅格人后安置农兵的方式差不多，这是他逐步恢复小农兵役制的一个希望（尽管这个希望在他死后完全破产）。

瑟乌姆战役稳定了西部边界，让数年后曼努埃尔可以集结大军在东方对塞尔柱人发动大规模入侵，不过这次他却在密列奥赛法隆战败了。

拜占庭铁甲圣骑兵被证明依然是那个时代最强大的重骑兵，甚至能击败数量占优势的西方式封建重骑兵。曼努埃尔的改进使得这些骑兵冲击技巧与西方骑兵相仿，却拥有强得多的保护性，结合圣骑兵惯有的队形与纪律性，陷入重装部队的混战时，钉锤也能发挥长剑或弯刀无法比拟的作用。

圣骑兵们之后还参加了1176年的密列塞奥法隆战役与1177年的曼德尔河谷战役，在密列塞奥法隆战役这场失败的战役中，他们在撤退时保持秩序，并驱逐了突厥人的轻骑兵部队。而随后拜占庭人又在曼德尔河谷击败突厥主力，取得完胜。

但好景不长，帝国短暂的百年复兴只是回光返照，这些精英部队很快随着帝国再次没落而消失，1204年重建的拜占庭尼西亚帝国虽然使得拜占庭军队又焕发出新的战力，但整体国力已经大幅度削弱的帝国已经供应不起这些昂贵的兵种，也似乎没有记载显示仍有单独编制的铁甲圣骑兵存在。曾经彰显东罗马帝国数百年军事辉煌的大规模军区骑兵与超重装铁甲圣骑兵，终于彻底地湮没在历史的长河中。

致命的技艺

让敌人甘愿屈服于你的，不是耀眼的金银珠宝，而是令人畏惧的兵器。

——尼科洛·马基雅维里 《战争的技艺》

人类使用最广泛，对人类最有意义的一类工具——武器，以各式各样的面貌出现在战场上或是战争中，以及其他各种场合。

随着军队组织越来越庞大和复杂，战争的规模和形式变得越发惊人和恐怖，武器也越发精密和专业，运用武器的技艺也变得越来越致命和巧妙。

于是在时代潮流中，战争，武器，以及技艺的发展被紧密地结合起来。人们的体力与科技，甚至哲学与思想，掌控着武器的潜能和威力。武器也在战争中确立了自己的地位，在各种各样的环境下仍然发挥着不同程度的作用。

第三章 会挽雕弓如满月

浅析传统弓箭与骑射

作者：齐明

直到 17 世纪早期火枪齐射技术和战场火炮的出现为止，整个亚洲的马上箭手和他们所使用的弯弓一直被证明要比任何西式武器的威力都大得多。

——杰弗里·帕克 《剑桥战争史》

偏将王舜臣者善射，以弓挂臂，独立败军后。羌来可万骑，有七人介马而先。舜臣念此必羌酋之尤桀黠者，不先殪之，吾军必尽。乃宣言曰：“吾令最先行者眉间插花。”引弓三发，陨三人，皆中面；余四人反走，矢贯其背。万骑愕眙莫敢前，舜臣因得整众。须臾，羌复来。舜臣自申及酉，抽矢千余发，无虚者。指裂，血流至肘。薄暮，乃得逾隘。

这是北宋西域战场上的一个小片段。文中主人公名叫王舜臣，是一名军阶并不很高的普通军人，也并没有其他重要的政治军事功绩，但他以自己神乎其技的射术名震千古，永载史册。

弓箭在人类文明所拥有的所有武备里，也许是使用时间最长且最受重视的武器，人类在长期的使用过程中，赋予了它非常多的意义。弓箭最初始的意义就是武器。从人类社会初期开始，人们为了果腹而打猎，为了生存资源而互相攻伐，一直到进入热兵器时代，弓箭几乎是唯一的远程攻击武器，杀人于百步之外，锋镝所指则尸横遍野。

弓箭起源于何时已不可考，唯一可以肯定的是，最晚在旧石器时代，人类已经开始使用它了。目前存世的最古老的弓在丹麦，按照其出土地地名取名为侯木嘉（Holmegaard）弓。这最早的弓是在丹麦出土的，大多数学者认为，人类最早的实物弓出现在北欧，是因为那里气候非常适合保存木质物品。

◎ 传统弓爱好者

一 挽弓当挽强，用箭当用长

要更好地了解弓箭，必须先从弓箭的定义开始。弓是人类利用自然界能获得的材料制作的，可以把人类力量（肌肉化学能输出）高效转化成箭支动能的工具。作为一种由人类设计制造、对人类文明做出了杰出贡献的工具，弓箭一样有作为工程品的三要素，即材料、尺寸形制和制作工艺。其中材料是根本，尺寸和工艺都是以材料为基础来设计的。

◎ 北美印第安人的筋木复合弓

◎ 汉代弓残片X光图，可以清楚看到它由数层材料组成

从材料区分，弓大体可以分为两种，即单体材料弓和复合材料弓。其中单体材料弓即使用一种原料制作的弓，比如在欧亚大陆上广泛使用的木弓。复合材料弓则是使用不同材料或者同一种原始材料的不同次生材料制成的弓。比如土耳其弓就是用筋、角、木三种不同的材料制作而成的，日本江户时代的和弓虽然原料都是竹子，但由含水量不同的竹片进行组合。

尺寸形制则是指弓的外形，比如反曲弓（以土耳其弓为典型）、C形弓（或正曲弓，以英国长弓为典型）、接触弓（反翘，以清弓为典型）、不对称弓（以日本和弓为典型）等等。

◎ 南美印第安人的单体弓

◎ 参加比赛的土耳其射手，手中即为土耳其弓。土耳其人在游行或重大场合时握弓手法颇为独特，并不是放在弓袋里，而是用手举着扛在肩膀上

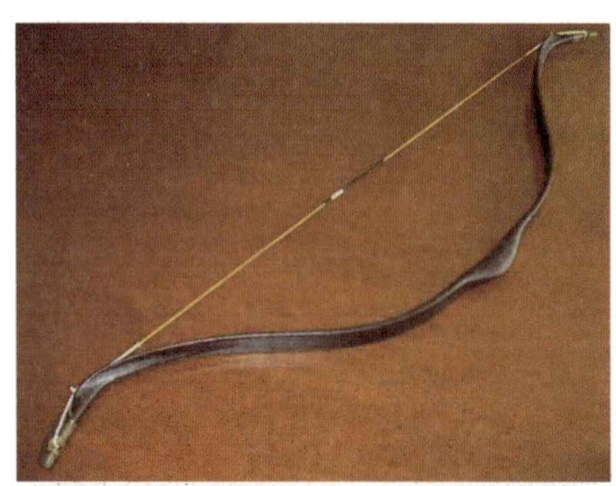

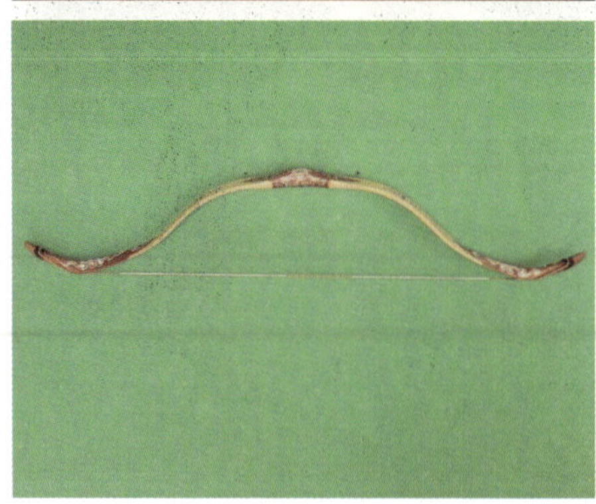

◎ 土耳其弓

◎ 英国长弓

◎ 日本和弓，上弓臂极长，下弓臂较短

制作工艺，比如各种木料阴干工艺，不同工艺制作的胶水，不同的材料组合工艺（插接榫卯，黏合）等等。

箭同样有材料、尺寸、工艺这三个要素。大部分箭杆是由竹或木等单体材料做成的，也有用不同木头拼接的复合结构箭杆。箭的尺寸主要指箭杆的粗细和长度、箭羽的大小和形状、箭头的样式等。而制作工艺主要有校直、阴干、扰度调整、表面打磨等等。

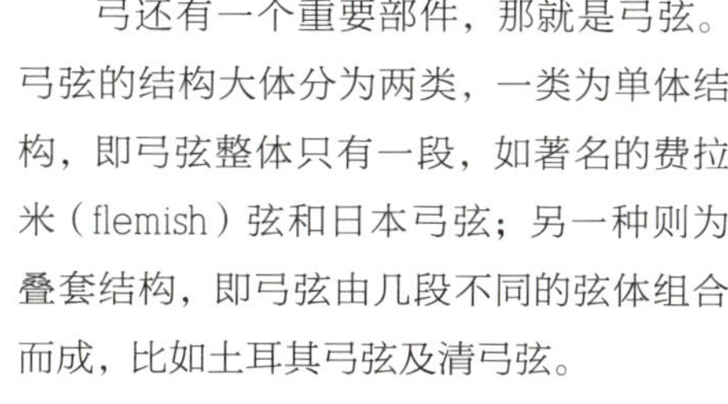

弓还有一个重要部件，那就是弓弦。弓弦的结构大体分为两类，一类为单体结构，即弓弦整体只有一段，如著名的费拉米（flemish）弦和日本弓弦；另一种则为叠套结构，即弓弦由几段不同的弦体组合而成，比如土耳其弓弦及清弓弦。

◎ 土耳其飞箭，专为射远比赛使用

◎ 土耳其箭

◎ 不同的铁质箭头

◎ 传统东欧箭

◎ 费拉米弦

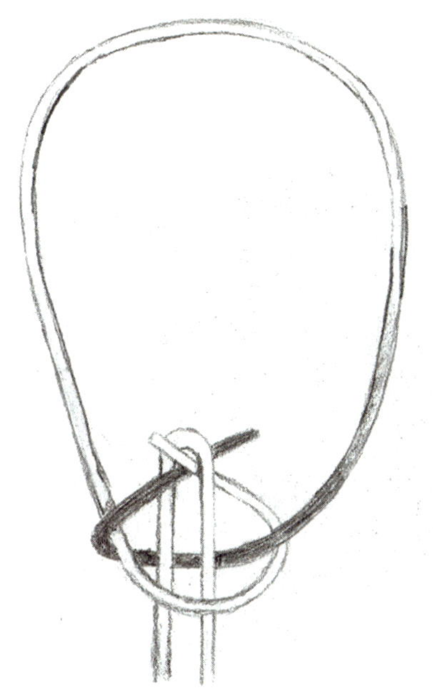

◎ 土耳其弓弦叠套结构

弓弦的材料有丝（蚕丝）、线（棉线、麻线或其他植物纤维）、皮（动物皮）、筋（动物筋腱）。其中丝线常用于低拉重练习弓，皮筋常用于大拉重战弓。

在掌握了基本知识之后，接下来让我们简单了解一下几种比较著名的弓。

英国长弓

英国长弓，大部分古代兵器爱好者都耳熟能详。不少人还能讲出其弓种特征和著名战例，例如英国长弓手在克雷西和阿库金战役中留下的光辉战绩。英国长弓几乎就是整个中世纪的传奇。但，辉煌时代的英国长弓到底是什么样子的，这个问题其实不好回答。

因为在历史上，英国长弓并不是一成不变的。近代英国射箭运动传承自维多利亚时代。20 世纪 50 年代，英国长弓协会对长弓的定义也沿袭了维多利亚时代长弓的概念。但是维多利亚时代的英国长弓就是中世纪的英国长弓吗？这个问题直到 1967—1971 年间，考古学家发掘出都铎王朝时代（1485—1603 年）的著名战舰“玛丽·露丝”（Mary Rose）号之后，才有了解答。战船上发现了大批英国中世纪战弓，形制与维多利亚时代的长弓并不相同。

让我们来从三要素看看“玛丽·露丝”号上的英国长弓是什么样子。

从材料来说，“玛丽·露丝”号上的弓全部为单体材料制作，木料为紫杉木。虽然发现有少数牛角弓梢头，但其只是作为装饰，所以这肯定是单体弓。从尺寸形

◎ 英国长弓手

◎ “玛丽·露丝”号上的长弓

制上来说，长为两米左右，曲线状态呈现三种模式，一种是正曲（正C），一种是木棍一样的直线形态，还有一部分呈现反C状态。从工艺来看，除了牛角梢头黏合处，弓体其他部位没有使用胶水黏合的痕迹，整体由单块木料加工成形。大量的木节表明这些弓经过了良好的、顺应木材纹理的打磨。根据“玛丽·露丝”号项目组成员对打捞长弓的部分复原和估算，这批长弓的拉重在拉距30英寸时，是150磅左右。

“玛丽·露丝”号船上的战弓虽然数量众多且保存完好，却依然不能完全揭开英国中世纪长弓的神秘面纱。因为其所在的时代已经是中世纪晚期，英国长弓的辉煌时代早已过去。除了这艘船上的战弓外，英国大地上没有任何中世纪英国长弓存世。

虽然真正的英国长弓很可能已经失佚在历史中，但我们还有更古老的发现。英伦三岛上，发现了一系列形制不同的史前弓具，而其中年代最久远的是夏末赛特郡发现的马西（Meare Heath）弓。

1961年，日食泥炭采掘公司在夏末赛特平原上挖掘时，发现了半片弓形紫杉碎片。这片木片大约有93厘米长，最宽的地方大约有6厘米宽。整个残片呈木桨状，一面是平的，另一面则是一个弧面。残片的一端是约6厘米长，十分细小的握把，另一端残留了弓弦的槽。木片随后被命名为马西弓并送到了剑桥大学。经过年代测试，证实这片弓的残片来自于公元前2600年前后120年的新石器时代，是英国发现的最古老的弓具。而这张弓可能就是从史前到中世纪晚期前，英国紫杉长弓的真实形态。

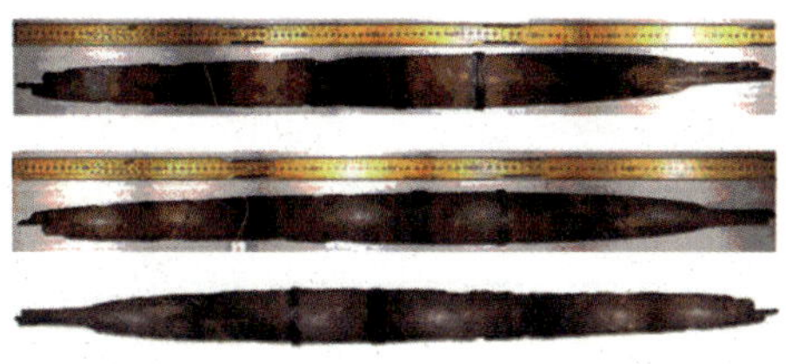

◎ 紫杉残片

这一发现虽然揭示了英国在近五千年前就有长弓存在的事实，但并没有告诉我们太多关于弓本身的信息。首先，残片的形状不一定是它的本来面目。因为残片被深埋于淤泥之中，经过数千年的岁月，可能早已变形。其次，残片只保存了弓体原来的一半，而另一半从未被发现，整个弓体是不是对称也就成了未知，并且这把弓的实际用途也同样未知。紫杉在古代英国就是稀少的木材，相同地区发现的其他时期的弓很多都是用榛木制作的。同时，这块残片的弓把部分非常细小，而弓身又残留了精美的缠线与十字形雕刻装饰的痕迹。

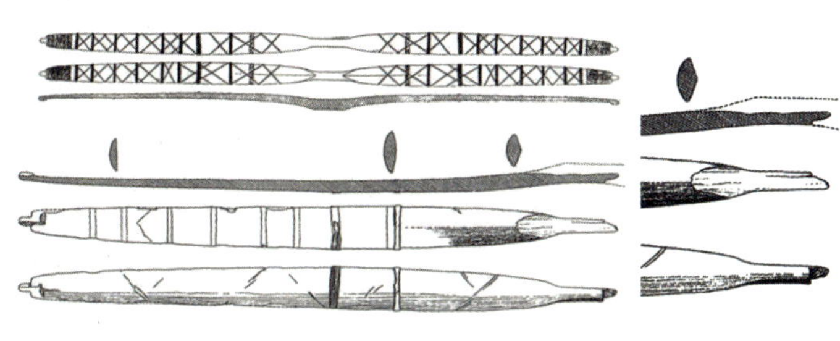

◎ 马西弓复原图

◎ 希拉里和她复制的马西弓

木工并没有跟随木纹来制作，所以弓在拉开时很可能会扭曲。这些因素说明这把弓可能不是实用器，也许是一件特殊的用具或是向神灵敬献的礼物。

但是另一方面， 马西弓是一把性能良好的日常实用弓的可能性也不能排除。在残片发现的地区不乏精美木器的考古发现，证明当地的先民可能很擅长制作木器。同时，考古发掘的淤泥里残留了鹿皮与大量箭头，这证明狩猎可能已经融入当地居民的生活之中。因此，马西弓很可能是一把设计精良的武器。

多年来，不断有人尝试复制马西弓。在这个方面，英国长弓弓匠行会的希拉里·格林兰（Hilary Greenlan）女士做出了很大贡献。自 1998 年以来，她仿制了大量的马西弓，经过测试，发现马西弓的设计完全可以发挥出很高的效能。假设马西弓是对称型设计，它可能足有 190 厘米长，是名副其实最古老的英国紫杉长弓。

根据希拉里的仿制品测试，马西弓的拉力可以达到 80 磅以上，并可以轻松将一支 32 寸长的榛木箭射出 150 码。如果真实的马西弓确实如这些仿制品一样， 那马西弓可能才是最真实的英国传统战弓，也就是那些曾在克雷西、普瓦捷以及阿金库尔战役中大显神威的“英国长弓”。

奥斯曼复合弓

让我们再来看看奥斯曼帝国的弓。现在的土耳其境内保留有大量的奥斯曼帝国时期的复合弓。值得注意的是，奥斯曼帝国历史悠久，幅员辽阔，早期国土扩张剧烈，因为征服了很多国家，吸收了不少其他民族的文化，导致奥斯曼帝国时期的复合弓有各种不同的形制。其中包括现在称呼的土耳其弓、鞑靼弓、波斯弓、波斯—北印度弓（螃蟹弓）等等，这些弓在土耳其各大博物馆里均有保存。

关于弓箭，土耳其有很多文献记载。

◎ 波斯—北印度弓（螃蟹弓）

例如拉重记录，在伊斯坦布尔托普卡帕（Topkapi）宫内有一把结构特异的双弓，记录显示这张弓为波斯制作，由一位名叫德里（Deli Huseyin）的帕夏上弦并拉开，弓的拉重估计为 300 磅左右。射远记录也丰富多彩，奥斯曼帝国时期著名弓箭手托克帕（Tozkoparan Iskender）在 16 世纪初创造了 846 米的射远纪录。苏丹们也喜欢这种游戏，苏丹塞利姆三世在 18 世纪创造了 668 米的射远纪录，苏丹穆罕穆得二世创造了 810 米的纪录。

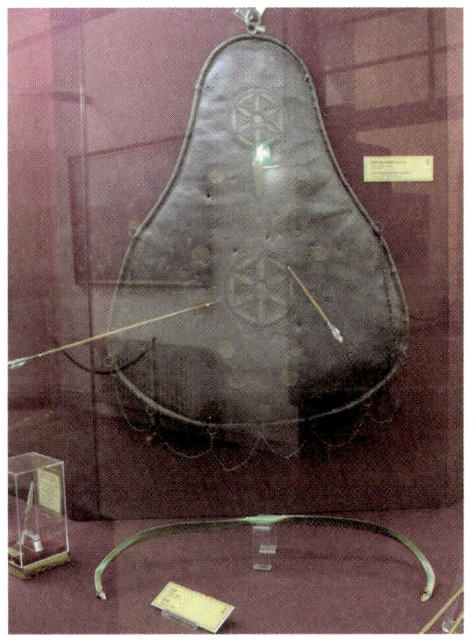

◎ 土耳其传统箭靶puta，外形就是人体的上半身

◎ 土耳其飞弓

亚当 · 卡帕维斯（Adam Karpowicz）先生长期以来对土耳其弓做了大量研究。根据其对挑选的 26 把土耳其战弓的分析，当拉距为 28 英寸时，土耳其战弓的拉重普遍在 90~130 磅之间，其弦长平均为 108 厘米，弓体自重大约是 390 克。

土耳其弓结构尤为特殊，可以说是古代世界筋角木复合弓的范本，其制作工艺也把材料的性能发掘到了极致。复合弓的四种材料（筋、角、木、胶）分别有各自的特性和功用。与多数有机物一样，这四种材料也显示出某些相似之处：在压力和拉力范围内，它们富有弹性，但如超出范围，就会显出不可逆转的塑性变形。这种变形叫作“滞后作用”，意思是材料一旦被压，会变得更柔软，从压力中恢复会有个滞后现象。它们还有一个相似的重要特性：如果力是顺着纤维的方向施加的，那么它们的硬度就会更强；如果力与纤维方向相反，则硬度变弱。

制作奥斯曼复合弓的大致流程如下：

首先加工木块（或竹块），使用切削、熏蒸等方法制成特定大小，此为四材之木。切削牛角（少数地区因为牛的匮乏，也有使用羊角的方式）以迎合弓臂木块形状，此为四材之角。把动物的筋腱通过去除油脂、干燥、反复捶打等处理后，用手撕成极细的筋丝，此为四材之筋。用低温水解法，从海鱼鳔（在不易获得海鱼的地区也使用牛筋或鹿筋）中熬煮出大分子蛋白胶（鱼鳔胶），此为四材之胶。

木材又分为三部分，分别用来制作弓把、弓臂、弓梢。这些木材称之为弓胎。一般来说，角弓弓胎结构大体可分为三片式和五片式。其中弓臂弓梢为整体，与弓把结合的结构为三片式（弓梢弓臂—弓把—弓臂弓梢）。弓臂与弓梢为单独木料，然后与弓把结合的结构为五片式（弓梢—弓臂—弓把—弓臂—弓梢）。三片式结构相对简单，制作方便，但因为木材本身弯曲度的限制，没法做出一些特殊的非常大的角度。而五片式结构复杂，但可以用插接等工艺做出非常大的弓梢角度。总之，因为制作工艺相对简单，在土耳其弓里三片式弓胎结构是主流。

弓胎做好后，弓臂内面（射箭时朝向射手的那面为内）使用胶水粘上切割好的牛角片。粘贴牛角片的时候，为了增大胶水的粘贴面积，往往使用特制的工具在弓臂木材及牛角的黏合面上犁出规则的沟槽。弓臂外面（射箭时朝向靶子的那面为外）用胶水粘好筋丝，这个工艺称之为“铺筋”，一般有多段不同长度的筋丝分为数层铺在

◎ *土耳其弓细节图，可以看到角片与弓胎结合处有明显的沟槽*

◎ *拆解后的土耳其弓，此弓弓胎为三片式，弯曲度最大的是筋层，中间是木质弓胎的三个部分（弓臂弓梢、弓把、弓臂弓梢），弯曲度最小的黑色部分为牛角*

弓胎上。每铺一层都必须等待一定的时间，胶水凝固后再铺另一层筋丝。如果数层筋丝一起铺下去，那内层筋丝的水分难以挥发，外层筋丝却已经干了。

筋角都和弓胎黏合好后，把弓体用绳索或其他捆束工具绑紧，待胶水凝固后打磨及调整弓体细节。最后做好防水（上漆）和装饰（树皮或动物皮包裹并描绘）工作，一把角弓就这样诞生了。

需要指出的是，这些材料，尤其是腱和角，有所谓的黏弹性。这意味着当压力快速落下时，它们的硬度要比慢慢施压来得高些。该特性对弓箭手来说有重要的意义。当快速拉放时，弓会更重，箭会更快。每个土耳其飞弓射手都懂得这个道理。土耳其人在比远射时，开弓后会在快拉满弓时猛力拉弦，这叫作“mefruk”。而现今的“猛”放也是出于这个目的。并且，当弓被拉得角度越来越大的时候，硬度会持续降低，材料会变得越来越软。例如测试筋，当拉力增加 1% 系数时硬度会到约 2400*MPa*，而到 5% 时只剩 1400*MPa*。

另外，很大程度上，材料会随着含水量不同而改变其特性。在新环境中，材料会变干或变潮，直到在新的环境湿度中达到平衡和稳定。例如，在50%*Rh*（相对湿度）中，材料的含水量会在12%~15%之间。一张未经保护的弓要达到这种平衡约需一周的时间。在新的湿度环境中各种材料的硬度会有很大差别。根据对胶的研究，当湿度从50%*Rh*变为20%*Rh*时，其系数会增加约两倍。有意思的是，高湿度时硬度的降低不是渐变或线性的——超过75%~80%*Rh*时水分摄入会变快很多。这就使胶的系数急速下降，而且很可能筋亦如此。90%*Rh*时胶的硬度系数仅为50%*Rh*时系数的1/20。不过角的情况似乎并非如此，一个浸饱水的角仍可以维持干角1/2的硬度。

这些情况在全世界范围内其他地区的角弓制作上，也普遍被反映出来。比如中华帝国弓箭最后的辉煌——清弓。

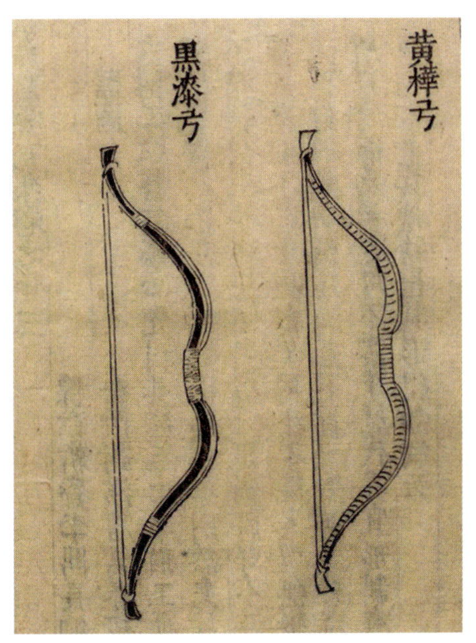

◎ 宋弓

中国弓

中国的弓起源于何时已无人知晓。根据文字、图画记录，中国的弓与同时期中东地区的弓有着密切的联系，甚至可以说大体相同也不过分。

中国清代以前的弓箭到底是什么样子，众说纷纭。虽然种种图画文字流传于世，包括众多军书中器械篇里的介绍，但却并没有什么细节的描写。高颖《射学正宗》的下卷可以说是弥补了满清入关之前，明代晚期弓箭器械描写的空白。

高颖，上海嘉定人，生于明代中后期（可能出生于万历年间），是明代最著名的弓箭高手。高颖书里记录了两种弓：大梢弓和小梢弓。此两种弓从名称上可与《登坛必究》《武备志》《武备要略》里所载弓相互印证。《登坛必究》记载开元弓和小梢弓，《武备志》引用《登坛必究》所载并备注开元弓即为大梢弓，《武备要略》里载有大梢弓。大梢弓与小梢弓的区别在其他书籍中并没有文字描述，高颖书里却有大梢弓与小梢弓之注解。按高颖书所载，大梢弓与小梢弓有两点重大区别：第一弓肋，即弓臂，大梢弓弓臂巨大，小梢弓相对弓臂较小。按照《登坛必究》所载，大梢弓（开元弓）是边军所用，目的是为了破甲杀人，自然拉重更大，弓臂更粗壮。第二“违和”，大梢弓没有“违和”，而小梢弓有“违和”。这个“违和”是什么，目前并无定论。笔者猜测，“违和”可能就是弓梢反翘的弦接触点，也即大梢弓还是传统的非接触弓，小梢弓可能已经是接触弓。

另外，高颖的书中还提及了几个重要概念。

其一，弓档高度，即上弦后弓弦离弓把最近的距离。一把弓弓档越小，则弓弦越长，反之则弓弦越短。大弓（此处的大弓小弓并不是大梢弓小梢弓）为七寸，小弓则为六寸五分。

其二，箭长。边军战箭长二尺七寸五分，官制箭二尺六寸五分。如果是要根据个人身体特征定制自己的箭，箭长度的确定方法为：左手左臂向左伸直摊开，从左腋窝处开始直至左手中指顶端为止的长度再加二寸五分，即是此人最合适之箭长。（各种不同的射法和弓，对箭长的要求各不相同，高颖所载箭长测量方法只适用于高颖自己的射法。）

其三，箭重。弓拉重每十斤则箭重一钱二分。最低配比是三十斤弓，三钱六分箭重，拉重再低则不适用此规则。

其四，扳指。扳指有荷新式、一盏灯式，高颖还自创了一种从荷新式改造而来的扳指。

其五，竹箭木箭的威力。高颖记载钱世祯曾做过实验，同一个人使用同一把弓射盔甲，竹箭穿深远远超过木箭。

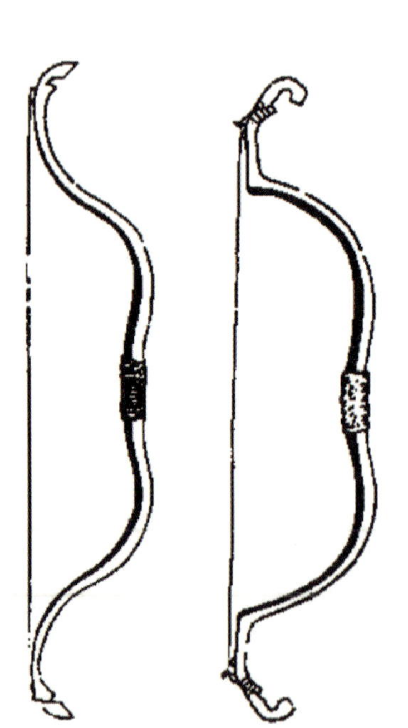

◎ 明代射书所载大梢弓及小梢弓

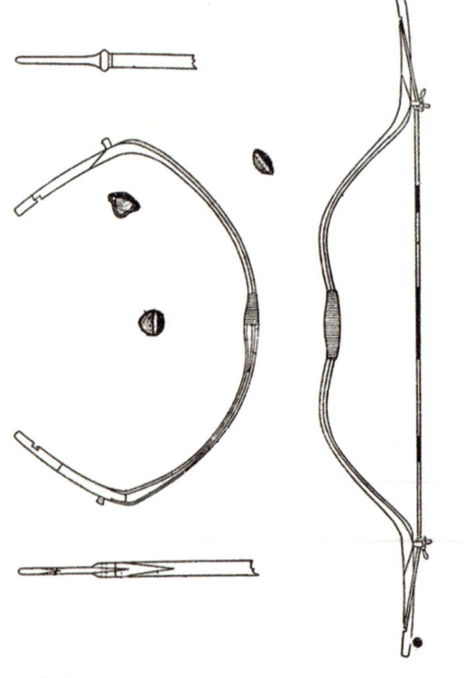

◎ 清弓

因此，通过高颖的记述，我们能够深入了解传统汉族弓箭的最成熟状态和特点。

然而在明末清初之后，却出现了一种非常特殊的弓——清弓（满族弓）。从民国时留下的民俗考察记录书籍《成都弓箭制作调查报告》上，我们可以非常清楚地了解到清弓的制作流程和详细结构。

可以看到，清弓从最初的材料准备到最后的整体装饰完成，大概要花三年时间。虽然时间看起来很长，但大部分是次生材料的准备时期。因为古代没有有效的温度湿度控制手段，所以只好慢慢等自然气候好转到适宜做弓的时节。从下图里可以看到，清弓在材料上是和土耳其弓一样典型的筋角木（竹）复合弓。清弓在加工工艺上也非常繁复，包括装饰这种无关弓体性能的工序也已经专门占据一个环节。

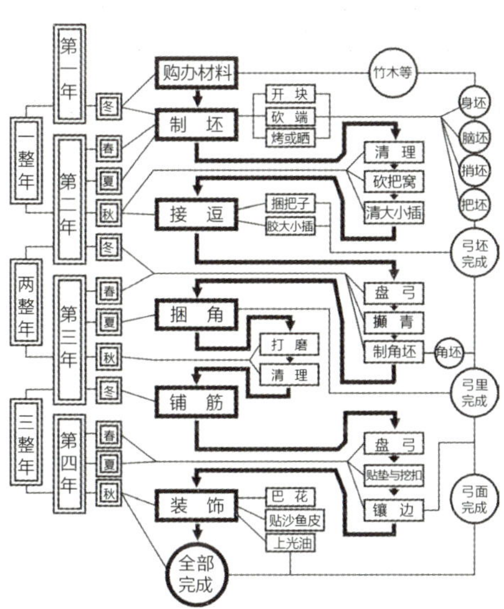

◎ 清弓制作流程

◎ 部分制弓工具

◎ 接触弓——清弓。除了弦口以外，弓弦还和一段弓梢紧贴，直到弦垫处离开弓体

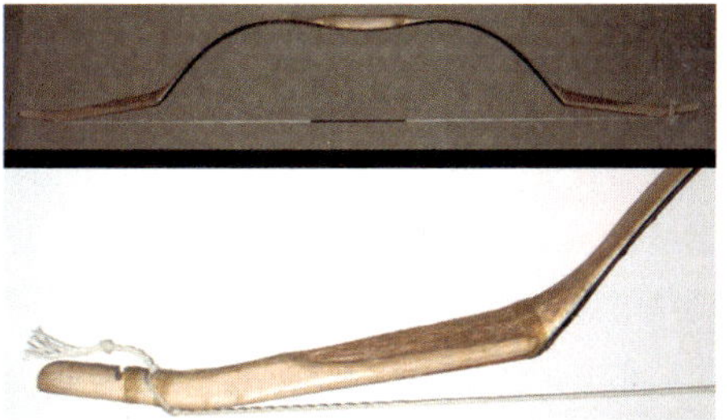

◎ 非接触弓，弓弦只在弦口处接触弓体，注意此弓一端弓梢有两个弦口，作用不明确，可能是为了改变弓的拉重，也可能是辅助上弦槽。此弓复原自8世纪俄罗斯高加索弓，原物保存在圣彼得堡修道院

从结构上看，清弓有一个巨大的，国内称之为“大反翘”的结构。即弓臂的弯曲度在弓梢弓臂交接处发生剧烈变化，导致除了弦口以外，弓弦在弓臂上还有另外一个接触—脱离点（国际上称这种结构为接触弓），也就是有一段弓弦是紧贴弓臂，而不是其他弓那样，弦和弓体只在弦口有接触。

由此可见，弓箭是一种凝结着人类智慧与技艺的重要武器。因此对弓箭的训练也一直都是冷兵器时代各国军队训练的重中之重。这些职业战士或为了克敌必胜，或为了赢得荣誉，都投入了大量精力去练习弓箭的使用技术。可以毫不夸张地说，射术才是古代世界里真正的武林秘籍。

二 弓如怀中吐月，箭如弦上悬衡

人类早期的射术具体是什么样子，早已散失在历史长河里不可考证。当古典中华文明崛起，人类四大古文明全部出现以后，根据作战需求及特殊弓箭材料的不同，古人发明出了多种多样的射箭方法。其中最著名的就是以蒙古式为代表的东方系射法与以地中海式为代表的西方系射法，它们可以说是人类文明中发展最成熟的两种射法。

◎ 青铜器上的“射礼”

东方系射法

以蒙古式为代表的东方系射法最大的特点就是只使用拇指加护指扣弦，除拇指外其他所有指头都不参与扣弦。所以中亚及东亚传统上称之为拇指射法（或大指射法）。

东方系射法虽然因为一些约定俗成的惯例被称之为“蒙古式”，但这种射法在蒙古族群崛起之前就已经存在。根据中国古代典籍《仪礼》的记载，先秦时代的“射礼”便是后世蒙古式射法的前身。

秦汉晋三朝，因为文章典籍及出土文物的缺失，已经无法分辨当时使用的是何种射法。从隋唐开始，因为隋唐壁画的精美写实，尤其是敦煌壁画的留存，我们可以清楚地看到那时候人们使用的拇指射法的一部分。进入宋代，因为《事林广记》一书的留存，现在的人们可以窥见最早的关于东亚拇指射法技术细节的文字描写。

明代中后期开始有大量描写射箭技术的书籍出现，诸家作者为“分君父焦劳，驱逐夷狄”，纷纷研究并记载射箭要诀及秘法。其中最出名也最具学习价值的当属高颖于崇祯十年写成的《武经射学正宗》及《武经射学正宗指迷集》。在书中，他凭借自己大半生对射箭技术的求索经历和总结出的经验，完成了一个从系统理论、练习步骤、每步骤技术细节到错误纠正的完整训练体系。这也是中国目前发现的关于射箭的书中，唯一一个完整的训练体系。

《射学正宗》全书共分三卷，上卷讲述射箭正确方法，中卷批驳不正确方法，下卷专讲射箭器具。《指迷集》全书分五卷，分别是对已有射书的评点总结。

前面我们已经说过，《射学正宗》的下卷介绍了汉族传统弓箭器具。而这本书的其他部分则用非常多的技术细节描写，来专门论述了汉族传统射术技艺。

如果用现代语言给这部书的前半部分《射学正宗》取一个副标题的话，那么最合适的应该是《射箭100天——从入门到精通》。后半部分的《指迷集》尤为罕见，高颖对当时比较流行的一些射学书籍一一进行点评，指出其可取及不足之处，辩惑解答，可以看成是高颖对明代末期射法的总结。

上卷中，高颖把射箭过程中的要诀归纳为五个部分，分别是审、彀、匀、轻、注。这五个部分并没有严格的先后顺序，有贯穿整个射箭过程的，如审，有描写状态的，如彀，有形容方法的，如匀、轻、注。

审，是高颖射法里贯穿始终的一个动作（或者称之为部分）。意即射箭时必须从一开始就把注意力灌注到目标上而不能分心旁骛，审查标靶与自己的位置及所有影响射箭的因素。

彀，描述的是弓拉满的状态，即箭镞已到弓把，没法再拉。但如何拉满，手段则各有不同。拉满弓的关键在于肩背发力，而非手臂用力，肩背发力则又以前肩（左肩）下沉为最重要前提，高颖书中描述最多的射箭要诀就是“前肩下捲”，也即是沉肩。

匀，这个字有两层意思。一个是指接近彀状态时最后一段背部加力，这个在现代射箭体系里习以为常的技术在古代却是不传之秘。匀同时也是一种用力状态，意指双肩双臂在任何时刻用力时都应该互相协调。

轻，专门描写撒放时的技巧。意指撒放之时双手没有多余的动作，在用力上齐收齐放，以应和古人关于撒放的总结——后手发矢前手不知。

注，和审意思相同。高颖自言在最后专加一注字，只因张弓搭箭至最后，人气力已竭，精神易散，所以专门强调在入彀之后，轻放之前，一定不能忘记审，所以专加一个注字以强调。

这五字方法论，是高颖穷极一生探求射术之总结，全书几乎所有篇章都无时无刻不在强调这五字。

中卷里主要介绍了高颖所认为的不正确的态度和方法。尤其是第一篇《辩惑门序》里，详细描写了高颖自己学射的曲折经历，颇有自传味道。

高颖从小就喜欢射箭，年轻时和乡里

豪杰一起练习射箭，更屡次外出游学，向征战后归乡的将士、江南一带著名射手（如钱世祯）求教，然后“十年而射法成”。万历三十一年（1603年），高颖第一次参加武举乡试，“开弓破的，几无虚矢”，所以已经“颇自谓有得”。

这时一个影响高颖一生命运的人出现了。高颖在第一次参加乡试之后，遇见了一个“江上人”。按书中描写，此人射速很快，开弓迅发，中的也多，高颖见而喜学之。虽然练习的时候已经觉得似乎有哪里不对，但因为当时高颖对射箭技术还不是太明白，练了三年，结果导致“射病”入骨。高颖的“射病”具体到底是什么很难确定，可能是长期不正确姿势造成的肩背运动伤，以及太深刻难改的肌肉骨骼条件反射。而这种“射病”从此纠缠高颖一生。

万历四十一年（1613年），高颖第一次前往北京“应试京师”（很可能是参加武科殿试）。这时高颖已经四十三岁，却还是第一次接触到明代军人中的最强射手——九州九边诸士。按照高颖书中所写，在此之前高颖唯一接触过的明代军旅射手只有钱世祯，而这次在北京则见到了当时最精英的射手。高颖与其中最精英者交流射术，把中的者的优点、不中者的缺点，以及中的者的缺点、不中者的优点，用辩证的方法反复论证揣摩，把明代射法可以说是连根摸熟了。以此为契机，高颖射法正式成型。

可惜的是，高颖早年练习“江上人”射术导致的“射病”已经日久深入。高颖从北京回来之后，虽然脑中射法技术已经成型，但因为自己“射病”太深，只能完全放弃原先的右手习惯，重新开始改用左手扣弦，练习自己的射法心得。

万历四十四年（1616年），高颖再次前往北京，在北京的射手群体里引起轰动，

◎ 法国人绘制的武举考试骑射图

“燕赵齐秦之士云集而观”。同时高颖自己觉察到自己从右手习惯改为左手习惯始终不尽如人意。幸运的是，从北京回来以后，高颖发现自己因为三年没有使用右手，“射病”已大为好转（可能是长时间不使用，使右手肩背的旧伤得以恢复），从而又改回右手习惯。于是他用了五年的时间，从最弱的弓开始练起，终于小有所成。

高颖完成《武经射学正宗》这本书时已经六十六岁。终其一生，高颖因为种种因缘际会，并未练成他自己创造出的射法。他的后代也没有人愿意练习射箭。高颖在不得已的情况下，把自己毕生所学所究的射法，写成了《武经射学正宗》，以期待后世有人能得其所传。高颖先把自己的经历，尤其是走入歪路的经历专门写了一篇序，用以说明方法正确的重要性。而如何选择正确的方法，则是由学射者的态度决定的，这就是中卷的内容。

满清入关后，随着骑射的推广和武举考试的制度化、规范化，依靠弓马娴熟也一样可以登科取仕。这驱使着大批中国人练习射术以期加官晋爵，报效朝廷。

清代对继承自明代的武士选拔——武举非常重视，自顺治皇帝开始就一直在对武科考试的规则进行修改。清代的武举考试和文科考试略有不同，分为县试、府试、院试、乡试、殿试。各级考试科目基本相同，有武试（技勇）和策论。其中策论为评定武生是否有基本的军事常识，武试又分为射技和力勇。

射技是武科考试的重中之重，如果说策论和力勇都还可以投机取巧混过的话，射技则是实打实的技术对抗。射技分为三个小项，第一骑射，第二步射，第三地球。骑射考试时，人从一条直道奔马跑出，左边放上三个靶子，每靶相距三十五步（大约 52. 5 米），每人总共带九支箭，可重复跑场地三次。

步射考试也是每人九支箭，靶子距离八十步（大约 120 米）。

地球则是将一个三棱锥体或球体的靶子放在地上，射手纵马而过时射击。

除了技术性比较强的射技之外，力勇则是考验武生们的力量。力勇一共有三个项目：弓、刀、石。力勇考试用的弓被称为力弓。力弓虽然外形与射技弓相似，但这种弓的拉重非常大，考生只要能拉开就算通过，并不需要搭箭，更不需要射出。刀则是用纯铁或纯石制造，外形上与三国演义里关羽用的青龙偃月刀差不多，必须

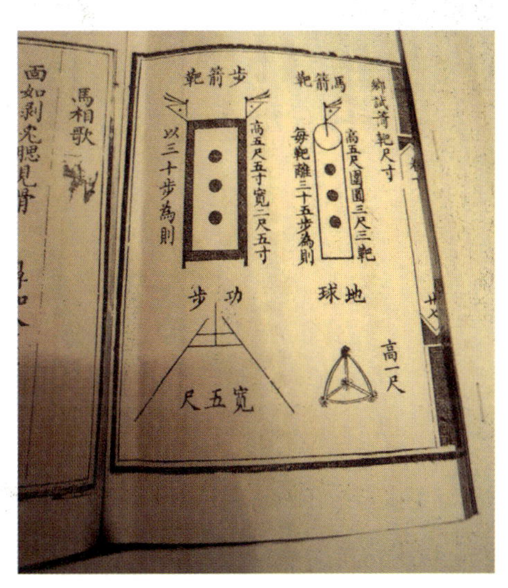

◎ 武科射技三种不同的靶子的尺寸和形状

按一定套路挥舞自如才算通过。石则称为石锁，一般是一块长方体的石头中间凿开一个方孔以供提拿。必须把石锁底面翻到上面，并且把它举过肩膀才算通过。这个动作被称为“献印”。弓、刀、石各有等级，弓以“力”计算，一个力大约为10~12斤，力弓一般为10~14个力；刀则有重量区别，一般为160~200斤；石锁重量则为300斤左右。

武科考试的最高等级即为殿试。皇帝会亲自或指派重臣前来监考观看，得名次者一般都可以得到一定的武职功名。每年十月初，武举们就要去兵部考策论；然后，皇帝在紫光阁（就是新闻里经常看到的中南海紫光阁）检阅武举们的骑射及步射；接着，在御箭亭检阅武举们考试弓刀石（弓刀石的等级由武举们考前申报）；最后，兵部把所有中试（即通过考试）的武举名单送给皇帝检查，由皇帝钦点名次，恩赏功名。

在清代武举历史中，也发生过不少让皇帝哭笑不得的事。嘉庆十年，虽然这些年的武举们是一年不如一年，但嘉庆皇帝还是非常敬业地在十月开科取武举。十月十日，皇帝来到紫光阁检阅技勇，武举们射中靶子的非常少；在御箭亭，力勇也无任何出彩的地方，其中更有湖南和广东的两名武举连自己申报的力弓都开不了，让嘉庆皇帝非常失望。此时来自安徽的武举孙文涌非常顺利地拉开了自己申报的十二力弓，之后突然直接向嘉庆皇帝请求再开十四力弓。在皇帝面前开弓都必须经过预先申报，而且从来没有过在紫光阁现场挑选弓力的前例。嘉庆皇帝此前从未遇到过

◎ 试力勇的石锁及大刀，陕西省西安市清真大寺藏

◎ 武科殿试，紫光阁试射技

这种事，当场并未做出处理，还是例行恩赏。事后在发往兵部的御旨中，嘉庆非常郁闷地抱怨这位安徽武举太不给面子，既然能开十四力的弓，为何要申报十二力的弓？这不是要我皇帝大人吗？不过因为皇帝当场并未责罚还给了恩赏，事后也不好再违背，只能新添一条规定："殿试禁求弓力"。

虽然有这样的笑谈，但也可以看出清代皇家对于弓射的重视。因此，高颖的训练体系在清代时期部分保存了下来。但随着第二次鸦片战争中八里桥之战的惨败，在中国延续了数千年的弓箭器具及拇指射法很快被清王朝军队彻底抛弃。拇指射法仅仅留存在民间武术及街头杂耍卖艺之中。

高颖的训练体系在中国自然也没有完整地流传下来。但不知道因为什么样的因缘，这套体系却在日本得到了完整的保存。根据全日本弓道联盟前会长小沼英昭先生所言，日本弓术深受高颖影响。小沼会长自己也为了完全了解这本书的含义而苦学汉语。笔者在 2010 年前第一次接触日本弓

◎ 和弓

道时，就曾向日置流雪荷派三河系一位练习古流射术的老先生请教，老先生也毫不讳言地说，对于他们流派，《武经射学正宗》是必读必究之书之一。

其实，深受中国古代射箭礼仪和技术影响的邻国日本，自江户时代以来承平日久，武士阶层已经很难再通过战功加官晋爵。下级的武士们纷纷在传统武技上苦下功夫。传统弓术作为当时杀敌制胜的有效技术，备受武士们的青睐。

不过既然无仗可打，武士之间就兴起了另一种形式的较量。这就是江户时期著名的通矢大赛。因为最知名的比赛地是京都的莲华王院本堂，此建筑又因结构特殊，被称为三十三间堂，故通矢大赛也称之为堂射。现在世界闻名的日本弓道，从技术流程到弓具规范，都与江户堂射有着深刻的联系。可以说，现代日本弓道是从江户时期的堂射开始成型的。

堂射大赛的规则颇为复杂。射手从位于南面的沿廊，向最北端的一个靶布射去，距离大约为120米。靶心的面积大概为4平方米。一般比赛从傍晚开始，最长持续大约24小时（但不一定是一整天，弓手可以随时中止退出），直到第二天的傍晚。在此期间，射手射出的总箭数和射中的总箭数都会被记录下来（胜者是中靶数最多的那个人），中靶被称为“射通”，这也是“通矢”这个名称的由来。因为弓长时间使用可能会损坏，参赛者一般都会带上2~3把弓备用。比赛期间，吃饭、休息、如厕的时间会受到严格控制，休息时间太长则浪费比赛时间，太短则无法恢复体力。

◎ 京都三十三间堂南面照片。堂射比赛时，射手即位于最南面沿廊上，向最北面射箭

◎ 京都三十三间堂通矢大赛射手位置视角

不难看出，这个比赛最大的特点为两个：耐力和准确度。如果耐力非常好，24小时内射出了很多箭，但准头太差没几箭上靶，这肯定会输。如果准确度很高几乎箭箭射中，但一共没射出多少箭，那也不算赢。

为了在比赛中一举夺魁，日本的武士们想了各种办法。首先是降低弓的拉重，既然不是为了在战场上破甲杀人，那战弓的高拉重已经没有意义，只要能射出这120米，够得着靶子就行，这样可以有效地节约体力。但弓的拉重又不能太低，起码要够得着 120 米远的靶子。而且堂射有另一个限制弓拉重下限的办法。三十三间堂的屋檐高度约 4~5 米，拉重如果太低，则为了射出 120 米，仰角就必须加大，但仰角太大就会直接射中屋顶。所以，为了在箭的抛物线顶点低于屋顶并且射出 120 米的前提下，尽量降低弓的拉重，几乎所有比赛上弓手都采用跪射的姿势（为了尽量提高箭的抛物线的垂直高度上限），同时使用尽可能轻的箭。根据文献记载，堂射著名人物之一星野勘左卫门，在宽文九年（公元 1669 年）达成 8000 箭记录时使用的弓拉重大约为 20 公斤（为现代弓标准的 41 磅），箭重大约为 14~16 克。

◎ 位于名古屋市的星野墓

德川御三家之一尾张藩的星野勘左卫门堂射战绩辉煌，甚至连堂射最高纪录保持者和佐大八郎都只是星野故事里的陪衬。根据正式记录，尾张藩的星野勘左卫门在宽文二年以射出 6666 箭的成绩名列第一。然后宽文八年被纪伊藩的葛西园右卫门以 7077 箭打破纪录（尾张藩和纪伊藩同为德川御三家，整个江户时期在各个方面互相争斗，留下了许多爱恨交织的八卦段子，射箭也是其中之一）。隔年的宽文九年，星野又以 8000 箭整的成绩打破纪录。纪伊藩主央求葛西再去比赛一次，葛西说自己年纪太大要隐退，推荐了一个人，也就是和佐大八郎。最后和佐大八郎在贞享三年以 8133 箭位列第一，从此再无人打破纪录。

◎ 浮世绘 · 堂射

但根据轶闻传说，宽文九年星野主动去挑战葛西 7077 箭纪录的时候，按照规矩是射 24 小时，从晚上 6 点射到隔天晚上 6 点。星野在隔天正午 12 点左右就射到了 8000 箭，并认为没必要继续，因为 8000 箭肯定已没人能挑战，放弃了剩下的 6 个小时。后来和佐大八郎挑战星野 8000 箭纪录的时候，刚射了百来箭，突然就心情起伏不定，紧张得射不中了。他马上暂时中途退场休整。此时场后有一个人过来在和佐大八郎胸口上划了一小刀，放了一点血，和佐马上就冷静下来，终于成功射出了 8133 箭，是迄今为止的最高纪录。和佐日后到处找这个人，终于有人告诉他，这个帮他的人就是星野。

另一则关于星野的传说则类似于李广射石。话说星野有一晚赶路投宿民家，与村民闲聊时听说近几日村子的后山一阵一阵传来尖锐凄厉的奇怪响声，村民都不知道怎么回事，白天去后山也找不到原因，就是夜里响。星野知道此事后，等响声再来时，抬手一箭射去，响声就消失了。第二天星野很早就离去，村民去后山发现原来是两根竹子靠在一起，被晚上的山风吹响（白天风不大）。星野射出的那一箭，正好把摩擦的地方打穿，把两根竹子钉在一起，响声就消失了。

正是在这种背景下，于安土时代开宗立派的日本古流弓术在江户时代大放异彩。各藩大名纷纷提拔弓术名人，各级武士通过担任弓术教导或参加各地的通矢大赛而奉公（即得到主人给予的正式工作）或名扬天下。

在日本各个不同的弓术流派中，必须一提的有两个，日置流与本多流。

日置流由室町末期日置弹正正次创立，日置流及其衍生流派几乎占了日本古流弓术门派的80%以上。在各分支流派中，又有两个很著名的流派，印西派和竹林派。

日置流印西派的创始人是吉田重氏，又称为吉田源八郎，是战国时期著名的弓射猛将。从第三代将军德川家光时期开始，吉田源八郎的儿子吉田重信担任幕府将军家的弓术教练，从此官运亨通，门下弟子更纷纷被其他藩接纳成为弓术指导。日置流印西派在古流中与其他流派区别最大的特点是跪射。其他流派也有跪射，但都不如印西派跪射的体位低。因为印西派认为只要身体降得越低，战场上中箭的可能性就越小。相对应剑道的“守破离”，印西派也提出了对所有弓术流派影响深远的“贯中久”三字理念。贯，即为贯穿铠甲；中，即为命中；久，即永远贯彻“贯中”思想。明治维新以后，印西派在大正时期创立的日本弓道里也出力良多，为弓道射法八节及练习赛制等打下基础。比如射法八节里“引分”阶段的“三分之二”理念，弓道日常练习的标靶距离（28米，原为印西派战场发射距离）和标靶大小（36厘米直径，接近人体穿甲后宽度）等都是来源自印西派。二次世界大战以后，弓道作为日本传统文化及体育运动进入学校。古流弓术和现代弓道对各个大学的弓道部更是影响重大，现在的早稻田大学、筑波大学、东京工业大学、京都大学的弓道部都是日置流

◎ 日置流印西派跪射

印西派。

日置流竹林派的始祖为石堂如城，从日置流吉田系的第二代当主吉田重政处学习了弓术，然后成为松平忠吉（德川家康四子，清州藩大名）的弓术指导。不久松平忠吉急病而死，清州藩家系断绝。德川家康第九子德川义直被立为尾张藩祖，接收了清州藩原有领地及藩臣。石堂如城的儿子贞次继续担任尾张藩的弓术指导。石堂贞次在当尾张藩弓术指导的时候，可能是工作太轻松又或者是名气太大、交友太广泛，不但教尾张藩的武士们习射，还收了不少其他藩的弟子。这其中就包括整个江户时代与尾张藩争斗不休两百多年还占尽上风的纪伊藩的武士。从此竹林派里最著名的两个支系成型，即尾张竹林派与纪伊竹林派。这两派从藩亲关系（尾张藩与纪伊藩俱为德川御三家，德川宗家最亲近的支系）及射术流派关系（俱为竹林派第二代当主石堂贞次教授而出）来说都本因非常亲近的武士，日后为了本藩的脸面及争夺京都三十三间堂通矢大赛“天下第一”的名号而势如水火。但这两派的人都没想到，日后的日本弓道会被出自尾张竹林的全新流派——本多流称霸。

本多流创始人本多利实，出自幕末时期幕府旗本家族。父亲本多利重是尾张竹林派的皆传（弓术里的中高级职称）。本多利实从六岁开始学习弓术，三十二岁时继承家业。没过两年，明治维新开始，武士阶层的地位一落千丈。本多利实为了养家糊口也不得不放下武士的尊严，去政府的防疫接种部门工作。此时的日本在文化上全盘西化，传统日本弓术在政府的刻意忽视之下面临着断绝的危险。本多利实联合其他几个弓术流派开设了传统弓术保存协会，并担任维新后贵族们的弓术教练，以此保存和扩大日本传统弓术的影响。本多流对弓术最大的贡献，是自创了一种“正面打起”的开弓姿势，这种姿势在传统古流里从来没有过。在老老实实教授了一辈子弓术后，本多利实于1917年死于一场电车事故。在本多利实死时，本多流并未正式创立。本多流第二代当主本多利时才正式成立本多流。

1933年11月10日，日本武德会下属的弓道统一委员会在京都召开了一个为期三天的会议。在这次会议上各大弓术流派要协商出一个统一的日本弓方案和技术，并命名其为日本弓道，以此在全国学校及国际上进行文化传播。第一天在讨论弓道训练和比赛流程上，大家并没有太大异议，很快就达成了统一。当第二天讨论具体射箭技术规范时，本多利实的弟子们提出要使用“正面打起”以取代传统流派里普遍存在的“斜面打起”，从而引起轩然大波。

◎ 现代弓道正面打起

两派人互相叫骂各不服气，“斜面”派谩骂“正面”派是狐犬两不类，传统弓术里没有这个规矩；“正面”派则嘲讽“斜面”派只会打嘴炮谈规矩，射箭一包渣。最后第三天不得不采取了一个妥协的“正面—斜面打起”的方案以暂时平息喧嚣。

本多流这个流派成立还不够二十年，门下弟子人数也不是太多，如何能在全国规模的会议上公然违抗传统，还逼迫其他传承几百年的流派接受自己的新技术呢？因为本多流的人太能打了。

本来，各个流派历史上都有非常传奇的人物，比如“会做人会射箭”有印西派的源八郎，“耐力天下第一”有竹林派的星野堪右卫门，但他们的年代已经太久远。到了大正、昭和时期，新出现的本多流里强者辈出。尤其是第二代当主本多利时，自身射术精湛，他所教导带领出来的本多流的弓手队伍，横扫当时日本国内几乎所有传统弓术比赛，无人能敌长达十年。在这个背景下，本多流在涉及传统礼仪的弓道流程上并没有与其他流派发生争执，但到了涉及具体射击技术规范的讨论时，就当仁不让，力图使自己的技术成为所有日本人学习弓道的范本。

◎ 日置流印西派的斜面打起

今天的日本弓道里，源自本多流的“正面打起”已经全面取代了传统的“斜面打起”，“斜面打起”只存在于少数古流弓术里。

西方系射法

弓射在欧洲的文化历史中同样有着重要的位置。就如我们之前所说，从克雷西战役到阿金库尔战役，无处不体现着长弓的威力与重要性。但这些使用长弓得到的胜利不能阻止弓箭在军事领域的衰落。1558 年英格兰都铎王朝失去欧洲大陆上最后的根据地加莱，百年战争最终以英格兰王室的失败告终。此后的一个世纪里，弓箭也逐渐从英格兰的武器库中消失了。1644 年 4 月 26 日，英格兰议会纪录里留下了最后一份关于购置弓箭作为武器的文件，之后再没有任何迹象显示英格兰的军队还在以弓箭作为武器。

但 17 世纪的历史不仅见证了欧洲的军事革命，同时也见证了民族主义在欧洲一些国家的崛起。在百年战争中，英国破格从平民之中征召长弓兵。这件事极大地冲击了欧洲的封建社会系统，并促进了英国民族认同的发展。长弓承载辉煌的军事胜利，也自然地成为英国民族主义的一种载体。

人们对射箭价值的理解遵循了两条不同但相辅相成的思路。一面有人推崇射箭，把它作为提高个人修养的一种途径。另一面有人则把射箭作为寻求竞技与赌博的手段。从 17 到 18 世纪的英国社会，礼仪性的射箭活动在封建贵族的支持下有过很大的发展。即使在动荡的英国内战时期，英国君主依然在英国和荷兰的支持下建立了诸多射箭社团。同一时期，英国封建贵族有成百上千人参加演射活动。另一方面，各种有文字记录的射箭比赛规则也开始出现。比如皇家射箭团的射鹅奖比赛：一只活鹅会被埋到土中，颈部以上露出，击中鹅眼者即为优胜。因此虽然从 17 世纪以后弓箭作为武器逐渐在欧洲被淘汰掉了，但是在英国各种各样的射箭组织一直维持着射箭的传承。地中海式射法由此得到了最好的保持和发扬。

今天我们所能看到的西方系射法，常被称为地中海式射法。这是因为其主要手法来源于古代环地中海地区的国家普遍采用的一种射箭方法。但其实真正的西方系射法已经和地中海周边国家关系不大。在技术要点上，西方系射法主要来源自在维多利亚时代总结成型的“长弓射法”（维多利亚式长弓并非中世纪英格兰长弓）。因为维多利亚时期的大英帝国是当时世界上最强势的国家，世界上其他国家无不以英式射箭技术和比赛规则为项背。随着现代医学及科学训练体系的建立，以西方系射法为核心的现代竞技射箭运动逐渐成形并发扬光大。不过根据传统，一般还是将其称为地中海射法。

西方系射法到底如何定义？这个问题非常复杂，也可以说没有标准答案。我们只能描述这种射法的几个不一定同时存在的要点。

首先，西方系射法必须由两根或两根以上手指扣弦，并且不包括拇指。很多国家（包括一些欧洲国家）和地区的射手并不喜欢称呼自己的射法为地中海射法，而更喜欢称自己的射法为三指射法，这也许可以归纳为西方系射法的最大特点。依靠扣弦手的食指、中指、无名指的第一关节（远节与中节的关节）或者这三根手指的指腹来扣住弓弦，以此施力并拉开弓弦，最后三指同时放松或故意用力松开弓弦。但必须注意，扣弦手掌心正对持弓手方向的才是我们常说的“地中海式”，另有一种扣弦手掌心背对持弓手方向的三指射法（很多人戏称其为“阿凡达式”），并不清楚来源和传播区域，暂不作介绍。

其次，搭箭点必须在弓把持弓手一侧。

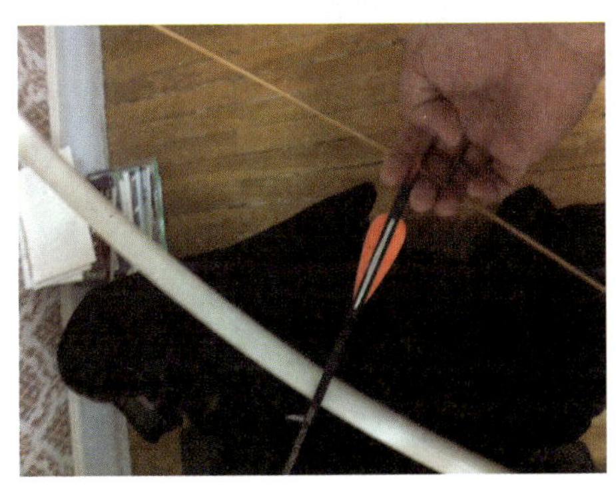

◎ *地中海式射法*

即如果右手扣弦，则箭搭在弓把左侧，左手扣弦则箭搭右侧。这样是为了抵消放弦瞬间弦的扰动，以及方便用目光沿着箭杆瞄准目标。要更深入地了解地中海式，我们可以看看维多利亚式长弓射法的一些具体细节。

1856年，英国的豪瑞斯·福特（1822—1880）根据自己多年以来练习射箭的经验，出版了一本射箭专著《射箭理论及实践》。这本书的出版，标志着维多利亚射法的成型，奠定了现代射箭技法的基础。豪瑞斯·福特于1845年第一次接触弓箭，花了四年时间练习后一举夺得国家射箭比赛的冠军，然后连续11次蝉联冠军，称霸英国射箭圈。在1857年的某次比赛中，他创造的1271分的记录在其后七十年的时间里无人打破。

根据豪瑞斯总结的经验，开弓前首先必须站定身体，双脚间距与肩同宽，双脚站立的位置则根据个人喜好可略微不同，即为竞技射法里的标准式、隐蔽式、开放式的雏形。

左手握弓时，使用鱼际处推住弓把，手腕与小臂角度必须合适，否则不能贯彻直线用力而导致放弦后打臂。为了防止弓弦对手指的压力过大而造成伤害，一般都会带上皮质护具套住扣弦手，并且在腕部有一圈类似皮带的结构以防止护具滑脱。

另外还有简化版的护具，在每个指头

◎ 豪瑞斯·福特射姿肖像画

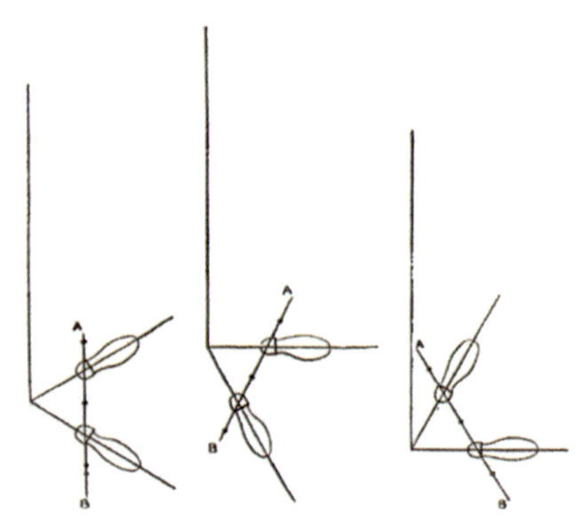

◎ 三种不同的站位方式

◎ 1915年某射箭比赛

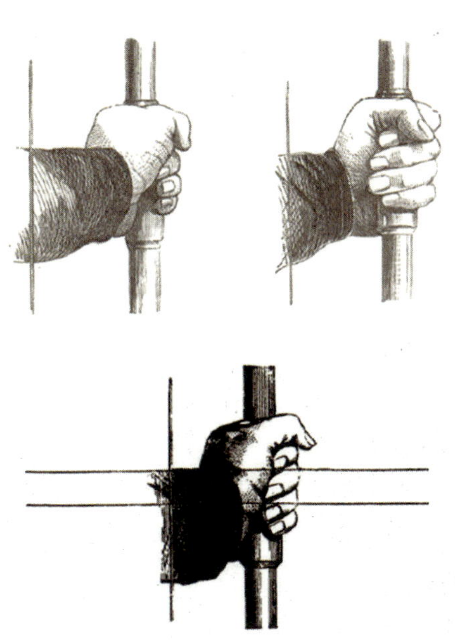

◎ 握弓方式

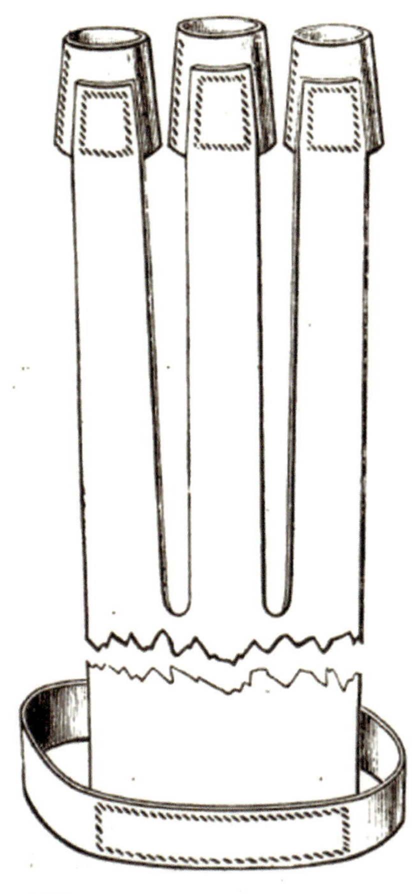

◎ 手指护具

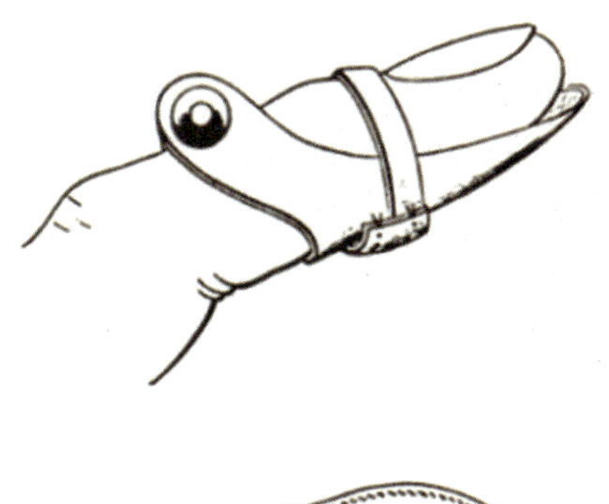

◎ 皮指套

◎ 1920年，宾夕法尼亚，罗伯特·艾尔玛博士在当地射箭比赛中开弓前的姿势

上单独套上皮具。这样可以灵活使用一些非常个性化的扣弦方式，并且因为没有了腕带的制约，可以有更快的放弦反应速度。

当双脚站定时，先将箭扣卡在弦上，箭杆搭在弓把左边。双手控弓使箭朝地下，弓弦近似平行于地面，头部转向确认标靶位置，此时眼睛不再离开标靶位置，直到放箭。

开弓时，左手保持伸直，右手向后拉拽弓弦以弯曲弓臂。根据自身姿势选择的不同，拉满弓时箭扣位置可以在下巴正下方或略微超过下巴在右脸颊下方。

开满弓后，适当停留几秒寻找参照物以确定出箭方向。地中海式箭杆放在持弓手一边的优势在此尤为明显，箭杆就是最好的参照物之一。可以假想箭杆的延长线交汇于靶中心时，即为理想发射位置。

调整好左右位置后，根据标靶距离的远近，开始调整纵向上下位置。调整高低位置完全靠腰部动作，腰部以上所有身体动作不作改变。因为上身在开满弓确定左右位置后，前后手及身体的样子类似十字

◎ *早期英美射箭比赛中的圆形靶，距离一般为100—150英尺，采用记分制，圈中心最高分，依次向外分数递减，脱靶0分*

◎ *1910年，史密斯夫人在射箭比赛中开满弓的姿势，注意箭扣定位在右嘴角正下方*

◎ *1910年比赛时的史密斯先生，十字线调整法，注意其腰部略微后仰的身体姿势*

架，所以这种保持上身动作不变，完全依靠腰部调整的方法也称之为“十字线调整”。这种射击方法在使用小拉重弓时，可以有效提高远距靶的命中精确度。

与十字线调整法对应的，则是不依靠腰部，而依靠改变持弓手及扣弦手的相对位置来调整射出角度的方法。使用改变前后手位置的方法可以比较自如地驾驭大拉重弓，比如战弓。

在扣弦到放弦时，扣弦手指的动作不需要太大。实际上必须在尽可能小的范围内调整手指的动作，以尽量减小手指动作对弦的干扰。

放弦后的一瞬间，不要刻意改变身体位置的状态，这个最后的步骤称之为动作残留。传统射箭上动作残留最大的意义在于反省，即箭射出后，保持最后一刻的动作比较容易总结自己的动作。如果箭已上靶，这时可以总结自己哪里做得到位以及哪里有不足。如果脱靶或分数很差，则可以观察自己哪里动作有较大的失误。

在早期英美射箭比赛中，一般把射手们分成若干组，2~3 人面对一个靶子。虽然并没有明文规定，但射手们会轮流射击。

◎ *2010年韩国WTAF比赛中，斯洛伐克选手彼得博加展示如何使用非十字线调整法操控150磅弓射击远距离的姿势，其前后手的位置已经完全破坏了上身十字线，并且身体并不后仰*

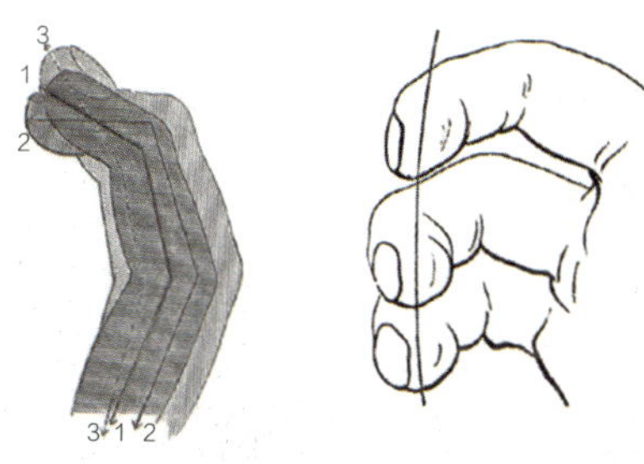

◎ *左图为扣弦前后手指的动作位置，1为刚开始扣弦时，2为拉满弓扣弦时，3为放弦时；右图为指腹扣弦法，弓弦在指尖和第一指节之间，这样可以在扣住弦不至于滑脱的前提下，尽量减少放弦时手指对弦的接触时间，即减少干扰*

◎ *1910年，玛丽·布朗奈尔在射箭比赛中的动作残留*

◎ *1934年，美国某学校射箭比赛同组的两位射手。左侧射手射箭时，右侧射手停下所有动作等待同组射手完成动作*

◎ *“角弓反张”射法*

尤其在同组的射手射击时，其他射手会自觉停下自己所有的动作，以免干扰对方。

以上所述只是西方系射法射箭的基本姿势和比赛流程。考虑到比赛的趣味性，西方系射法国家还发展出了不同的趣味性玩法，比如称之为“角弓反张”的射箭姿势。这种姿势在古代的战术意义就是卧射，躺在地面或草堆里射箭可不是那么容易。

在欧洲其他地方，射箭运动的传统也得以保留。比如在法国和比利时，一种叫作 Beursault 的射箭运动从 15 世纪一直延续至今。这种运动有着特定的场地，通常是一个 50 米长，用树围起来的狭长花园。花园的一端是俱乐部的弓棚，另一端是一个稍小的靶棚。在箭道中间，一条木板把箭道分成两半，形成两条箭道。两个箭道上各有一个白底黑环的靶子，放在弓棚和靶棚中。参与的射手分成小组从弓棚开始。每轮每人只射一箭，第一组射完后走到靶棚，计分拔箭后直接在箭道的另一侧向弓棚的第二个靶子射击。而第二组在原来的箭道上开始射击；以此类推。

除了法国，在比利时与荷兰，陶鸟射箭运动同样大受欢迎。

一直到 20 世纪，射箭运动都没有一个特定的概念。不同社会根据不同传统延续了不同的射箭运动模式，这样的多样化情况一直持续到早期的奥运会。

到了 19 世纪下半叶及 20 世纪初，一些留美学习的人敏锐地觉察到欧美传统射箭已远远不止有克敌杀人的用途。例如

◎ *Beursault射箭场地*

1915年，留美著名法学专家陈霆锐（此公亦是系统介绍西方拳击运动的第一人）写了一篇介绍美国射箭运动的文章《美国人射艺之复古》，发表在由著名维新功臣梁启超主编的《大中华杂志》第一卷第三期上。文中特别指出，欧美射艺之流行，并非为对付敌人之坚甲利兵，而在体育，以一种运动方式，锻炼人民的精神魄力，并且男女同场竞技，疏为可贵。

◎ 射箭在19世纪至20世纪初的欧美国家是非常难得的男女可以同台竞技并且在生理上近乎平等的一种运动，因此吸引了大量女性投入其中

◎ 在射箭运动中培养儿童的竞技及体育精神

三 挽弦连缰拽马头，对蹬快走踏清秋

在人类使用弓箭的历史中，还有一种特殊的射箭方式为大家所熟知，这就是骑射。

骑射的威力到底如何？有这样一个战例可能很说明问题。

北宋末年，河北路兵马钤辖李侃率禁军、民兵二千人，遭遇了十七骑金军。这十七骑金军分为三队，以七骑居前冲突，各分五骑为左右翼，乘势掩之。十七骑金军且驰且射，结果击溃了两千宋军。史书上记载：“奔乱死者几半。”

考虑到十七骑金军携带的箭矢不可能杀掉一千人，“奔乱死者几半”中逃散者必然居多。联系到后来这支宋军作乱杀害了部队主官李侃和磁州知州，随后投降金军，在金军进城前还想先把城里洗劫一遍，逼得城里的官吏赶紧放下吊桥，提前放金军进城才把他们吓散的事情，可谓“撤退转进，其疾如风；危害百姓，侵掠如火”。这样的军队只要前锋小部队稍遭打击，出现雪崩式的连锁溃逃反应也是意料之中的事情。但饶是如此，十七骑金军仅凭“且驰且射”就击败两千宋军，仍可见骑射之威！而骑射的关键，则是战马与弓箭的完美组合。

战马与弓箭的组合

战马可以说是上天赐给人类的天然伙伴。全世界中大型哺乳动物（以狗与狼的体型为界），只有大约 14 种在 20 世纪前就被人类成功驯化。值得注意的是，驯化与驯养是两个概念。驯化的定义应为：使某种动物在圈养中通过有选择的交配，使其与野生祖先有所不同，以便为控制其繁殖与饲养的人类所利用。所以，本文讲的驯化，指的是如狗、马、牛之类的在适应人类饲养的情况下还可以正常繁衍后代的物种。而其他的大多数动物，或只能抓捕野生幼体进行驯养，或干脆没有任何驯化的价值，或因为其他种种原因而无法与人类一起生活。

马的体型庞大，记忆力较佳。成语“老马识途”就是形容马对路途的记忆力非常好。如果行进的时候走迷路了，还可以借助马的能力原路返回。

马作为食草动物，天生胆小易惊，甚至连睡觉都是站着睡的，这样一旦有食肉动物接近，马可以随时从睡梦中醒来并及时逃跑。而马在站立休息的时候，通常是三条腿站立，它的两条后腿会轮流承受身体的重量。马的视野极佳，夜间视力也很好。马的眼睛在头颅两侧，视觉死角只有身体正后方的 30° 范围，其余角度都在它的视野里。对于出现在后方的物体，马如果感觉到威胁，可能会发起攻击，而且双腿后踢威力大，单腿后踢精度高。但是马对距离的判断能力较差，在野外复杂地形行进的时候往往需要骑手帮助马判断距离。

马的祖先最早生活在北美，大约在冰川期通过白令海峡的陆桥进入亚洲，并往亚非欧扩散。此后，逐渐通过自然进化或

◎ 蒙古马

者人工培育，形成诸多不同的马种，包括曾经背负蒙古骑兵威震天下的蒙古马，堪称沙漠精灵的阿拉伯马，号称马中艺术品的阿哈捷金马（汗血宝马）等等。

可以说，自从有了马的加入，人类生活的方方面面都随之有了巨大的发展。在军事方面尤其如此，有了马的加入，军队的机动性、运输能力、攻击力乃至战术丰富性都得到了极大的提升。而作为骑兵战斗的技能之一，骑射也应运而生。

东西方同样发展出骑兵，而且同样对骑兵十分重视，同样有过多种骑兵作战方式的尝试。在古代，虽然主要是东方骑兵发展出了丰富、成熟的骑射战术，但西方并非没有做出过类似的尝试。

◎ 14世纪法国人骑射图。可以看出欧洲人也有过骑射的战法，但是并未着重甲，其所用的弓也是弓梢反曲的骑弓

◎ 14世纪晚期英国骑射图。可以看出来使用的是单体长弓，弓形较长，在马上使用会比较不灵活

◎ 阿哈捷金马

◎ 阿拉伯马

但以体型较大的单体弓为主的欧洲弓，在骑射方面有着突出的短板。从弓的材料角度上说，单体弓就是直接用一些弹性较好、高蓄能的木材加工制作的。因此，为了尽量压榨单一弓体材料的性能，单体弓的体型做得很大。射箭的时候，射手往往需要较大的拉距才能发挥出单体材料的性能。如英国长弓，通常会长达两米，这样尺寸的弓就难以在马背上灵活发射。当然，

◎ 日本流镝马

单体弓的骑弓可以做得较短，但是短弓的性能会有所不足，这个因素便严重制约了欧洲骑射战术的发展。

唐朝诗人王维曾经有诗云：“风劲角弓鸣，将军猎渭城。草枯鹰眼疾，雪尽马蹄轻。忽过新丰市，还归细柳营。回看射雕处，千里暮云平。”诗中所说的角弓就是筋角木复合弓。筋、角、木复合的结构，可以以相对较小的体型和拉距，赋予箭矢较高的动能。这些弓的体型可以让骑兵在马背上灵活朝各个方向发射，极大地提升了骑射的战术发展空间。

此外，日本的和弓虽然通常长两米以上，但是上弓臂极长而下弓臂较短，依然可以很方便地在马背上使用。

战马与骑手的配合

有了适合的马匹和弓箭，也不等于就能实施骑射了。骑射的基础在于骑，难点也在于骑。马并不是天生就能载着骑手纵横驰骋的。通常马会在两岁左右开始上鞍调教，学习对骑手的扶助做出正确的反应，适应背上驮着人或物行动。大多数公马在很小的时候就会被阉割，阉割之后的马叫骟马，相比未经阉割的儿马，骟马的工作性能更稳定，胆子更大。

一匹未经训练的普通骑乘马非常容易受到惊吓。路边杂草随风摆动，或是风吹过来一点杂物，甚至是前进路线上碰到与路面不同颜色的物体，都可能会导致马匹出现急闪、急停等应激反应。而奔跑中的马如果出现这类动作，便会危及骑手的安全，骑手往往可能会因为惯性而被摔下马。因此，并不是所有马都可以用来骑的，而且能骑的马也不是都能用来骑射的。

一匹合格的战马，除了必须具备强壮的体格之外，还需要克服天生的胆怯弱点。普通的骑乘用马虽然可以载着骑手奔走，但是胆怯、规避未知危险是它的本能。一匹正常的骑乘用马，只需要能载着骑手，对骑手的扶助做出正确反应即可，但是作为战马，必须要胆大而机警。比如普通的马，骑手手中挥舞着马鞭或者其他物品，都可能导致马儿受到惊吓，而在战场中，这会导致骑兵出现重大安全隐患。所以，合格的战马，应该能对骑兵手中挥舞的任何武器以及闪光、巨响等等诸多外界因素视若无睹。在复杂的战场厮杀环境下，战马就更需要勇敢而机警，甚至要做到受伤都继续坚持战斗。

在骑马的时候，通常骑手要深坐在马鞍上。骑手双脚的前脚掌要踩在马镫上，踩的时候脚尖朝上，脚后跟朝下压（如果只能脚尖朝下踩说明马镫带太长，需要收短）。这样可以让骑手的脚不会深入马镫之中，一旦摔马，不容易被马镫挂住。否则的话，被高速奔行的马匹拖住腿狂奔是极其危险的。正常情况下，使用缰绳就可以控制马匹的前进方向，轻拉右侧缰绳，把马头带向右侧，马匹便会往右，反之则往左，而往后收缰绳则是让马匹减速乃至停下。借由双腿和腰部动作可以驱动马匹前进，或者在转弯的时候提醒马匹曲身。

骑兵作战不同于马术比赛，骑兵的双手往往要紧握兵器，因而无法持缰。这时候骑兵只能通过双腿、腰部动作、口令等等结合，来对马进行掌控，现代马术称之为“扶助”。这时候需要马匹与骑手更完美地配合。这些全靠平时的训练。没有缰绳，主要的难点在于控制方向。骑兵可以通过口令提醒马，通过身体重心往左往右的变化让马配合着转弯。需要转弯时，骑手可以通过外方腿对马腹部的挤压来让马获得转弯的指令。只有能完美配合战士的马，才是合格的战马。

一匹合格的战马，同样需要一名合格的战士来驾驭它。战斗的时候，仅仅依靠双腿的扶助，再加上简单的口令，身体重心的变化，腰部通过马鞍传递给马背的力

◎ 飞奔中，挥舞双刀，马缰绳耷拉在马脖子上，脚后跟朝下压

量，便可以让战马做出加速、前进、转弯、减速等等各种不同的反应。而这个时候，骑手也可以在马背上做出不同的动作，如前倾、后仰、侧让，乃至镫里藏身等。现代解放军骑兵就有一个让自己身体朝后侧挂在马鞍一边，然后往后方射击的战术动作。为了可以做出较多的动作，马镫之间通常会有一条带子从马腹下边相连。这样连镫的好处是可以让两个马镫通过带子互相借力，骑手以一只脚勾住马镫，在另一侧甚至可以把身体挂到马腹的侧下。我国游牧民族盛行的叼羊比赛，就需要使用连镫才能让骑手探身到地上叼羊。

◎ 连镫，两个马镫可以通过绳子互相借力，骑手因而可以在马背上做出更多动作

通常马的行进步伐分四种，分别是慢步、快步、跑步、袭步。慢步就是走路，快步相当于小跑，跑步是普通奔跑，袭步则是飞奔。此外还有少数天生或者后天训练的走马（国外称溜蹄马），走马的步伐是对侧步快步，即同一侧的前后腿同时动，走马的特点是速度快而浪小，我国甘肃省天祝县的走马颇为有名。

下面简单讲讲马的基本步法的特点。

一、慢步。又叫常步，是马行走的基本方式。其特点是四肢依次离地和着地。在一完步中，四肢全经过一次运动，有四个节拍，可听到四个蹄音。其着地顺序为：左后蹄——左前蹄——右后蹄——右前蹄。慢步时，马总是至少有两个蹄同时着地，马体重心变动范围小，能保持马的沉静状态，体力消耗少，四肢不易疲劳，适于肌肉锻炼和消除运动后的疲劳。慢步的步幅（即一肢向前迈一步的距离）因马的类型、品种和个体不同而有差别，慢步根据其步幅的长短和肢体的动态又分为缩短慢步、中间慢步、伸长慢步和自由慢步等。

二、快步。以对角前后两肢同时离地和同时着地。每一完步有两个节拍，可听到两个蹄音。其着地顺序为：左后蹄和右前蹄——右后蹄和左前蹄。快步时马是从一对角向另一对角两肢跳跃前进，因此在每一步中马体都有一个瞬间的悬空期。其步幅的大小取决于悬空期跃进的距离。快步应始终运步自如，活泼而规整，动作毫不犹豫。快步的质量好坏，可看其运步的规整性和弹性以及保持节奏和自然平衡的能力如何。这些表现来源于柔软的背部和后躯有力的配合，即使从一种快步变换为另一种快步，其节奏仍然保持不变。走地杆的训练可以让马的快步走得更加规整有弹性。

对于骑手而言，马走快步时，最为颠簸。因为在由对角肢向对角肢转换的瞬间，马有一次腾跃。因此，马就会颠一下马背上的骑手，这就给学习骑马造成了困难。初学的骑手不得不花很长的时间来克服这个困难，找到马的浪，并跟上其节奏，直到能轻松自然地承受这种颠簸。这里有个小窍门，通常马在抬外方前腿的时候（直线前进时以右腿为外方腿，转弯时则以远离圆心一侧为外方腿），身体会开始往上腾跃，初学骑马的骑手可以以余光扫其马的外方前腿来找马的浪。

三、跑步。先以一后肢着地，之后为第二后肢和对角前肢同时着地，最后为另一前肢着地，随后又以此着地顺序离地而重复这一过程。一完步有三个节拍，可听到三个蹄音。跑步时有一个悬空期，最后着地的是左前肢时（左前肢领先），为左跑步，其蹄迹顺序为右后蹄——左后蹄和右前蹄——左前蹄。以右前肢最后着地（右前肢领先）的则为右跑步，蹄迹顺序为左后蹄——右后蹄和左前蹄——右前蹄。

在跑步中，骑手的髋部和背腰放松是非常重要的，上身要随着马步伐的节奏而运动。如果骑手背腰紧张僵硬，就会在马鞍上颠，这样马和骑手都会感到不舒服。在跑步中，骑手双手应与马头颈的运动相协调，均匀控缰。跑步根据其步幅和速度，又分为工作跑步、缩短跑步、中间跑步、伸长跑步及反对跑步等。

四、袭步。又称竞赛跑步，是马速度最快的一种步法。其特点是对角肢分别落地，一完步有四个节拍，应听到四个蹄音。蹄着地的顺序，左袭步时是右后蹄——左后蹄——右前蹄——左前蹄，右袭步时是左后蹄——右后蹄——左前蹄——右前蹄。在四只蹄都离开地面时有一短暂的悬空期。但是，如果速度加快，两前蹄和两后蹄着地时间相连在一起，就只能听到两个蹄音。在袭步中马体的外形伸展相当大，随着速度加快，其步幅加大或频率加快。但不管速度多么快，步伐总是有节奏的，马体保持着平衡。通常在速度赛马中，马都是这种步伐，骑手的马镫带会收得很短，骑手半蹲在马背上，以减少阻力对马匹的干扰。

马在快步、跑步和袭步的时候，身体除了向前之外还会有一个上下的起伏。当马以不同的步伐前进的时候，马身体的起伏是不同的，现代马术称之为“浪”。马前进的同时会像波浪一样不断上下起伏，有波峰波谷，而骑手必须根据马的不同步伐特点进行打浪（也叫起坐）、压浪或者推浪的动作。尤其是马匹以轻快步前进的时候，浪处于最大的状态，十分颠簸。这个时候骑手需要感知马的浪，在浪往上升的时候随之而起，而浪往下落的时候随之

◎ 马跑步步伐图示

坐下，以顺应马的浪。通常越是高大的马，浪也会越大。在浪大的时候，可以打浪；而在浪小的时候，则可以靠腰部与臀部的动作直接进行压浪，看上去人的臀部就像贴着马鞍与马一起运动着。推浪则是在马奔跑时做的动作。马奔跑的时候后腿会有一个不断发力的动作，骑手需要配合马的发力而往前送腰，然后再收回来。总之，骑手的动作必须始终顺着马的节奏而行。

骑手与弓箭的配合

骑射的最后一个难点就在于，骑手不但是在前进中射箭，而且前进的同时还伴随着浪的上下起伏，这种时候要射准是非常难的。通常人与马在到达浪的最高点的时候，会有一瞬间的悬空，然后再往下落，这一刹那是放箭的良机。虽然在战争中，很多时候尤其是面对结阵步兵的时候，骑兵们射出去的箭只需要有一定的战场覆盖率便可以对敌方造成一定杀伤，而无须点对点射击，但是不论如何，在奔跑的马背上射箭，难度要远远高于骑马，也远远高于射箭。

如果要想在高速奔跑的时候还能射得准，那么无疑需要大量的练习。然而，在正常奔跑的马背上射箭，这仅仅只是骑射的初步。由于战场复杂多变，加上骑兵除却正面进攻之外也会有迂回包抄、追击袭扰或者是阻截后方追敌等等不同情况，骑射的内容又要进一步深化。以正常以右手主导的骑兵为例，最容易的应该是往前进方向的左侧射箭，其次是往前和往后，最难的则是往右射箭。因为在左手持弓，右手勾弦的情况下，在马背上很难把弓和箭指向右侧。如果在前进方向的右边忽然出现敌军，就需要骑兵先调整马的方向，以使敌军位于自己的攻击角度内；或者需要骑兵在奔跑的马背上做出一个高难度的身体姿势调整，以使弓箭指向右侧；或者是骑兵改用右手持弓左手勾弦（能左右开弓的战士也就更难能可贵了）；又或者平时专门选出一些左撇子骑兵一起组队以负责对付突然从右翼出现的目标。

应该说，骑兵射箭的主要攻击方向就是前进路线的前、左、后。我国《武备要略》里边有对于骑射三种姿态的描述，分别是对蹬、抹鞦、分鬃。对蹬就是射击左边，分鬃是射击前方及小范围的右方，抹鞦则是射击正后方。可见古代骑兵的骑射并不是要求前后左右 360° 完全覆盖的。

马是一种非常容易受到惊吓的动物，

现代骑射爱好者，作者本人。马跑步的时候，骑手双手完全脱缰以掌控弓箭

就骑射而言，在马背上不断变换角度、位置的弓箭本身，以及弓箭撒放时弓弦的响声都会惊吓到马儿。这些都需要在平时的训练中让马儿克服。比如可以让马经常接触到弓和箭，用弓箭去摩擦马的鼻子、额头、脖子等部位，并时不时在马旁边以及马背上轻轻拨动弓弦，让马儿逐渐适应弓弦的声响。在这个训练中必须要注意的是，马的大脑比较简单，当马适应了左侧以及马背上左侧的弓箭和弓弦声响之后，如果把弓箭拿到马的右侧进行操作，往往需要重新让马去学习适应。

当然，骑兵所拥有的武器并不只是弓箭。骑兵所能选择的兵器种类繁多。以蒙古骑兵为例，通常会随身携带弓箭、刀剑、长矛、狼牙棒，此外还会根据个人喜好携带绳索、网套等等。武器的多样性很容易带来战术的多样性，针对不同的敌人，骑兵可以选择不同的武器。而且骑兵们通常还会同时携带骑弓、步弓，步弓比骑弓更加强劲有力，骑兵可以下马步射，在马上则使用骑弓杀敌。

◎ 现代历史复原爱好者复原的游牧民族装束，携带多种武器

现代骑射运动

时至今日，骑射已经成为一种难度颇高的体育运动。参与这项运动的人往往需要分别学会骑马与射箭，然后结合起来进行练习。比如匈牙利卡萨先生的骑射学校就是其中代表。学校在教学时大量使用沙加阿拉伯马，也有很多自己有马的学员使用安达卢西亚马。学校的教学非常重视骣骑骑射，骣骑指的是骑没有马鞍的光背马，这对学员骑马的基本功要求颇高，对骑射训练的效果也很好。学员们在基础训练时经常会拿着一面小鼓，在马背上左右敲打小鼓，让马儿适应响声，在骑射时，他们不止会在奔跑的马上射固定的靶子，也会射移动靶。值得一提的是，卡萨先生也曾来华推广他的骑射技术，而我国也有一些骑射爱好者曾经前往他的骑射学校短暂学习过。

土耳其也是有骑射传统的国家，2014年8月在土耳其的比伽（Biga）举办的世界传统弓大赛，包含了步射和骑射两个内容，我国也有一些骑射爱好者前往。步射与骑射的赛场上均会出现我们中国弓箭手的身影。土耳其的比赛通常会要求参赛选手身着本民族的民族服饰，使用传统弓以及传统材料制作的箭。土耳其的骑射比赛规则较简单，要求马奔跑的时候，骑手在一段有限距离里，在11秒之内以4支箭分别射向三个不同方向的立靶（其中包含一个右侧靶）。另外还有一个在奔跑中朝上射高高悬挂着的天球靶的比赛。这除了对骑手的骑术有一定要求之外，还要求骑手在颠簸的马背上快速搭箭，精准进行水平射以及仰射。

现在世界各国，不论是美洲、欧洲，还是古代就盛产骑射士兵的亚洲，都有大量骑射爱好者。每年在匈牙利、波兰、土耳其、约旦、韩国、日本等等诸多国家都会举行隆重的骑射比赛。骑射爱好者们身穿各自民族的传统服饰，骑马拉弓，同场竞技，不再有金戈铁马，不再有杀声震天，但是依然来去如风，依然箭出如电。

◎ 土耳其比伽的骑射比赛，我国蒙古族骑手准备出赛

◎ 土耳其比伽的骑射比赛

◎ 匈牙利骑射学校校长卡萨先生表演骑射

◎ 土耳其比伽的骑射比赛，射天球

第四章 一舞剑器动四方

直击日本剑道的发展演变与实战技巧

作者：赵开阳

手无搏杀之方，徒驱之以刑，是鱼肉乎吾士也。

——戚继光《纪效新书》

人类自从学会使用工具，就开始了文明的进程。而人类走向文明的道路并不平坦，工具给予人类进入文明的火光，同样也给了人类更加高效的杀戮。翻开中国的历史，炎黄民族的兴起永远和涿鹿之战等战役联系在一起，人类的文明史无时无刻不浸泡在一次又一次战争的血泊中。时至今日，那些曾经统治人类战场的格斗技巧有些已经消失，有些则慢慢演变为平常的体育活动。而如今这些体育活动平和的运动方式之中，也时不时显示出其致命之处，使我们能够窥视它们曾经的凶狠与危险。

就如各位所熟知的一样，体育活动的兴起，与战争有着千丝万缕的联系。有众多历史文物表明，中国早在公元前 2000 年左右，便已开始进行体育运动。体操在中国古代是十分流行的项目，华佗创立五禽戏的记录也屡见于史书。古代的传统士族阶级也多将习武作为强身健体的活动方式，诞生了吴殳等武艺高强的儒学大家。在埃及开展的体育项目包括投掷标枪、跳高和摔跤，其目的也是为了在平时选拔合格的战士。古代波斯的体育运动包括传统伊朗武术项目“英雄体育”，它同打仗技巧有着密切联系。同样起源于古代波斯的运动项目还包括马球和马上长矛比武。有大量的体育运动项目自古希腊时期产生，古希腊的军事文化和体育运动的发展相互影响。体育对于古希腊人的深刻影响的一个突出表现就是他们创立了奥林匹克运动会，每四年在伯罗奔尼撒一个叫作奥林匹亚的小村庄举行。而其举办的目的恰恰是为了纪念战争的胜利，以及给予各城邦在和平时期锻炼战士的机会。

◎ 华佗五禽戏

◎ 古代奥林匹克运动

◎ 出土的古希腊绘有跑步比赛的陶器

直到今天，奥运会比赛项目中的绝大多数都同人类过往的战争习惯密切相关。这里我们需要注意这样一个事实：尽管现代体育活动是所有人都可以参加的，但是在社会化大分工的背景之下，真正能够在体育活动中取得成绩的只有专业运动员。在体育项目上获得成功，是需要大量的练习、资金投入和经验累积来支撑的，而普通人根本不可能与专业运动员在同一运动领域有任何可比性，除非他有同等的投入，但这显然不是工薪阶层能够负担的。同样，在古代，等同于现代专业运动员的就是战士。战士阶层是社会的重要组成部分，在人类尚未进入奴隶社会，还在原始部落徘徊的时候，专司战争的战士阶层就已经出现了。这些人不需要担负繁重的生产工作，他们享受最好的伙食，每日的工作则是锤炼自己的战斗技巧。而他们的任务就是在部落之间的冲突中，用自己的战斗技巧为自己的部落争取生存的权利。可以说，直到近代战争之前，人类社会文明的命运就掌握在这些精英战士的手中。而这些战士所锤炼的战斗技巧，不仅仅决定了其个人的生死，也同样影响着其守护的文明的延续。

所以，一个战士就与现代社会的职业

◎ 祖鲁战士

运动员一样，需要从小就开始接受持续不断的大量训练，花费无数时间和金钱，才能成为一个职业战士。这些战士的名字可以是骑士、家丁、武士、将军等等，但是他们的本质都是一样的，就是一种脱离生产的职业战士。那么这些古代的职业战士到底掌握着何种技巧，能够在残酷的战场上活下来呢？我们不妨从最晚成为竞技体育的一种古代格斗技巧——剑道说起。

剑道是一种起源于日本，并在全世界流行的体育活动。在现代社会中，剑道作为一种既锻炼身体又修养心性的体育运动，受到很多国家人民的喜爱。随着 20 世纪 70—80 年代中日关系的正常化，大量日本企业来华投资，带来了大量日企员工来华工作，而这些日本员工中练习剑道的人员，促进了两国的剑道交流。而上溯不到五十年前，同样修习剑道的日本人，带给中国的却是血腥的屠杀。现代的剑道运动同古代的日本剑术有着很大的差别，在日语中，剑道被称之为“剣道（けんどう）”，而古代剑术（也称古剑道）被称之为“剣術（けんじゅつ）”。这两种格斗技术，直到现在都拥有大量的练习者，二者的不同点在于，剑道作为一种体育项目，使用竹剑比赛，比较安全也更具竞技性；而古代剑术则一般使用木刀甚至未开刃的真刀，具有较强的实战性，练习者一般练习固定流派的套路，算是古代剑术的继承者。这大概类似于现代散打和武术套路表演的区别，但是仍然有略微的不同。剑道和剑术对于实战技巧和本身技术的磨炼是一致的，而散打格斗与套路表演则走上了截然不同的两条道路，散打格斗极度偏向于实战格斗，而套路表演则彻底放弃了实战性，演变成一种艺术性的表演。

剑道这一技击技法的历史并不是非常久远。同样，其脱离战场成为体育运动的时间也不长。所以直到今天，作为竞技体育的剑道中仍然残留着不少战斗技巧和武术哲学，也并没有像西方的击剑或者中国的散打一样，完全成为普通竞技性体育运动。因此，剑道可能也是世界范围内，最能体现冷兵器时代职业战士阶层搏杀手段的一种现存武术技艺了。

◎ 现代剑道比赛

◎ 古代剑术的演示（新阴流兵法）。现代剑道比赛前经常会有古代剑法的复原演示

一 日本刀的发展历程

如我们前面所说，在日语中，剑道被称之为“剣道（けんどう）”。说是剑道，但却不能顾名思义，因为剑道其实是一种使用日本刀的格斗技巧。

说到这里，不得不提到日本刀的产生和发展。我们常见的日本刀本身的历史并不是很长。

日本古坟时代（公元4世纪到6世纪）出土的刀剑造型略微奇特，跟现在的日本刀大相径庭。古坟时代出土的日本刀剑刃尖特大而作人足形或半瓣缺口形，柄首有环。日本学者清水橘村于昭和七年（1932年）刊布《刀剑大全》一书，记述道：

刀剑之见于历史者如此。是故若谓刀剑是否为我国锻冶，吾人以为多半为舶来品，何以言之？观诸载于《万叶集》之刀剑歌多云高丽剑而非大和剑……我国古代衣食住乃至工艺美术、百工之技术皆由中国传来，刀剑既非本邦特有之器物，则其初之锻刀皆为舶来品，乃任何人不能争论者。

由此可见，早期日本刀剑明显是受中国汉代环首刀影响的产物。同时根据考古发现，古坟时代虽然如日本古书《和名抄笺注》《本朝军器考》的记述是“刀剑并重”，但其实出土的双刃剑只占单刃刀的十分之一左右。

从南北朝时期开始，中国刀受到萨珊波斯的影响，出现了新式样的短柄长刀。到了隋唐时期，短柄长刀被统称为横刀。

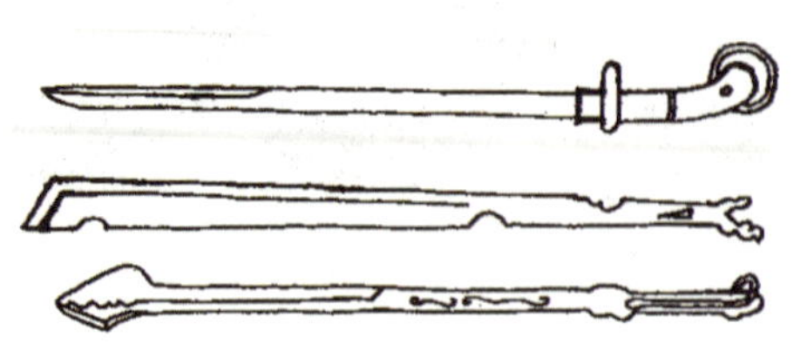

◎ 日本出土之古刀

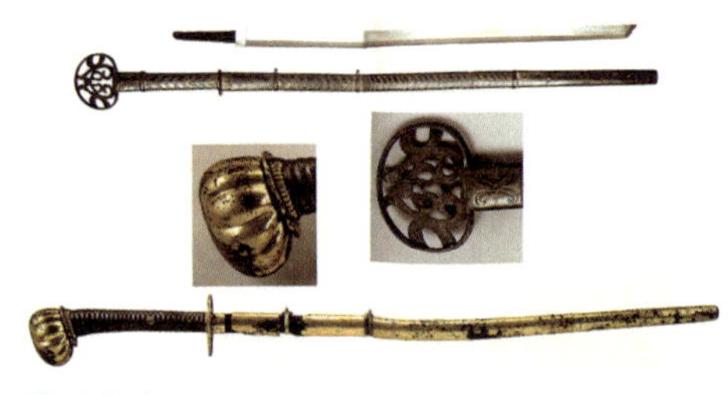

◎ 上古刀

◎ 日本上古武士和其所使用的古武器

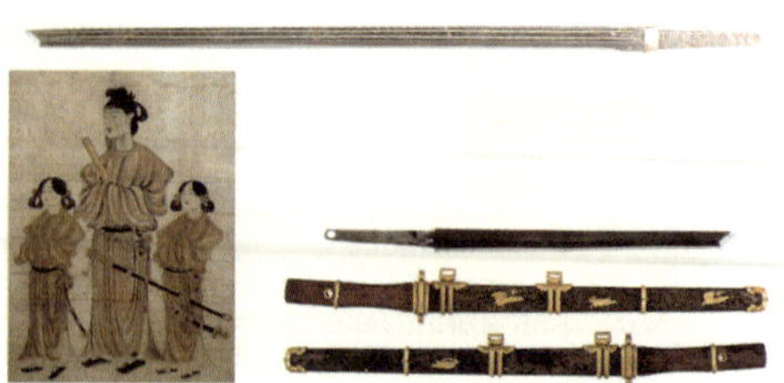

◎ 模仿唐代士大夫打扮的圣德太子，其所佩戴的也是“唐大刀”

这种横刀被日本遣唐使带回国内，称其为“唐大刀”。“唐大刀”对日本刀剑造成了又一次影响，也成为现今日本刀的雏形。

到了平安时代中叶的11世纪初，日本武士们通过战场上实战的经验，发现在马上作战时，劈砍比刺击次数更多，并且较为有利；同时，武士们也发现有弧度的刀刃更便于劈砍。再加上日本很早就有的覆土冷却技法（通过覆土让刀剑的冷却时间不同，从而使刀剑出现弧度），最终，双手使用、以砍斩为主的单刃弯刀，也就是今天我们常见的日本刀出现了。

现在日本历史学界一般将在弯刃日本刀出现之前通用的双刃或单刃直刀统称为“上古刀”，而平安时代出现的日本刀则被称作“太刀”。

太刀，在日语中就是大刀的意思。平安时代早期的日本还不是武家幕府的天下，中央政府、文官贵族还有较大的权威，公卿依然在政治生活中有着举足轻重的作用。作为身份的象征，太刀一般只有贵族武士或者公卿才能佩戴，而普通的士兵和下级武士是没有资格佩戴的，他们只能佩戴肋差（短刀）或者小太刀（一种短的、带锷

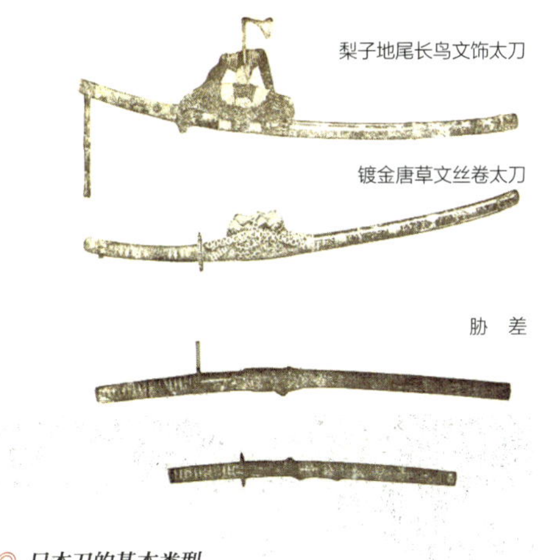

◎ *日本刀的基本类型*

止的日本刀）。

在这个时代，装饰精美的太刀并不是战场格斗兵器的主力，而是贵族武士的特权象征。大量的下级武士和足轻依然使用枪、弓、薙刀和肋差等武器作战。因此有这么一种说法存在：武士刀仅仅是割取首级时才会用到的无用武器。

在当时的日本，对于一个能够上阵的武士而言，弓、枪、剑、骑都是必须掌握的技能。而就当时的记载来看，日本常用的战术也与唐朝的大规模重甲骑兵冲击战术相一致。一般的贵族武士都擅长马上作战，大规模的骑兵战也不少见。但是三间枪等日本枪长而重，加之日本本土马较为矮小，力量不足，日本人身材也很矮小，所以几乎没有武士能在马上使用长枪。当时武士在马上使用的武器基本都是弓或太刀，有时候也使用薙刀。因此，武士的佩刀方式也与这种在马上的作战方式相适应。太刀的佩戴方式是刀刃向下，用挂环佩戴

◎ *骑马太刀武士，步行的随从只能佩戴肋差或者短刀*

在腰带下，以配合刀身弧度，适合马上抽刀迎战。这与现代剑道的持剑方式（剑刃朝上）几乎是相反的，究其原因是因为古代武士坐在马上，身上厚重甲胄已经是较好的保护，不需要持刀做出防守姿态。

而到了平安时代末期和镰仓幕府时代早期（公元 12 世纪到 13 世纪），连年的内战使得日本旧有的政治结构发生了巨变。武士这个专司战斗的战士阶级登上了原来只有贵族公卿把持的政治舞台，日本历史掀开了崭新的一页。因为武士阶级成为统治阶级，所以剑术作为武士生存根本的技击技巧，开始在社会上成为重要的存在。太刀逐渐成了强大而又致命的武器。这一时期，太刀技击技巧逐渐发展成熟，形成了日本古代剑术的雏形。为了适应战场要求，尤其是为应对骑兵冲击和重甲的威胁，太刀越来越长也越来越重，同时，产生了针对重甲的肋构技法（即斜向劈斩的技巧）。

室町幕府时代早期（公元14世纪中叶），骑马的贵族武士依然是日本刀的主要使用者。故此为了适应马上的战斗，剑刃朝下佩戴的太刀一直都是战场武士使用的主流武器。甚至直到战国时代结束，太刀的使用方法依然是各剑道流派和道场修习的主要内容。当时太刀的使用仍以左右劈砍技法为主，同时以斜劈肋构作为补充。为了

◎ 手持三间枪的足轻

◎ 从上古刀到太刀，平安时代日本刀开始与大陆刀剑产生明显的差别

◎ 平安末期，长达一米以上的太刀登上了历史舞台

◎ 姊川合战图屏风（福井县历史博物馆藏）。姊川合战中挥舞长达五尺三寸（约160厘米）的大太刀的真柄十郎左卫门

获取马上战斗和对骑马武士的实战优势，太刀的重量和长度仍在继续增加。这种趋势，与西方骑士所使用的越来越重的骑士长剑以及中国骑兵所使用的越来越厚的大刀不谋而合。

但是从战国时代起，日本刀却逐渐走上了与大陆上其他文明的类似武器相反的道路。究其原因，跟日本古代军队骑兵的缓慢发展，以及后期步兵的快速崛起，都有着极大的关系。

众所周知，在人类的战争历史中，骑兵始终扮演着举足轻重的角色。翻开中国的战争史，中原耕种民族与草原游牧民族的争斗甚至在有汉民族之前就开始了。从赵武灵王推行胡服骑射，放弃从商周开始使用的战车开始，骑兵就在中国的军队体系中一直保留，直到现在。在马镫出现之前，骑兵最主要的武器是弓和弩。利用马匹的机动性和远程兵器的距离优势，是当时早期东方的典型骑兵战术思想。这种战术对日本的影响甚至直到明治维新时期依然存在。

此后，高桥马鞍的出现，使得在马上使用长兵器成为可能。汉代骑兵已经可以熟练地使用马槊，而到了唐代，大规模的重甲骑士已经是战场的主角。中国的步兵武器，也逐渐以对抗骑兵的长枪、大刀为主。尤其是作为士兵单兵武器的佩刀和佩剑，逐渐向厚刃的腰刀和长柄的朴刀转变。这点在唐代之后尤为明显，武器功能进一步分化，这是军事能力提升和社会分工进步的表现，也是大多数大陆文明军事力量所共通的进化之路。

而在日本，这种分工却并不明显，直到战国末期，日本骑兵都是以弓骑兵和骑马步兵为主。因为传统的弓箭本身射程较近，在马上使用较多，因此，在战国时代大规模装备火器之前，日本弓箭的地位是很尴尬的，既不能有效地阻止骑马武士，又不能大规模地遏制步兵冲锋。在日本的战争中，骑马武士一直都是战场的灵魂。连盔甲都穿不起的农民和只有简单盔甲的下级武士，仅仅凭借射程很近的竹弓根本无法抗衡骑战马、穿重甲、握长刀弓箭的骑马武士。在没有火枪的时代，为了抗衡这些骑士，使用大型长枪（三间枪）和重型太刀（野太刀）的步行武士应运而生。

而作为主要单兵武器的日本刀，却并没有进一步进行功能区分。针对骑兵的野太刀的出现是一次积极的尝试，但是却并没有形成主流，甚至在剑道流派中也没有成为独特的体系。以太刀为主的日本刀在长达八百多年的时间里，总体的形制与平安时代相比并没有太多的改变。

战国时代中前期（公元 16 世纪中叶），因为火器技术的更新，加之战斗基本局限于小范围内，作战的根本战术也与镰仓时代早期甚至平安时代的大规模合战有所区别。步兵战成为战场的主流，少数的骑马武士再也无法通过射程和成本与火绳枪相差无几的和弓，对装备了火绳枪的步兵取得压倒性的优势。因此，日本这片土地上决定战争胜负的关键因素发生了变化。从凭借少数精英贵族武士的武勇，转变为大量职业化的下级步行武士进行的阵地作战。步兵战术以及以此为基础的步兵格斗技巧开始登上日本历史舞台。

这一战术革新的最直观表现，就是打刀的出现。打刀与太刀最明显的不同在于佩戴方式。我们前面说过，太刀是使用挂环佩戴在腰带下，刀刃向下。打刀则是斜插于腰带上，刀刃向上，这也是现代剑道的佩刀方式。

究其原因，打刀是一种以步战为主要战斗模式的武器。这就需要武士在抽刀后立刻做出防守的态势（中段持刀）。斜插于腰带上，刀刃向上的佩刀方式能够让持刀者在拔刀后以最快速度将刀刃指向敌人。

根据日本刀的形制变化图我们可以看出，从平安时代的太刀开始，以骑兵太刀为主的时代，日本刀的形制较长，弧度较大，而刀柄的部分较短。战国时期的打刀较之前的太刀，在长度上有所减短，弧度也越来越小，这与其不作为骑兵武器使用，同时步战越来越多有很大的关系。而从刀柄长度，我们也不难看出，从古剑（即中国传入的直刃刀）到室町幕府后期的太刀，刀柄都不长，并不是典型的双手武器。而到战国时期，刀身较直而且刀柄较长的打刀，已经成了战场上的主流。在战乱时代，日本刀的铓子（剑尖）都是比较尖锐的，而和平时期则较为圆润。由此可知，作为一种近身搏杀的武器，以打刀为代表的日

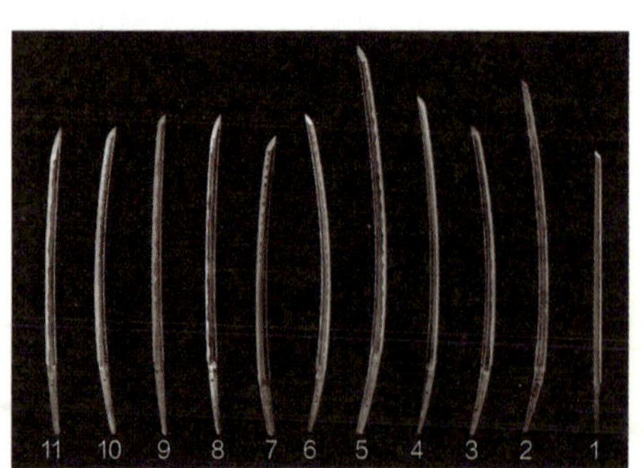

◎ 日本刀形制变化。1. 上古刀；2. 平安后期—镰仓初期；3. 镰仓中期；4. 镰仓后期；5. 南北朝时期；6. 室町前期；7. 室町后期；8. 安土桃山时代；9. 江户时代（中期）；10. 江户时代（元禄时期）；11. 幕末时期

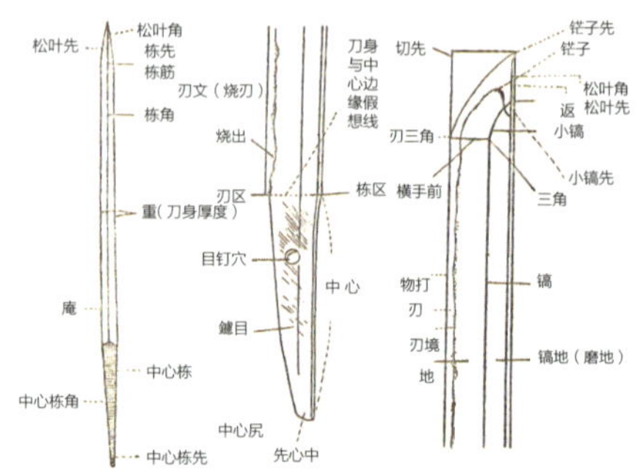

◎ 日本刀各部位名称

◎ 最古老的打刀——南北朝时期的打刀。此时的打刀与战国时期是有明显差异的

◎ 战国打刀

本刀兼具挥砍和刺杀的功能。

刀刃向上，斜插于腰带上的打刀，标志着日本刀的成熟。打刀细长、坚硬、厚实。其形状介于中国的“刀”和“剑”之间。从其单面开刃看，属于“刀”，而从其外形细长、灵巧看，则属于“剑”。日本剑道多以双手握持刀柄，在使用方法上以劈击为主，间以刀尖对敌人喉咙或心窝突刺。这在对敌格斗中确实体现了既简单又实用的特点。所以在古代，日本剑道就以其凶狠凌厉而著称。而以此为背景，日本剑道走上了有别于大陆战场武技的另外一条道路。

二 剑道的发展沿革

从日本历史上看，剑道的起源颇有神话色彩。据传，2世纪初日本景行天皇之子“日本武尊”创定了剑法的三个段位“天地人”，也就是“上中下”段（即现代剑道最基础的三种持剑方式）。此说记载于日本最初之书《古书记》和《日本书纪》上，但书上的内容大多是神话传说，可信度不是很高。

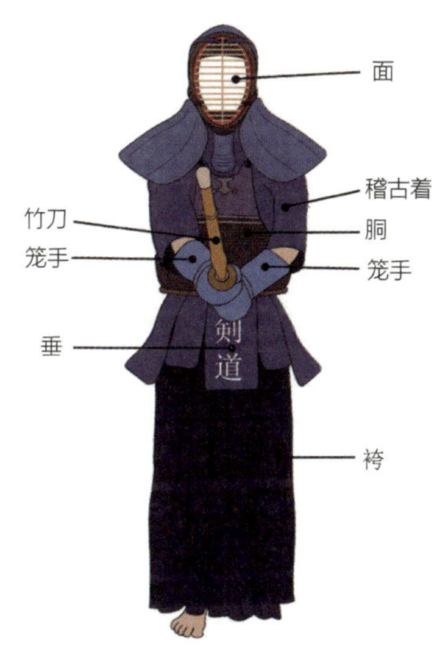

◎ 剑道基本型——中段

◎ 双手左上段　◎ 下段

最早提供文字记载资料的，是奈良时代（公元8世纪）的文字书简。书简中多次出现“击刀”这样的名词，可见当时剑道已经在社会生活中有一定的影响。

这时候，剑道尚未完全形成，有的仅仅是作为简单技击技巧的剑术。平安时代的剑道技法被称为“太刀打”，也就是太刀互击，是御前比武时武士使用太刀技巧的一种统称。

平安时代末期，武士阶层兴起，促进了剑术技艺的发展。由于自卫或出仕的需要，日本剑术不仅在武士阶层中发展，而且在神职官员和城镇居民中也广泛普及开来。日本各地渐渐形成了许多以剑斗技术为核心的宗门流派。其中“神道流”、“影流”、“中条流”等流派被后人公认为日本剑道的三大源流。

后来，战国时代的长期战乱，让日本剑术技艺得到了长足发展。战场上的血雨腥风与日本禅宗哲学，渐渐将这种剑术淬炼成为一种混合了独特东方文化思想和日本民族性格的武术思想。随着这种“道”思想地融入，“日本剑术”就正式成了“日本剑道”。

总而言之，日本剑道的发展可以分为镰仓幕府到战国时代、战国时代到江户时代、江户时代到现代这三大历史阶段。在这三大历史阶段里，涌现出了众多的剑道高手。其中“剑圣”上泉信纲、“二天一流”的宫本武藏、开创现代剑道的千叶周作这三位剑道名家的剑道技艺和理念，带有鲜明的时代特征。因此，他们三人也被视作剑道三大历史阶段的代表人物。我们不妨通过这三位历史人物的生平，来认真了解一下日本剑道的发展。

◎ *桓武天皇像，比睿山延历寺藏*

上泉信纲：镰仓幕府到战国时代

镰仓幕府（公元1185年—1333年）的建立，使剑道有了新的发展，也就是技法和哲学的融合。在这之前，日本古剑法只是注重实战技巧，而这一时代哲学与技巧的结合则将剑法上升为了剑道。镰仓幕府时期，剑术及其他武术同时受到了佛教禅宗思想的深刻影响。禅宗的自然观、生死观及人生哲理等与武士阶级生活方式相结合，使古剑术有了独特的哲学内涵。在这一时期，随着剑术的发展，许多以教授武艺为目的的武馆纷纷建立，各有特色的流派逐渐兴起。

到了日本战国时代早期，剑道的发展已经基本成熟。剑道在那个时代被称为兵法，已经从单纯的剑法比试和带有表演性质的贵族消遣娱乐活动变成了在乱世中挣扎求生的资本。与禅宗哲学结合起来的剑术流派兴起。剑道将身体的训练、哲学思想和策略应用结合在了一起。在乱世，剑术的修炼并不仅是为了锻炼自身，很多人凭借剑术出人头地。其中作为学院派剑术家最有名的就是被誉为“剑圣”的上泉信纲。

上泉信纲出身于山内上杉家重镇上野箕轮城主长野业正麾下的国人众集团。

上泉氏的兴起，几乎是日本战国时代来临的缩影。

1455 年，上泉信纲的曾祖父一色源五郎义秀筑上泉城（旧址在今日本群马县前桥市附近），并以地名作为姓氏，改称上泉义秀。

1467 年，宣告战国时代来临的“应仁之乱”爆发。上泉义秀卷入“应仁之乱”，随之战死。在此种乱世，武学自然是求生的第一要义。因此在上泉信纲诞生之前，上泉家的男人都要进行兵法诸流的修行，磨炼剑、枪之技，并兼习军法韬略。

永正五年（公元 1508 年）正月，上泉信纲出生了，幼名源五郎。元服后取名秀纲，上泉信纲的早年称谓在日本史书的记载中也多以秀纲之名录入。

据传永正十六年（公元 1519 年），秀纲十二岁时，武艺已然凌驾于其父亲及祖父之上，于是往上野国势多郡三夜泽（今群马县前桥市三夜泽町）赤城神社参笼修行[①]。当时的神官奈良原刑部乃是与上泉秀纲的祖父上泉时秀同拜于“天真正传香取神道流”门下的兵法达人，秀纲于参笼期间尽得奈良原刑部之真传。永正十七年（公元 1520 年），十三岁的上泉秀纲持祖父与父亲的添书前往鹿岛拜“神阴流”高手松本备前守为师。

据称，松本备前守武艺高强，一生活跃于战阵之中。在 1524 年战死前，松本备前守参与合战 23 场，二十五度建立功勋，讨杀敌手有名者达 76 人。上泉秀纲拜入松本备前守门下，苦修三年。

公元 1530 年，日本剑道流派“阴流”（又称“爱洲阴流”）的开山之祖爱洲移香斋前往上泉城拜访。当时移香斋与秀纲相见，叹曰：“此子非凡，才能出众，乃继承我阴流并超越我之极限者。”翌年春天，移香斋将阴流的传书、秘卷，太刀一腰及占术书、爱洲药方等尽数交予了秀纲，令其按法修行。

此后，上泉秀纲带领着长子大炊介秀胤及高徒十余名在全关东游历，寻名家比试，一场未败。在此基础上，上泉秀纲在三十五岁前后终得突破，创立了“新阴流”。

剑法日益精进的上泉秀纲却频频品尝到战国乱世中身为小领主的痛苦。

① 参笼是日本式的闭关修行，在神社、寺院等神圣区域，远离俗世，苦心修行，有时甚至绝食、不眠。

天文十五年（公元1546年）河越夜战以后，山内上杉家日渐衰落，已经统治关东的北条氏康持续对其进行侵袭。关东的小领主争先恐后地投向了北条氏康。

永禄四年（公元1561年）11月22日，长野业正病逝。日本战国名将武田信玄得知此情况后，以二万兵力围城并发起总攻。上泉秀纲在当时也为箕轮城作了最后的奋战，然而因为兵力悬殊，最终于事无补。战后，秀纲接受了武田信玄的邀请，入仕武田家。然而已仕官武田家的秀纲依然无法忘记出国修行以成就自我剑术流派的宏愿，最后向信玄告辞。

进入伊势的信纲一行，拜会了北田具教，并受其引荐前往大和拜会宝藏院胤荣与柳生宗严。宝藏院胤荣是奈良兴福寺之塔中宝藏院院主，日后的“宝藏院流”枪术之祖。而另外一人柳生宗严则是“中条流”、“新当流”的高手，是在当时有着“畿内随一”（畿内首屈一指）评价的剑豪。也正是因为柳生宗严的加入，“新阴流”得以发扬光大，获得极大的成就，而这却是当时的上泉信纲所无法预料的。

离开伊势后的上泉信纲首先拜访了宝藏院胤荣。经过比试，胤荣被上泉信纲用“袋韬”击败。“袋韬”是用皮包着的短竹枝。在此之前，日本剑道练习多用木刀。木刀是木雕涂漆，外形类似于真刀。除剑道训练外，多为当时的医生防身佩戴。由此可见，木刀仍有一定杀伤力，因此剑道训练中仍有误伤情况出现。上泉信纲的门人甚至有比试时被误杀的例子。于是上泉信纲对制剑的材料进行了研究，最后发明了“袋韬”这种东西。

◎ 上泉信纲家纹及日本庆祝其诞生500年的纪念旗

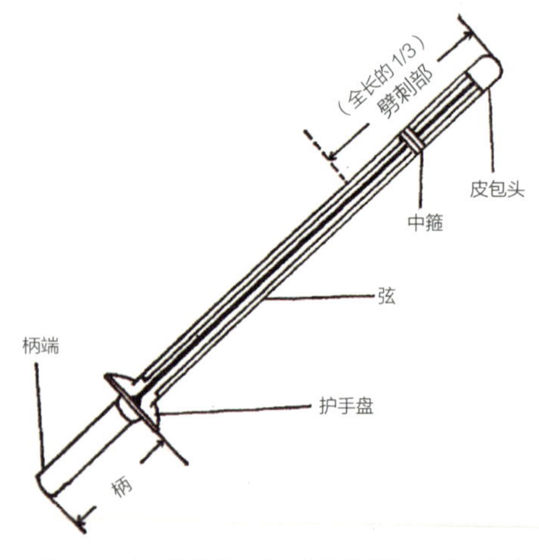

◎ 竹剑主要由四块竹片组成，除竹片以外，还有刀尖皮包头、中箍、护手盘、弦线、皮柄等。竹刀的前面三分之一部分是格斗的劈、刺部位。刀柄的长度（护手盘以下到柄的尾端）等于持刀人的手腕至肘部的长度，刀的总长度和总重量也是有规定的

竹刀 \ 使用者	中 学 生	高 中 生	大 学 生
长　度	112 厘米以下	115 厘米以下	118 厘米以下
重　量	375 克以上	450 克以上	500 克以上

◎ 竹剑重量表

上泉信纲以三尺余长的竹子，留下刀柄的部分，往刀尖方向逐段割成四片、八片、十六片或三十二片，再以厚木棉布做成袋子把它套起来，做成可直接互相击打练习的“袋韬”。

不过当时，除了“新阴流”、“新当流”和部分“一刀流”之外，“袋韬”流传并不普遍。1764 年前后，中西忠藏仿拟头盔、护胸、笼手而发明了面、胴、小手等护套，并改进了“袋韬”，并最终使其发展为现代剑道使用的竹剑。

◎ 手持“袋韬”的上泉信纲

其后上泉信纲的弟子疋田文五郎又击败了柳生宗严，心悦诚服的柳生宗严拜上泉信纲为师。在柳生庄住下的上泉信纲向柳生一族传授他的技艺，特别是对宗严进行了严格的训练。永禄七年（公元 1564 年）正月七日，信纲之子秀胤在国府台合战中战死。得到消息的信纲悲痛万分，又见在柳生一族的传业基本完成，于是给宗严留下剑术研究课题，离开了柳生庄。而这个课题，正是“柳生新阴流”的精髓“无刀取”，即手无寸铁而压倒对方并得到最后胜利的方法。柳生宗严领受了这个任务，而疋田文五郎则继续留在了柳生庄，日后成为“疋田阴流”剑术和“新阴疋田流”枪术的开山祖师。

柳生家的“柳生新阴流”由此成为“新阴流”最为重要的继承者，柳生家家传兵法书（即剑术书）有《杀人刀》《活人剑》《无刀之卷》以及后来由柳生十兵卫撰写的《月之抄》。“柳生新阴流”的真髓便在于“无刀取”，即以空手制住对手。《活人剑》及《无刀之卷》中，都体现了柳生“无刀取”的意义：“不杀人，我们以不被杀为胜。”

此后，上泉信纲为室町幕府十三代将军足利义辉所敬重，被赐予“兵法新阴、军法军配天下第一”的称号。由于这一称号，后人公认上泉信纲为“剑圣”。天正十年（公元1582年），“剑圣”、“新阴流”祖师上泉信纲在相模小田原去世，享年七十五岁。信纲逝世后，“新阴流”中剑豪辈出，更多的流派从其衍生。其道统一直传到今日。

上泉信纲一生最大的功绩，就是传承并发展了“阴流”剑术。这一门剑术传承到了现在，“岛津体舍流”、“柳生新阴流”等著名流派均出于其门下。

◎ 上泉信纲的墓所

◎ 纪念上泉信纲的碑文

上泉信纲的剑道模式依然带有平安时代贵族演武的特征。不过从其生平也可以看到，上泉信纲见证了日本战国的战乱与残酷。上泉信纲的亲友知近，往往在这个乱世里死于非命，他自己也常常颠沛流离。因此贵族出身的上泉信纲不免向精神世界需求慰藉，因此才催生出富有禅宗哲学意味，“不杀人，我们以不被杀为胜”的“无刀取”。

因此，上泉信纲这个早期日本剑道的奠基人，为日本剑道融入了精神层面的追求，也就是“道”。

宫本武藏：战国时代到江户时代

不过，毕竟禅宗玄奥的哲理无法保证家族的延续，华而不实的招式也无法在残酷的战争中求得生存。生存的压力，让剑道从贵族武士的业余爱好，转变成为在乱世中求生的手段和必须的技能。因此，剑道在被赋予精神内涵的同时，也急速向实用化迈进。这种变化，表现在剑技上，就是从大开大合的斜向劈斩，开始转为以攻击颈、喉、腰、腋下、股间与手脚关节等护甲所保护不到的地方为主。

因此，在战国乱世激烈的变革当中，除了“剑圣”上泉伊势守信纲这种功成名就的剑术名家，还有许多战国中的小人物，通过这场变革获得了巨大的成功，从而拥有了众多门徒和流派传承。而在这个时代的小人物中，最为出名的就是日后名震天下的大剑豪宫本武藏，而他基本上也是那个时代平民剑豪的缩影。

天正十二年（公元1584年），宫本武藏出生于播磨国（今兵库县），幼名辨助，讳玄信，通称武藏，号二天、二天道乐。在其著作《五轮书》中以“新免武藏守藤原玄信”署名。

◎ 宫本武藏画像

在《五轮书》中，宫本武藏自述在十三岁初次决斗中战胜了“新当流”的有马喜兵卫，十六岁击败但马国有“刚强”之名的剑道家秋山。二十一岁，宫本武藏赴京都，与日本国内的剑道家交手。据统计，从十三岁到二十九岁，宫本武藏共决斗六十余次，取得全胜。

宫本武藏的这些胜利，体现了战国剑道家们“无所不用其极”的思想特色。其中，宫本武藏与吉冈一门的决斗，以及他与佐佐木小次郎的严流岛之战，都体现了这种思想与特色。

跟宫本武藏比试的吉冈清十郎和吉冈传七郎都是“京八流”的好手。他们的父亲吉冈宪法直贤甚至曾担任第十五代幕府将军足利义昭的剑术指导。宫本武藏首先挑战的是吉冈清十郎，当时是1605年，也就是宫本武藏上京的第一年。两人相约在京都郊外的莲台野决斗，结果吉冈清十郎被宫本武藏以一记木刀击倒，不治身亡。清十郎的弟弟吉冈传七郎为了报仇，约宫本武藏在郊外废墟决斗。可过了约定比试的时间，直到天黑，仍然不见武藏的身影，传七郎只能压抑怒火在雪中等待。等到传七郎在雪中长时间站立，手脚发僵之后，武藏突然出现在他身后废墟的二楼。传七郎急忙飞奔上楼，结果因为手脚发僵，加之奔上二楼气息不稳，被武藏轻易斩杀。当吉冈流的门徒反应过来，寻找武藏踪影的时候，武藏却早趁着雪夜消失无踪了。

◎ 关原合战

接着在这年3月，武藏与吉冈一门的恩怨导致了“一乘寺决斗”的发生。吉冈清十郎和吉冈传七郎的叔父吉冈源左卫门不甘心失败，携传七郎的幼子源次郎再次向宫本武藏挑战。

双方约定在京都一乘寺决战。吉冈一门为了复仇，出动了七十多人，手持长枪、弓箭，甚至装备了火绳枪，可谓人多势众，装备精良。时值黄昏，吉冈源左卫门带着源次郎将本阵设在了一乘寺的垂松下，吉冈一族团团围住垂松，高举火把将周围照得雪亮，等待武藏的到来。没想到，武藏却从一乘寺的垂松上跳下，高喊：“宫本武藏如约而至，前来讨教！”进而直接突袭松树下的吉冈源左卫门和源次郎。吉冈一族虽然人多势众，但是都分散在周围水田不便救援，也没有想到首领会一下子遭到袭击，猝不及防之下，吉冈源左卫门和源次郎都被宫本武藏斩杀。吉冈一族的门人想回防拦住武藏，却被武藏从一条小路突围而去，消失在黑暗之中。

与吉冈一门的决斗，是宫本武藏最为得意的一段经历，甚至到了晚年还常对人津津乐道。在几场决斗前，武藏都仔细勘察了地形，设计了进攻策略，做到最大限度地使战场环境对自己有利。居高临下，不让对方准确判断自己出现的时间，安排合理的退路，这些战术在宫本武藏日后与佐佐木小次郎的决战中也有应用。

严流岛之战是宫本武藏最出名的一战，发生于庆长十七年（公元1612年），宫本武藏二十九岁的时候。

在这场流传后世的决战中，相传武藏也是迟迟不露面，佐佐木小次郎从正午等到了太阳偏西，已经等得不耐烦了，武藏才坐着一艘小船出现在众人的视线里。

武藏对付小次郎的武器和技法不是他惯用的“二刀流”，而是一根用船桨削成的四尺二寸长的木刀。这是宫本武藏为了克制佐佐木小次郎手中长达三尺三寸的爱刀“物干竿”（原名“备前长船长光”）而专门做的准备。而且为了增加杀伤力，宫本还恶毒地在刀头钉了不少钉子。

于是最终，宫本武藏一击就杀死了佐佐木小次郎。由此可见，宫本武藏本身就是一个极具实用主义思想的剑术家。

但宫本武藏并不满足于剑道决斗中的胜利，遂致力于兵法研究，揣悟剑道的哲理。他曾说：“年过三十，回顾过去之历程，兵法至高，前所未有，此因道之有为而不离天理乎？抑他流兵法有所未逮？……其后，朝夕锻炼，以悟至深之理。如是，于我五十岁时，始得兵法之道。”

宫本武藏在其著作《五轮书》中记述了他关于剑道的哲学道理和战术方法。全书分“地”、“水”、“火”、“风”、“空”五卷。“地之卷”是剑道兵法的大概描述。叙述了他的“二天一流”兵法的选用与修炼的心理准备。“水之卷”将剑道技术详细分类并加以说明。“火之卷”描写自己与强手决斗之经历，其中除了剑道的技法

◎ 严流岛上的雕像

◎ 宫本武藏与一乘寺垂下松

◎ 宫本武藏

之外，还从战术方面加以说明。“风之卷”评述其他剑道流派的技法，并与自己的剑道加以比较，点评彼此的优劣得失之道理。“空之卷”的“空”即“万里一空”的意思，道出了剑道家“悟空”的心境。武藏按现世的观点解释“空”，将“空”断言为“不迷之心”、“人世间的大道”，认为“万物皆空”。

全书不到三万字，但字字真切，不仅说出了剑道技法运用的战术原理，还处处道破剑道中所蕴藏的人生哲学，把身体动作和心理动向叙述得既合理又不独断。因此后人称此书为“战斗的心理学”。

其书中还强调，练习剑道必须经常反省，经常思考。不可光练不想，也不可光想不练。在与敌决斗时，事前要反复琢磨对方技术上的优点和缺点，特别是对手的拿手技法，要模仿、假设，要去熟悉。面对不同的敌人，需要选择不同的战术甚至武器。决斗时则尽量发挥自己的技术，奋力制服对手。

这种实用主义和策略主义并重的观念，深刻地影响着宫本武藏的剑道哲学。这与上泉信纲“新阴流”的“置之死地而后生”，既有相似，又有不同。武藏的现实主义态度远比“新阴流”要高得多，更接近于一个小人物为了获得成功而不择手段的凶狠。但是在这凶狠之中，却又有其合理之处。因此其著作《五轮书》中，禅宗哲学的玄奥用语并不多见，更多的是朴实的见闻和感想，这可以说是当时剑道发展的一个特征。

宫本武藏的一生，见证了日本武士阶层从战国时代的“兵法修行者”到江户时代的“剑术修行者”的转变。“兵法”二字的含义范围从战国后期开始缩小，到了江户时期已经特指“剑术”。

千叶周作：江户时代到现代

随着战国时代的结束，社会开始安定。在和平的状态下，日本战国时代诞生的诸多剑道流派，也走上了正规发展和传承的道路。到德川幕府末期，天下的剑法流派，达二百余流之多。其流派中的不少技术都对现代剑道中的实战技巧有相当大的影响。

大剑豪千叶周作就是那个时代的代表人物。千叶周作字成政，1794 年出生于陆奥国（宫城县）栗原郡花山村。千叶周作的祖父千叶吉之丞常是“北辰梦想流”的创始者。千叶周作的父亲千叶忠左卫门成胤虽然以行医为生，但酷爱剑道。周作的弟弟千叶定吉也是著名的剑士，被称为“小千叶”或“桶町千叶”。千叶定吉的子女辈中也出了很多剑技优秀的高手。因此，千叶一族可说是幕末最负盛名的剑术之家。

千叶周作十五岁时，随父移居江户近郊的松户。翌年，入“小野派一刀流”的浅利又七郎义信门下为徒。二十三岁时，千叶周作获得了“免许皆传”①的认可，听从师父的劝告，去中西道场修行。

中西道场主中西忠兵卫子正是浅利又七郎义信的师父，对剑道的领悟更进一层。在中西忠兵卫子正的直接指点下，千叶周作三年之后便获得了中西道场“免许皆传”的资格。此后，千叶周作回到浅利又七郎处，成为浅利家的养子和正式继承人，并与师父的侄女结了婚。此时千叶周作通过与各流派的人切磋，了解了各派的优缺点，并认识到“一刀流”战法中有不少应该改良的地方。因此，千叶周作想引入其他流派的剑招，开创新形式的剑法。

千叶周作所主张的构型，主要是下段姿势或星眼（即中段）姿势。这两种姿势虽然不如上段姿势便于攻击，但却可以随敌人动向更好地发动反击。不过要做到这点，必须增加实战的经验。他的这一主张日后成为现代剑道的中心思想。

可就是这种想法，让千叶周作与想保持“一刀流”古风的浅利又七郎产生了分歧，并最终导致两个人恩断义绝。于是，千叶周作带着门下弟子周游日本，专事研究随敌人之气势而变化构型的剑法。在此过程中，千叶周作击败了各地高手，从而名扬天下。

文政五年（公元 1832 年），千叶周作回到江户，在日本桥品川町创立了自己的道场，取名为玄武馆，并将自己在“一刀流”基础上开创的流派正式命名为“北辰一刀流”。后来，玄武馆成为江户第一大道场，与“镜心明智流”桃井春藏的士学馆、“神道无念流”斋藤弥九郎创建的练兵馆合称“江户三大道场”。此外，千叶周作改良了竹剑与护具，制定剑道对练规则，倡导

◎ *幕末武士，已经可以看到近代风格的剑道用具*

① 日本剑道术语，指学到了该流派的所有技法，获得可以告诉别人自己流派名字的资格。

自由构型，从而大大降低了入门者的学习难度，因此对现代日本剑道影响极大。

凭此基础，“北辰一刀流”很快发扬光大，涌现出众多剑道高手。著名的“樱田门外之变”刺杀行动中，斩杀幕府大老井伊直弼的有村次左卫门就来自“北辰一刀流”。此后，“北辰一刀流”的影响日益扩大，清河八郎、山冈铁舟、坂本龙马等幕末活动家，以及新选组的吉村贯一郎、伊东甲子太郎、山南敬助等，都是“北辰一刀流”的高手。

幕末剑术争斗与战国时代又有了很大的不同。大部分用到武士刀的战斗几乎都发生在城市街道或者室内。火器技术的发展，使得甲胄彻底失去作用。因此，当时大部分剑法针对的都不是着甲的战斗，而是近战无甲格斗。明治维新后，废藩治县，失去主家的武士们纷纷沦为浪人。

随着武士制度的废止和废刀令的颁布，剑道也逐渐衰落。但是，在明治十年（1877年）发生的“西南之役”中，剑道又有了东山再起的苗头。通过这次战争，剑道的重要性又再次被人们所认识。

明治十二年（1879年），日本警视厅规定剑道为警官的必修课程，地方警察也跟着仿效学习。可以说，明治维新后的剑道，首先是以警察剑道为中心而复兴的。

明治二十八年（1895年），日本设立了大日本武德会，在各县设立了分部。此后“范士”、“教士”、“炼士”的称号开始出现。武德会还规定了剑道的“形”，即规定动作的演练。当时的武德会成了普及剑道的中心团体。

1954年，全日本剑道联盟成立后，为剑道的复兴和现代化做出了巨大贡献，并于1975年重新定义了现代剑道的宗旨，其内容是：磨炼身体与心智，塑造强大的精神力量；借由正确而严格的训练来使自身剑技得以进步、使人的礼仪和荣誉感得以培养、使人学会与人真诚相待，同时提高练习者的文化修养；以促使练习者能热爱祖国和社会，为人类社会的进步做出广泛的贡献。

三 日本剑道的实战思想与技艺

虽然二战后的日本现代剑道看起来已经变成了一种和平的健身运动，但不论是在明代倭寇入侵时，还是在自清末以来日本帝国主义对中国长达数十年的侵略中，剑都是日本侵略者对中国和平居民施以屠杀的重要工具。

因此，在中国人民的记忆里，剑道刻有“凶狠残忍，实战能力极强”的标志性符号。但是在一些文艺工作者的非专业想象下，日本剑道被严重地神话化和歪曲化了。比如国内一些影视剧里曾出现过“北辰一刀流”的剑道比试。可其无论是格斗理念还是动作招式，都与正统的“北辰一刀流”毫无关系，甚至背道而驰。

具体到剑道对死亡的追求，其实跟“置之死地而后生”更为类似，也就是无视生死，冲向死亡，最终的目的却是为了能够生存下来。而要做到这一点，则需要极强的心理素质，做到“人剑一体”，这在日本剑道术语中被称为“剑禅合一”。这个说法出自日本德川幕府时代初期泽庵宗彭的《不动智神妙录》。泽庵禅师认为练习剑道，禅理占六成，剑技占四成。而到达“无念、无想、无我”的境界，剑技才能随意进退，意到剑到。

泽庵禅师还把练剑时的精神状态依基础程度分为三个阶段：第一阶段是摒弃杂念，集中思想；第二阶段在集中思想的基础上，能顾及四面八方的动静；第三阶段则为“无念、无想”的精神境界。这和佛家参禅的心境几乎是一样的。正因为练习剑道和修行参禅心境相同，所以古往今来，练习剑道者无不时常坐禅，以此使剑道进步加速，达到身心兼修的终极目的。

《不动智神妙录》还描述了剑道技术达到最高境界时，随意移动身体就能施展剑技的招式。能在“间不容发”之际，连续攻击对方。这些快速的剑技，系发自人内心的灵感，属于一种反射性的技能。欲达到这种高级技能，训练中必须保持轻松“无我”之心境，而这种心境非通过“坐禅”训练是不能求得的。

在“无我”之上，剑道还追求“无心”境界。剑道理论中，只有到了“无心”境界，方能发挥自己的全身本领而克敌制胜。“无心”要求训练者放弃自我的意念，因为有了“自我”，就会产生种种杂念，无法集中精力来发挥自己应有的技能。但“无心”也不是自己心中空空，而是指心能随剑的意向而变，剑能以心的愿望而动，剑和心交融一体，即“剑心合一”。

宫本武藏在《五轮书》“空之卷”中提出“知有，知无，知空”。这可以看作是对“无心”理论的解释：“知有”就是熟悉有关剑道的一切技术和知识；“知无”就是说一旦掌握了剑道的基本知识和技术之后，就要向自由发挥阶段发展，冲破一切固定的技术与知识界线，摒弃已有的经验，感觉到自己是不存在的，即达到禅宗所谓的“人本无一物”的境界；“知空”就是在“无”的基础上，用万物皆空的意念去使用剑法，此时就会进入最充分的自由发挥状态，因而剑技也就可以达到最完满的水平。

有了“无心”的要求，对敌格斗就能产生忘生、忘死、忘敌、忘我的大无畏精神，同时也可以拥有不动念，不介意，视敌人为草芥的气魄，而这种精神和气概是人类在战斗中胜利的法宝。

不过，以上这种境界，一般人很难企及。对于普通剑道习练者，能做到“不动心”，就意味着拥有了克敌制胜的基础。

所谓“不动心”，便是要有“泰山崩于前而色不变”的勇气，能够“视白刃而不见，闻炮声而不憾”，从而“外物勿挠，独立不惧，以如斯之心胆，运用所学，若行所无事，大敌当前，亦不见怯返顾，斯真能不动心者也”。也就是不受外界的干扰，就算面对敌人也能够将平时所学运用自如，不因为害怕而踟蹰不前，才算是真正的“不动心”。

面对敌刃要保持冷静的思考，能够冷静地判断时机，这也是剑道练习中所希望达到的效果。因此剑道中重复不断地进行冲击练习，就是为了能够无视对手的挑衅和他挥舞的竹刀，而专注于寻求出击的机会、思考合适的战术，并能够无畏地执行这种策略，进而取得胜利。很多初学剑道的人在第一场比赛的时候并不能够做到这点。笔者第一次上场比赛时，神经高度紧张，大脑一片空白，唯一的念头就是不断挥剑攻击对手，但是这种攻击并不能达到有效的效果，结果更加刺激了攻击的欲望。这样当疲惫导致动作变形，就给了对手可乘之机。而这仅仅是运动类型的剑道比赛而已。

可见，当真正刀剑相搏时，想维持“不动心”，没有平时大量的练习，冷静的心态以及良好的体魄，是不可能的。换个说法，也就是心理训练、技巧训练和身体训练要完美结合在一起。在剑道理论中就是“气、剑、体”一致。

“气”是剑道训练者的精神所在，即前面提到的勇敢果断、刚毅坚定、不屈不挠的气概。用剑者要依靠这种气概来引导整个身体进行剑道运动，从而使剑技达到出神入化的境界。

“剑”是剑道技术中进攻和防守的技巧。这其中包括最简单的站立、握剑和移动等。学剑道时先要学习基本站立姿势，也就是“自然体”。它既能应付对手的进攻，又能使自己处于轻松自然的状态。“自然体”被称为剑道的动作之本，剑道中某些技术的准备姿势也就是以“自然体”为步型的。

剑道的握法是以左手小指、无名指握住刀柄尾部，右手小指、无名指握住护手后的刀柄上端，左、右手的虎口均同刀保持直线，并由上向下压紧刀柄。两手心相对用力，形成一种绞拧感。

准备时的站立姿势是两足自然分开，以足跟为基准，间隔 12~15 厘米，足尖稍微向外展开。两膝关节半屈半伸，并保持身体重心落在两足中间。然后右脚在前，左脚尖与右脚跟成水平横线。此时，颈部要伸直，双目注视前方，下颏内含，背部上拔，两肩放松，不能有僵硬的感觉。下腹部则要稳重，腰部不能松动，否则会使重心不稳。

具体实战中，日本剑道界一直流传着“一眼二足”的说法。意思是说，在剑道技术中第一重要的是用眼观察对手的动作意图。要求眼睛要注视对手的眼睛，用余光注意对手的手脚，切忌只看对手的刀尖而不顾其他。为了锻炼眼力，剑道中有“注视远山”的训练，就是用眼睛远望一个特定目标，最好是很远的山峰。此外，还有对快速运动目标作跟踪注视的训练，如同伴用刀在练习者的眼前舞动，让练习者观察刀尖运动的轨迹。

第二重要的就是脚步的灵活性。剑道是一项灵敏度极高的格斗技，其基础在于步法运动的灵活性。剑道的步法一般有四种，如掌握不好，身体移动及剑的使用将出现迟钝僵硬的现象，那样在实战中将带来致命的后果。

剑道格斗中，在距对手较远(约4~5步)时，一般使用走步前进或后退。走步与通常走路相似，也是两脚交替前进或后退。不过，走步时脚掌应与地面摩擦似地进退，因此也有人称其为摩擦步。实施走步，上体不能松软无力，以腰为中心控制整个身体移动。但当向斜面方向或向左、右横侧运动时，就要改用滑步了。滑步是剑道技术中使用最多的步法，可以向前、后、左、右及四个斜向做八个方向的运动。要点是前脚先动，后脚跟进，脚板轻贴地面，两脚保持平行姿势进行移动。闪步则是一种防御的步伐。用以躲避对手的正面攻击或通过向左右移动来发动反攻。闪步的诀窍也是前脚先跨，后脚跟进，不过此时腰身要反向拧转，以保持身体重心的稳定。最后一个步伐，则是日本剑道中最为凶悍的垫步。这种步伐是与对手距离较远时，以跳跃形式攻击时所使用的。垫步的要领是左脚向右脚靠拢，然后左脚蹬地，右脚借左脚蹬地之力，向前跨一大步，紧跟着左脚追上右脚。垫步时，上身同样不能松软，要以腰来支持重心，保持运动中的稳定性。戚继光《纪效新书》中“倭喜跃，一进足则丈余，刀长五尺，则丈五尺矣。我兵短器难接，长器不捷，遭之者身多两断”，描述的就是垫步。根据实战的经验，在垫步的支持下，进攻距离一般可达到2. 4米以上，如果算上隐藏的垫步，实际攻击距离可达到3米左右。

“体”是指剑道训练时的整个身体。剑道的一个优势在于，习练剑道并不需要特别好的身体素质。剑道不一定需要强大的体格和臂力，一般体力就可以胜任。几乎所有的体育运动，身体高大和体力优越的人都是有利的。但是剑道却不同，因为剑道可以用技术弥补力量的不足。剑道比赛中，女性和年老者不一定都负于年轻的男性，就是这个道理。但习练剑道之后能很好地增强身体素质。首先，剑道的训练需要人的腿部、背部、臂部的肌肉发达。剑道的各种技法，都建立在灵活步法的基础上，同时剑的挥上劈下，能使腿部、背部的肌肉日趋发达。此外，它能使臂部肌肉力量，特别是左臂肌肉的力量更加强大，这是因为剑道的技法是以左手为中心的。其次，对于在一瞬间用身体的移动及刀的动作来决定胜负的剑道，速度是至关重要的。显然，剑道训练能加快人的动作速度。最后，剑道训练能提高人的魄力、注意力和判断力。因为剑道是在一瞬间决定胜负的，所以必须观察对手动作的极细微处。一边要观察对手动作，一边还要判断他的下一个动作，并决定怎样应对。因此，练习者的精神必须充分集中，使直觉发挥作用。

当然，要拥有以上这些特质，需要很艰苦的训练，打下坚实的基础。如不重视基本练习，技术不规范，或者放任自流地随便训练，就不可能掌握高级的剑道技术。基本练习就像盖房子打基础一样，只有基础扎实，才能盖起高楼大厦。因此可以从影视作品和文字记载中，经常可以看到已经成名的剑道高手，依然每天坚持挥刀数百下，也就是做“打入”练习。“打入”练习就是劈、刺的进攻练习。剑道是一项格斗运动，格斗无非就是进攻与防守两个方面。进攻是主动的方面，所以，掌握“打入”技术就意味着掌握了剑道格斗的主动权。这也是剑道的最基本功。

“打入”练习中将刀由上至下或由上向左、右斜向进行劈击运动，并结合身体的移动，使姿势和步法、刀法协调。通过这种单人训练能体会正确的持刀方法与使用动作的要领。可见，单人剑道练习不只是动作的练习，更重要的是要通过脑子的思考促进动作的掌握。在剑道界，任何高段位的选手都必须不懈地进行单人剑道练习。练习中，要用全身的力量使用刀技，而不应该仅是手臂的力量。

单人剑道的技术较多，如上下劈击、斜向劈击、跳跃上下劈击、跪姿劈击等等。掌握了以上所有技能，才拥有了实现“气、剑、体”一致的基础。而做每个劈剑或突刺的动作，都必须由精神统率身体和剑，使“气、剑、体”成为一个整体，如此，才能达到在一瞬间有效地击中对方要害部位的目的。

日本剑道非常重视“一闪”的理念，即“一击必杀”。对于“一闪”的追求，现在的剑道比赛中仍有体现。

现在的剑道比赛，并不是以击中对手作为胜利判断的。剑道中的得分称为“一本”，“一本”的认定是比较复杂的，需要三个裁判中的两个确认为是有效打击。有效打击，要依打击时的气势、间距、机会，打击的位置、力量等来认定。剑道的有效打击部位为面部（包括正面、左右面）、刺喉部、腹部（左右腹）、手部（左右手腕），以上均为身体的要害部位。这并不是说只需要击打到有效部位就能得分，跟之前所说的一样，需要裁判判断击中有效部位时候的气势、间距、机会，打击位置、打击力量等条件是否能够有效杀伤对手，甚至包括攻击后的警戒心和防备对手反击的姿态。一个合格的“一本”绝非只靠蛮力和击中有效部位就能成立，这点与装上电子敏感器来记分的击剑运动有极大的不同。剑道中对于有效击打的判断，是跟实战中判断一击能否有效杀伤对手，并保证自己不被对方杀伤相一致的。

由此可见，一击必杀是剑道运动的核心精髓。而对于这种核心精髓的追求，贯穿于剑道的发展历程。剑道技术，是根据

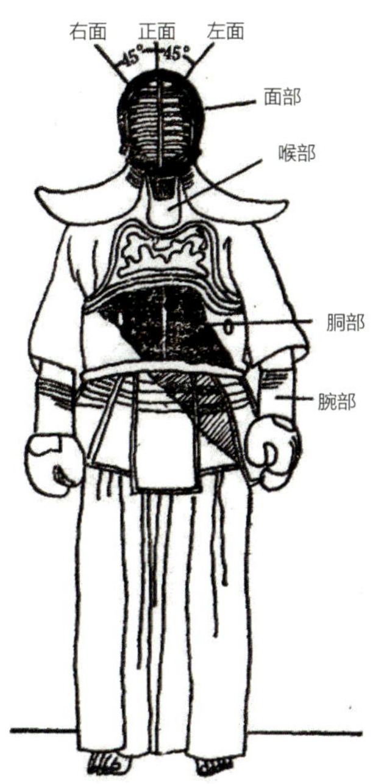

◎ 剑道有效部位

对手身体的运动和剑道的变化进行相应攻防反击的技术。剑道实战中要时刻寻找对手暴露弱点的机会，没有机会可乘时，要运用自己的运动和剑道技艺来创造时机。因此在剑道对决时，仅能掌握一种技术是不能取胜的，必须有两种或三种技术进行组合，才能战胜对手。反之，在对手攻击时，要想使用防御反攻的技术，也应以组合技术来制造机会击败对手。这些都是剑道实战的应用技术。应用技术大致上分两类：一类为进攻技术，另一类为防守反攻技术。进攻技术是剑道中首先要掌握的技术，主要有拔刀进攻技术、连续进攻技术、抢先进攻技术、引诱进攻技术、“担”技进攻及上段进攻技术等等。

爱洲移香斋的“猿飞之术”，宫本武藏的“二刀流”，千叶周作的“剑道三杀”，均体现着这三位剑道宗师对进攻概念的极致追求。

猿飞之术

相传，“阴流”的开山鼻祖，“剑圣”上泉信纲的师父爱洲移香斋久忠，谙练“猿飞之术”。他曾经周游各国锻炼武艺，为了参拜供奉武术守护神的鹿岛明神社而暂住鹿岛。当上泉信纲找他学习剑术的时候，双方有过一次精彩的对决。

爱洲移香斋先让上泉信纲像猴子那样学习爬树，遭到拒绝后，爱洲移香斋顺手取了一把木刀和一支竹棒，让上泉秀纲与自己对决。

当时上泉秀纲举起木刀，双手握住刀柄，刀尖对准移香斋双眼之间，摆出正眼架势（一种变形的中段姿势。标准的中段，刀尖应正对对手的咽喉。而正眼则将剑尖略微抬高，更有利于发挥抬剑的速度，增加攻击的突然性，但是也会因此而暴露小手，属于一种实战性的攻击姿势）。爱洲移香斋右手握着竹棒，竹尖斜斜向下，摆出下段架势。上泉秀纲抢先发动攻击。爱洲移香斋闪了一下身，就躲过了攻击，然后跳跃起来，手中的竹棒打中了上泉秀纲的头。

从这段传说，我们不难看出，当时的学院派剑术家对于剑法的研究已经很高深了。从爱洲移香斋与上泉秀纲交手的描写中，我们能够看出很多有趣的地方。

爱洲移香斋的“猿飞之术”，其实就是从猿猴的动作中总结的步伐移动规律。

◎ 爱洲移香斋

而爱洲移香斋的“阴流”，相传也是其参悟蜘蛛织网而创立的。尽管说得如此玄奥，但是其实根本出发点就是以稳健的防守逼迫对手先出手，进而通过灵活的移动，后发先至击败对手。

剑道是攻中寓守、守中寓攻的格斗技艺。在攻击时不能忘记防守，防守时也必须记住及时进攻。有一句名言，“攻击是最大的防御”。剑道的格斗姿势就是既能进攻又能防守的姿势，它共有五种基本姿势，也叫“五行架势”，就是中段姿势、上段姿势、下段姿势、八相姿势、拖刀姿势。其中使用最多的是中段姿势。从外形上看，中段姿势很平常，没有一点儿复杂的样子。但研究出以这种姿势作为最重要的剑道基础来训练，却经过了不知多少剑道名家、圣手的辛勤研究。无论从进攻还是对垒来说，中段架势都是最适宜的架势。此外，中段姿势还能应付来自任何方向的攻击。

不过这次交手中，两人均没有摆出基本的中段姿势，而是根据自己所长选择了较为异化的起手姿势。上泉秀纲选择的正眼姿势是一种倾向于进攻的中段姿势，而爱洲移香斋则选择了利于移动和反击的下段。这里要说明的是，正眼有别于一般的中段，其通过改变剑尖指向的位置，能够在中段相持时混淆对方对于距离的判断，并且自己的抬剑距离较普通中段短，因此攻击会快一点。但是同样因为剑尖抬高，因此会暴露小手，但是可以利用这个特点来吸引敌人攻击，为自己创造反击的机会。在现代剑道中，不少较高段位的人常常使用这个姿势，是一种非常实用的起手姿势。而爱洲移香斋摆出的下段，则是一种在现代剑道中更为少见的姿势。下段是剑道最初的三种持剑姿势（即上段、中段、下段）的一种。在剑道中有这样的说法：“上段如火、中段如水、下段如阴。”说的就是这三种持剑方式的特点。将剑举过头顶的上段，彻底舍弃了防守，而将攻击做到了最大化，所以其出手如同烈火，无从抵挡。而中段将防守和进攻相结合，互换自如，相互兼顾。下段则是针对对手的下肢，限制对手的移动，但是同样因为放弃了上半身的防守，因此很容易遭到对手攻击，而且剑尖指向对手的膝盖，如果仅仅比攻击速度的话，下段是最慢的，因为在现代剑道中有不许攻击下肢的规定。同时下段对于进攻防守的把握要求太高，也不利于最大程度施展自己的身体优势（力量、速度、肢体长度等），在现代剑道实战中使用下段的人少之又少。敢于摆出下段应敌的爱洲移香斋，不愧是“阴流之祖”，将下段限制对手机动、引诱对方先攻击的优点发挥得淋漓尽致。年轻的上泉秀纲果然抵挡不住对方破绽和本身急于求胜的心态，抢先发动攻击。但是以利于抢攻的正眼发动的袭斩，却依然被爱洲移香斋闪开了，可见后者“猿飞之术”的精妙。这段两者交手的描写，十分生动地向我们展示了剑道的魅力，两者在技术、心理和战术的选择上都已经很接近现代剑道了。学院派剑术家也许在小聪明上面并不突出，但是他们在武学哲学思想的传承上却是相当有造诣的。爱洲移香斋的“阴流”，上泉信纲的“新阴流”和柳生宗严的“柳生新阴流”在哲学思想上是一脉相传的。阴流强调的就是示敌以弱，从而诱使敌人先行攻击。从爱洲移香斋的“阴流”到柳生家的“无刀取”，贯彻的都是这种思想。如果用兵法来解释的话，可以引用《孙子兵法·始计篇》中的一段话来说明。

兵者，诡道也。故能而示之不能，用而示之不用，近而示之远，远而示之近；利而诱之，乱而取之，实而备之，强而避之，怒而挠之，卑而骄之，佚而劳之，亲而离之。攻其无备，出其不意。

“阴流”、“新阴流”、“柳生新阴流”在剑法哲学上有着极其重要的传承。从之前的故事中，我们可以看到，爱洲移香斋久忠的“阴流”哲学偏重于利用防守姿态给对手设置陷阱并以灵活的反击获得胜利。继承于其的上泉信纲的“新阴流”，则以心理逼迫和准确的攻击为傲。“柳生新阴流”则在这一基础上，将诱敌战术从防守姿态推向了无刀的巅峰。这三个流派，都是将自身置于不利境地，以此引诱对手进攻，进而通过提前谋划好的灵活反击来制敌。这种哲学与谋略相互贯彻的剑法，是在战国时代这个特别的时期才能够形成的。

◎ 现代剑道比赛中少见的情景，下段对二刀

二刀流

宫本武藏以“二刀流”闻名。“二刀流”技法简单地说就是统一左右两手上大小二刀的动作，进而将两把武器借由剑士的身体统一成一体，由此达到战胜对手这一目的。

严格意义上讲，“二刀流”的“二刀”意指太刀与胁差，而非单纯的两太刀。必须要说明的是，“二刀流”并不仅仅是手持两把日本刀作战。在当时，“二刀流”既有手持双刀的意思，同时也有左右两只手都可以单手独立使用日本刀的意思。这种技法，实际上是一种没落的在马上使用太刀的单手刀法。从日本刀的演变中，我们知道在室町幕府末期的打刀出现前，太刀的基本形制实际上是更适合单手持握的，原因就是为了能够适应在马上一手持缰绳，一手持刀的情况。但是到了战国时期，这跟当时逐渐成为战场主流的“一刀流”刀法相逆。对于步兵而言，双手持刀更稳，便于发力，攻击距离也比单手持刀更远，同时作为双手持刀精华所在的中段构型，兼具进攻和防守的变化，是当时步战武技的不二选择。所以“二刀流”一直被主流的“一刀流”剑法所排斥。而且武士刀在使用上讲究一定的切入角度，角度不对极易崩刃卷刃，破坏力也相对降低，就算是

◎ 这张图便直观地体现了这种冲击力的恐怖，如果换成木刀，甚至可能就此造成伤亡

经过训练的武士，有的时候双手持刀尚且不能准确施展，遑论只用单手。所以武士都长期训练并双手持刀。因此“二刀流”最多出现在木刀竹剑的比武上，实战中则应用不易，故历史上也鲜少有武士在实战中使用“二刀流”的记录。

因此，“二刀流”的精髓，其实就是让武士拥有更多的攻击可能和打击方向，以完成更好的“一击必杀”。从武术架构的方向来看，由于二刀乃是“二本之剑”的组合，所以架构的方式很多。一般是以持小刀的方位为前足架构的。因为这样便于在挥出大刀时使用腰部力量。在剑道对决中，二刀攻击法基本是以小刀拨开对方的竹刀，同时以大刀击面、小手或胴（躯干）；也可能是在对手击面之时以小刀抵挡，同时大刀击打胴；或者在对手突刺时以小刀押在受攻击之处，并以大刀击面等等。所以，“二刀流”之技多为以小刀格挡对方的攻击而大刀趁空隙击打对手破绽部位。在攻击的时候，两刀总有一刀处于格挡的状态，而另一刀用于攻击，这种周而复始的连环攻击，也与“二刀流”大师宫本武藏的“二天一流”理念相符合。

而锻炼“二刀流”，其艰苦的训练则是远高于“一刀流”的。因为除了要掌握“一刀流”的双手持刀技法，还需要为了左右两手都能用单手打出双手剑的力量和速度而进行练习，将两只手分别训练得如同双手挥剑一般。同时，“二刀流”作为主攻大刀所使用的打刀或者太刀，与“一刀流”的打刀或者太刀是没有区别的，重量上也相差无几，用单手挥动适合双手挥舞的武器，这本身就很有难度了。因此，宫本武藏在《五轮书》中，对于使用二刀的训练方法，推荐两手都持大刀，这样能够将两只手臂锻炼得都可以使用大刀，而没有明显的弱点。

一般剑道中较为常用的是滑步步伐。而宫本武藏的剑法则独辟蹊径地使用走步步伐，也就是两脚交替的正常行走姿态。这种姿态虽然不易发力，但是机动性却最为优秀。武藏在《五轮书》“水之卷”中

◎ 二刀攻击时，两刀轮换防守

阐述自己的剑术理念，认为一只脚挪动的步伐容易导致身体的僵化，降低反应速度。因此他提倡用自然的行走方式，而不能对自己有所限制。这个可以说应该是实战“二刀流”与运动型的剑道“二刀流”之间的区别所在吧。

综上所述，“二刀流”的所有目标都是为了让习练者拥有更多更好的一击必杀机会，并且消灭攻击死角。

剑道三杀

幕末剑道大师，“北辰一刀流”始祖千叶周作讲解剑道的进攻方法，以“杀剑、杀技、杀气”为“三杀”。将对方竹刀的刀尾三寸处抑压于右方、左方，或左右拨开，使刀光始终无法保持中间，称为“杀剑”。这在现代剑道中常用于卷飞对手竹剑或者在对手发起进攻的时候瓦解对手攻势，压制对手。对方剑术超群难以应付，便猛攻其招式弱点，因每一招必有其弱面，其绝招便无法施展，此为“杀技”。这项技巧在现代剑道中，则发展为各种反击技或者连击技。如对方斗志旺盛，勇猛不可当，此时连续冲体，或猛攻其起端手猛挫对方发招之勇气，称为“杀气”。而这则在现代剑道中成为“初端技”（即提前判断对手攻击意图，进而在对手起手时，发动更快的攻击对手的技巧）。“冲体”也叫“体碰”，也是现代剑道中重要的组成部分，甚至有用这种技巧将对手撞出边界，迫使其犯规的战术存在。在剑道的实际比赛中，“杀气”的应用非常广泛，当落于下风的时候，连续攻击对方的小手，确实能够提振自己的士气，并压制对手的攻势。

然而取得有效攻击并不等于胜利。“残敌之心”，也就是剑道术语中的“残心”，也是至关重要的。“若无残敌之心，一不能敌众，二不能了事。”这就说明了“残敌之心”就是“警惕之心”，没有警惕之心，就没办法对付多个敌人，也没有办法将事情做到完美。“残敌心者，敌败后，切莫不可以假之以还手之机。着须一心注视敌人，不令其有任何生动作。如若我为敌所败，际此瞬间，即须振作监视敌心中另一意念，俾采应敌之道。此间皆不容发，防护周全，不得疏虞。”在敌人败退的时候，不能给他们还手的机会，必须密切注意对方的动作。而如果自己被敌人击败，也要寻找对方的空隙，伺机反攻。剑道运动中，得分的基本要点之一就是“残心”，攻击得手后，要在第一时间转向面敌，做好防御的准备。攻击不得手，也要贴近敌人，不给敌人反

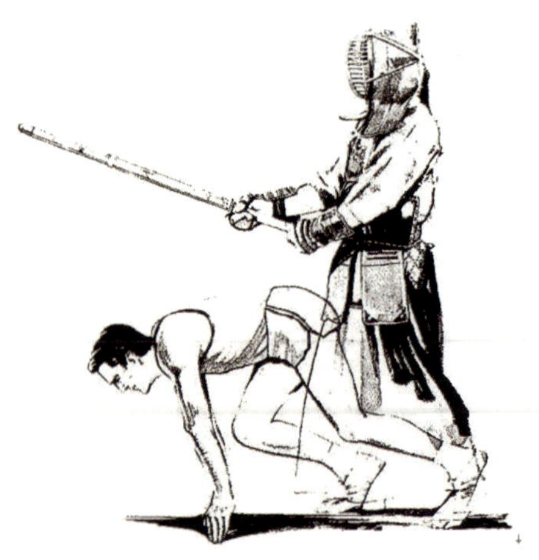

◎ *剑道的中段构形，其与短跑的姿势非常相似，可见其瞬间的爆发力之恐怖*

击的机会。这些是很实战化的要求，甚至可以说这并不是作为竞技运动来要求的。在击剑比赛中，只要比对手先刺中有效部位，就可以得分，就算之后被对手刺中也没有关系。但是在实战中，显然这样在有效攻击敌人的时候，自己也会受到致命的攻击。剑道中以实战效果来要求，有效的攻击并不是仅仅击中敌人而已，而是要在消灭敌人的同时保护自己。这点看起来好似跟追求死亡的武士道格格不入，却恰恰是修习剑术的武士们在那些腥风血雨的年代中所悟出的道理。

观看过剑道比赛的人，想必都对剑道选手们交手时候那一声又一声的高喊印象深刻。这种如疯似狂的高喊声绝非无意义的嚎叫。在剑道用语中，这些高喊声被称为“气合”，是攻击时增强气势、顺利发力的关键。内家拳法所说“发声则气能专一，力自舒透，而声必起自丹田，动作得势，是因气之曼相应，勇气自增，而敌气倍馁矣”，便是这个道理。气贯于声，声音洪亮而有力，力量自然能够舒畅地使出来。而声音发自丹田，也就是腹部要用力才能顺利发声，因此上肢和下肢以此为依靠，就能自然而然地做出动作。声音与动作相呼应，自身的勇气自然增加，而敌人的气势也因此减弱。在现代体育运动中，这种运用声音发力的情况也很普遍，譬如举重运动中，运动员举起杠铃时都会大吼一声，顺势发力。而在战场上，现代刺刀术也讲究刺杀时候的发声，既能威慑敌人，同时也能够使自己发力顺畅。所以这种高喊声，是将体内气息发散出来的一种方式，通过这种方式能够有效缓解压力，调节自己的心态。

直到二次世界大战后，剑道才逐渐成为一种竞技性的体育项目，而不再作为一种杀人技巧存在。经历一千二百余年的历史，存在到今天，日本剑道的发展可以看作是东西方战场武技的一个共同缩影。作为古代的职业运动员，武士阶级所锻炼的运动关乎自己的身家性命甚至战斗的胜负与国家的兴亡。他们自幼辛苦练习的致命运动到如今已经逐渐消失，或者成为平和的体育运动。但是今天的我们，依然可以

尾声

透过一个个历史故事中只言片语的描述，来感受他们的执着和凛冽杀气。

第五章 百兵之王的锋芒

长枪在兵器史上的辩证发展之路

作者：矢锋

语云：“枪为诸器之王。”以诸器遇枪立败也。

——吴殳《手臂录》

一 长与短的辩证

公元前280年，亚平宁半岛南部，赫拉克利亚。

两万罗马士兵排成整齐的三列阵，同样数量的意大利同盟军围绕在他们周围。新兴的罗马共和国正焕发出朝阳般的光彩。士兵们来自于社会的每一个阶层，人人同仇敌忾，奋勇争先。这让他们在亚平宁半岛所向披靡。站在他们对面的是来自希腊伊庇鲁斯与马其顿的两万职业雇佣兵，由希腊最好勇善战的国王皮洛士指挥。一万到一万五千轻步兵、弓箭手、骑兵与战象兵为他们提供支援。两阵对圆，双方士兵好奇地打量着对方的方阵。他们都是第一次看见这样的阵列：罗马人手持标枪、短剑与盾牌，排列成纵列保持一定间隔的横队；而希腊人则紧密地排列在一起，长达6米的超长矛如同金属的密林，在阳光下闪烁着光芒。双方的将军和士兵此时无法预知，他们的战斗将为历史所铭记，因为这是马其顿方阵与罗马方阵的第一次碰撞。

自从纪录片《复活的军团》讲述了秦兵马俑中发现的长达6.7米的超长矛遗迹，并在此基础上复原了超长枪方阵的影像之后，超长枪便激发出了观众的浓厚兴趣。马其顿方阵、瑞士方阵和西班牙方阵这几种典型的超长枪方阵成为热门话题。一种观点认为，超长枪方阵由五行矛头组成的密集正面无坚不摧，是“冷兵器巅峰”。一时间，枪杆长度似乎成为长枪战斗力的唯一评判标准。

事实果真如此吗？

《周礼·考工记·庐人》中说，步兵使用的酋矛长“一常零四尺”，战车兵使用的夷矛长“三寻”。周代“八尺曰寻，倍寻曰常”，因此酋矛长度为二十尺，夷矛则长达二十四尺。根据闻人军教授的意见，《考工记》中的齐尺长度在19.5厘米至20厘米之间。因此曾有人论证说，战国

◎ 秦兵马俑一号坑

时期的步兵用矛长达 4 米，而战车兵用矛则长达 4. 8 米。这样的长度已经大大超过了古希腊传统重步兵使用的长矛的长度，和亚历山大大帝时期的 5 米超长矛长度相当，仅次于继业者战争时期的 6 米超长矛。

但是，考古发现却对这种说法提出了质疑。1978 年发掘的战国曾侯乙墓（公元前 433 年前后）出土了四十九支长矛和其他几十支长柄兵器，保存相对完好。其中最长的长矛连柄 4. 36 米长，但大部分长柄的长度在 3 米或以下。在其他考古发掘中出土的春秋战国时期的长矛，全长在 2~4 米之间，以 3 米左右长度的最为常见。而《考工记》中的酋矛和夷矛，却从未在考古发现中得到证实。

至于秦兵马俑中发现的长达 6. 7 米的超长矛，仅有编号为 T19K0027 的一处遗迹，对于其性质，考古学家们仍然争论不休。而虽然在兵马俑中出土的长矛矛头不少，

◎ 秦兵马俑一号坑中出土的长矛矛头

但是矛杆却没有完整的遗存。在其他长枪类武器中，保存较为完好的几支铍，连铍头在内全长大约在 3.6 米到 3.8 米之间。对于秦军中是否存在过使用 6~7 米长的超长矛的方阵这一问题，学界仍然莫衷一是。

那么，中国历史上是否真的有超长枪方阵存在呢?

答案是肯定的。明末清初史学家、武术家、诗人吴殳所著的《手臂录》是记录明末清初中国武术发展最重要的文献资料之一。在这本书中，吴殳记录了两种分别叫作“沙家枪”和“杨家枪”的枪法流派。沙家枪又称“沙家竿子”，长度为“丈八至二丈四”；杨家枪长度“丈四为正，加至丈六”。明代营造尺约为 32 厘米，十尺为丈，则“沙家竿子”最长可达 7.6 米，杨家枪也可以达到 5.1 米。这个长度已经非常接近同时代欧洲西班牙方阵与古斯塔夫方阵所用的长矛。

吴殳进一步论述说，在当时的军队中，杨家枪法和沙家枪法尤其为指挥官所青睐。因为其学习简单，攻击力强大，适于排兵布阵，特别适合密集方阵使用。这一论述也为同时期其他军事著作所证实。如戚继光在《纪效新书》中说：“长枪之法，始于杨氏，谓之曰梨花，天下咸尚之……盖沙家竿子、马家长枪各有其妙，而有长短之异……二十年梨花枪，天下无敌手。信其然乎！”《练兵实纪·杂集·长枪解》一篇也说：“长一丈七八尺，上用利刃……初则用之南方杀倭，全赖于此。”

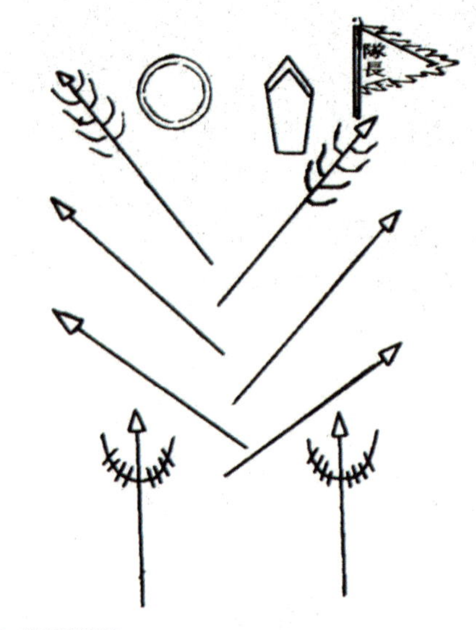

◎ 鸳鸯阵阵图

根据戚继光关于长枪的见解，结合鸳鸯阵阵图，可以看出戚家军的鸳鸯阵实际上是一种较为灵巧的小型超长枪方阵。阵列第一排是用于防止敌人贴身近战的刀牌手，第二排是持 5 米长枪的狼筅手，第三第四排是持 6 米长枪的长枪手，最后是担任反突击、保护侧翼等任务的镗钯手。鸳鸯阵第一排的刀牌手和西班牙方阵前列打鼠战的持剑火枪手有着异曲同工之妙，而跟在长枪手后面的镗钯手则让人想起瑞士方阵中担任同样任务的戟手。当鸳鸯阵按队、旗、局、司、总、营的编制组合为大型方阵的时候，其作战方式也与欧洲同时代的方阵战术近似。

那么，这是否能够说明，无论东方西方，超长枪方阵都是冷兵器时代无往而不利的巅峰呢？吴殳似乎并不认同这一观点。

《手臂录·卷六》说：“夫枪腰长者软，

短者劲，用法由此而分也……竿子长软，两腕虽阴阳互换，但可以助顺臂力，使无倔强，实不能以根制头。故拿、拦尽处，枪尖正摇，戳即斜去。摇定而戳，彼已走出，苟非十字步追之，戳何能及？”

吴殳认为，枪长超过一丈二尺（约 3.8 米），则无论枪身使用哪种木材，都会因为自重问题导致下垂变软。所以无论沙家枪还是杨家枪，枪身都偏软。偏软的枪身首先是不利于格挡，其次是很难精确控制枪头，尤其是无法控制枪头的摆动。摆动的枪头当然不利于精确刺中目标，也就影响了长枪的攻击效果。换句话说，超长枪的刺杀效果实际上不如较短的长枪。

很多人认为，超长枪方阵由于正面集中了 5 层矛头，所以无坚不摧。但在 16 至 17 世纪欧洲超长枪方阵间的战斗中，经常出现一种叫作“推矛”（Push of pike）的现象。如 1525 年的帕维亚之战、1544 年的切雷索莱之战、1600 年的尼乌波特之战，都发生了“推矛”。所谓“推矛”，就是双方长矛手都奋力向前时，双双突破了对方长矛方阵的攻击，双方的长矛纠缠在一起，而士兵们则像打橄榄球一样拥挤在一块儿。此时，谁也无法再用长矛攻击对方。在有人想起抽出匕首捅黑刀之前，战场会变得像街头斗殴一样滑稽。“推矛”现象的一再出现，也显示出超长枪方阵的正面杀伤力并不像很多人所想象的那样强大无敌。

◎ “推矛”对阵列是有害的，但此时通常没有多少别的选择

此外，吴殳在书中介绍说，全木质长柄重量较大，可达十斤以上（明斤，约 6 公斤）。由于长枪极长的力臂，其自重力矩相当大，使用这么重的长枪刺杀是非常消耗体力的。根据史书记载，马其顿亚历山大大帝在将其方阵的长矛由他父亲

◎ 练习在发生"推矛"以后如何保持队形并脱离"推矛"状态也是现代战场复原俱乐部的一项重要训练课程

腓力二世时代的大约 4 米增长到大约 5 米后，为了减轻士兵们的负荷，不得不把重装步兵的盾牌直径从 1 米缩小到 60 厘米，并且取消了金属盔甲，让士兵们使用较为轻薄的皮甲和亚麻甲。

吴殳还介绍了另外几种长枪门派，包括"石家枪"、"峨眉枪"、"马家枪"等。这些门派所用的长枪全长多在"九尺七寸"（约 3.1 米）这个经验数值上。吴殳认为这是在考虑重量、长度、重心、握把大小等因素之后，定下的最趁手好用的尺寸。长枪枪柄使用牛筋木、剑脊木等刚性较好的硬木制作，几乎不会弯曲。由于枪器本身既硬且重，所以运用手部动作可以做出技巧高超的防守动作，可以灵活控制枪根，运用各种革枪的技巧，然后步步进杀。不过，也由于其需要高超的技术，所以要经过很长时间的训练，使用时才能得心应手。

吴殳所论述的 3.1 米长枪和伊菲克拉特斯的希腊重装步兵长矛长度高度吻合。而这个长度在全世界范围内也是最常见的长柄武器长度，或许可以称 3 米长枪为标准长枪。在希腊、马其顿数百年的辉煌历史中，长矛的长度在反复斗争与变化发展中辩证演进。尽管在很多人看来，马其顿方阵代替了希腊方阵，马其顿长矛也代替了希腊长矛，但是严谨的历史学家很少对此武断定论。因为事实上，在亚历山大大帝死后很久，希腊方阵仍然存在，并且创造过许多辉煌的胜利。回顾一下希腊方阵和马其顿方阵的发展历程，有利于我们抓住标准长矛与超长矛之间辩证关系的要点。

二 希腊长矛的兴起

离开阿喀琉斯和赫克托耳用单挑决定战争胜负的神话时代，希腊方阵的发端是密集重步兵方阵。由中上阶层公民组成，训练有素而且纪律严明的古希腊方阵的每个重装步兵都通过体育运动和频繁的作战练就了健壮的体魄。早期的重装步兵顶盔掼甲，一手持大约2米长的短矛，一手持圆盾与敌人交战。除重装步兵外，还有由城市贫民组成的只有盾牌和短矛的轻装部队，以及从外邦雇佣的弓手、投石手和骑射手等辅助力量。

重装步兵单手握矛的方式有点像握标枪，攻击方式通常是举过头顶，从上往下刺杀对方没有盔甲保护的面部。之所以会产生这样的格斗技巧，是因为重装步兵使用的青铜盔甲和大型盾牌很难被青铜矛头所刺穿。正如《伊利亚特》所述，赫克托耳被他从帕特罗克洛斯身上夺得的盔甲严密地保护着，阿喀琉斯只能刺杀其唯一没有保护的咽喉。在这样的格斗方式下，士兵们的短矛并不适合做得太长太重，通常只有两米，握持时通常握在矛身中间。前排格斗的士兵甚至会握在矛头之后一点的地方。与其说他们手持短矛，不如说他们拿的是一把锥子。这大概是从原始社会开始就被人类掌握的枪法，近代非洲原始部落仍然在这样使用短矛。1879年1月22日，在南部非洲的伊散德尔瓦纳山，两万祖鲁战士手持着这些人类最为古老的武器，勇敢地冲向一千四百名武装到牙齿的英国红衫军，送给欧洲殖民者三百五十年来最为惨重的失败。

◎ 此图反映的是公元前500年左右的斯巴达战士。可以清楚地看见他们是如何持矛的

希腊重步兵方阵作战队形较为简单，在会战中排成很长的横队，纵长8至12排不等。交战时，方阵前面两排重装步兵发动

◎ *此图反映的是祖鲁战争中作为英军同盟军参战的纳塔尔族战士*

攻击，后面各排则为预备队，向敌人的方阵进行全正面攻击。重装步兵们排列成密集整齐的横队，盾牌与盾牌紧密连接，如同一面活动的城墙。当双方的盾牌狠狠地冲撞在一起时，士兵们便一边用盾牌推挤对方，一边举起他们的短矛越过盾牌，寻找敌人防护上的破绽予以刺杀。在重步兵与敌人主力战斗时，轻步兵和其他辅助部队使用远程武器支援。因此，初期的希腊方阵战斗队形是十分呆板的。巨大的长横队总是作为一个整体来行动，阵中较小单位之区分并不具有战术意义，这些单位长官的任务只是监视队形。轻步兵等辅助部队完全不受重视，战史记录经常当他们不存在，这反映出轻重兵之间严重的阶级对立。无独有偶，同时代的中国军事家吴起曾经尖锐地批评过齐国军队中类似的阶级对立，说他们“前重后轻”“一陈(阵)两心”，是故“齐陈重而不坚”。希腊方阵在希波战争期间取得了巨大的成功，先后在公元前 490 年的马拉松战役与公元前 479 年的普拉提亚战役中大胜波斯。具有讽刺意味的是，在希波战争中领导希腊取得胜利的雅典英雄地米斯托克利在战后竟然因平民派与贵族派之间的政治斗争而被“陶片放逐”，最后还被污蔑为“里通波斯的叛徒”，不得不逃出希腊，在小亚细亚作为一个波斯臣民度过余生。

希波战争结束后，希腊世界陷入伯罗奔尼撒战争的泥潭。这场战争从公元前 431 年一直打到公元前 404 年，是以雅典为首的提洛同盟与以斯巴达为首的伯罗奔

希腊方阵

尼撒联盟之间争夺希腊世界霸权的总决战。双方伤亡数以十万计，其中单是对西西里岛的远征就要了五万雅典人的性命。惨烈的伤亡背后还包含着意识形态的战争。自恃民主的雅典人认为贵族专政的斯巴达人粗鲁野蛮、专制独裁。不过在斯巴达及其他很多希腊城邦看来，雅典才是剥削压迫其他希腊城邦的罪魁祸首。他们所谓的“民主”不过是少数野心家操控的政治游戏，充斥着不负责任的民粹主义和莫名其妙的轻率好战，搞得整个希腊动荡不安。伯罗奔尼撒战争结束了雅典的经典时代，也结束了希腊的民主时代。战争最后以雅典的彻底失败告终，但斯巴达也并非胜利者。两败俱伤的结局最终为马其顿王国的崛起埋下了伏笔。由于伯罗奔尼撒战争的起因、结局和影响都和第一次世界大战惊人地相似，这场战争也被史学界叫作“希腊世界大战”。

战后，雅典军事家伊菲克拉特斯领导了一次军事改革。此时，雅典在旷日持久的战争摧残下，中小有产者大量破产，社会两极分化加剧，公民重装步兵的兵源面临枯竭。面对严峻的形势，伊菲克拉特斯决定从轻步兵入手，改革雅典军队。他建立了一种被称为培尔塔斯特（Peltastae）的轻步兵。他们是从最贫穷的市民中征募来的，接受重装步兵的训练，既可以承担轻步兵的任务，也可以像重装步兵一样列阵作战。他们既轻捷迅猛，又和重步兵一样能够维持严谨的队列，适应能力也非常强，因此在一系列作战行动中表现出了旺盛的生命力。培尔塔斯特可以按月领到军饷，因此可以脱产生活，成为职业战士。培尔塔斯特最早完全由雅典贫民组成，但后来农牧民、异邦人、野蛮人等，只要愿意为猫头鹰与雅典娜效力的，来者不拒。最终，他们演变成了希腊雇佣军，代替已经腐朽的公民兵，活跃在地中海沿岸的各个角落，成为下一个时代希腊军事体系的主角。

培尔塔斯特不使用沉重的青铜胸甲，而使用轻便结实的亚麻甲。这虽然大大降低了培尔塔斯特的装备成本，使他们轻捷灵活，但另外一方面也使得他们在面对传统重装步兵时处于防护上的极大劣势。毕竟亚麻甲的坚固程度不能与近乎刀枪不入的青铜胸甲匹敌。如果用传统重装步兵盾牌相抵、举矛刺杀的方式格斗，培尔塔斯特肯定不是重装步兵的对手。伊菲克拉特斯绞尽脑汁，为培尔塔斯特设计了新的武器与战斗方法。他们使用一种可以套在手上的小型盾牌（Pelta，这也是培尔塔斯特这个名字的语源）来代替需要占用一只手的大盾，因此可以空出双手使用较长的长矛。双手使用的长矛自然不需要举过头顶使用，也不需要握持在长矛中部，相比短矛矛身长度也大大增加。这使得长矛手在敌人近身之前就可以发起攻击。更为重要的是，双手长矛是挟持在腰间使用的，刺杀时可以充分利用腰腹与腿部的肌肉力量。比起只能依靠单臂肌肉力量的单手短矛，双手长矛的刺杀威力成倍提升。培尔塔斯特很快在科林斯战争中证明了自己的价值，也开启了希腊军事改革的序幕。

◎ 培尔塔斯特轻步兵改变了希腊步兵的面貌，也成为马其顿方阵的先声。这名步兵盾牌上的三叉戟标志表明他来自于阿卡迪亚地区的曼提尼亚城邦

◎ 雅典银币正面是雅典娜头像，背面是雅典娜的标志猫头鹰，制作十分精美

更大的变革来自于底比斯起义。底比斯在伯罗奔尼撒战争中是斯巴达的重要盟友，但是战争结束后，底比斯却越发厌恶斯巴达的单边主义态度。公元前 395 年，利用斯巴达与波斯之间的战争，底比斯暗中联络雅典、阿各斯、科林斯等城邦，勾结波斯，反叛斯巴达，掀起了科林斯战争。不想波斯竟两头下注，前脚援助底比斯等城反叛，后脚就在斯巴达的谈判桌上把这帮希腊同胞卖了个好价钱。在与波斯签订的《大王和约》中，斯巴达将所有小亚细亚的希腊城邦出卖给波斯，换取波斯的和平承诺。空出手来的斯巴达镇压了反叛城邦，拆散了底比斯组织的维奥蒂亚同盟，

占领了底比斯城。公元前 379 年，底比斯爆发反斯巴达大起义，一个叫作伊巴密浓达的毕达哥拉斯学派哲学家在这次起义中成为底比斯的领导人。

伊巴密浓达对希腊方阵做出了创造性的改造。公元前 371 年，伊巴密浓达率领大约 6000 名底比斯重装步兵踏上了留克特拉的战场。在他们对面，斯巴达国王克列欧姆布洛托斯一世指挥的 11000 名重装步兵占据了有利位置。在兵力明显占劣势的情况下，如果采用希腊传统的长横队攻击，肯定意味着失败，因为这样会使底比斯军的两翼遭到正面较宽的敌人的包围。伊巴密浓达把自己的军队排成长纵队，向斯巴达方阵中国王所在的那一翼攻击。他在这一决定性的地点上成功地突破了斯巴达军队的阵线。然后，他调转军队向突破口的两侧运动，两翼迂回了被突破的阵线，在斯巴达方阵背后展开。这是西方历史上第一次出现斜线战术，也是第一次出现“纵队”这种全新的战斗队形。

留克特拉战役终结了斯巴达在希腊世界的霸权，同时也为希腊方阵的改进打开了一扇门。阿吉西波里斯、提摩太、伊菲克拉特斯和哈布里等军事家纷纷对希腊方阵做出了新的改进。长横队被分割成独立

◎ 伊巴密浓达之死

的小方阵，灵活性增加；方队、纵队等几种全新的队形被发明出来；队列变换开始成为士兵们的必修课程；弓箭手、投石手等轻步兵的地位上升，受到了更大的重视；重装步兵仿照培尔塔斯特轻步兵换装约3米长的双手长矛和亚麻甲，增加攻击力与灵活性；方阵中的前排士兵采用跪姿，以便让后排士兵也能参与攻击；使用长矛的冲击骑兵也开始崭露头角……总而言之，在马其顿战术体系创立之前，其所需要的种种技术与思想上的准备，都已经在希腊方阵中酝酿成熟。

至于伟大的军事天才伊巴密浓达本人，在他大约十年的军事生涯中，创造出了前所未有的辉煌成就，几乎以一己之力掀翻了斯巴达在希腊的统治。他解放了被斯巴达奴役了两百年的迈锡尼人，建立了阿卡迪亚联盟，释放了大量奴隶，被全希腊人称为“解放者”。但是他解放奴隶的政策使他在整个希腊世界得到了同样多的敌人，即使在底比斯城内也是如此。公元前362年7月4日，希腊历史上参战人数最多的重装步兵会战——曼丁尼亚战役拉开帷幕。站在底比斯对面的是以斯巴达和雅典为首的20000~30000名重装步兵，而伊巴密浓达麾下也有着相近数量的重装步兵在摩拳擦掌。几乎所有的希腊城邦都卷入了这场旷世大战。即使面对全希腊最伟大的两个城邦，古希腊第一智将仍然运用巧妙的计谋和坚定的纵队冲锋大获全胜，成就了常胜不败的传奇。然而，在战役的最后阶段，伊巴密浓达却被一支标枪击中，奄奄一息。当得知自己的两个副手都已阵亡时，伊巴密浓达留下遗言让底比斯人停战，因为已经没有人可以领导战争了。

据说，伊巴密浓达的墓碑上刻着这样的墓志铭：

斯巴达的荣誉被在下的战略夺去，而神圣的迈锡尼最少亦夺回其孩子。迈加洛波利斯因底比斯的协助成功建成围墙并受到保护，而全希腊赢得了独立与自由。

解放者伊巴密浓达不会想到的是，他的征战进一步削弱了希腊各城邦的实力，大大降低了马其顿崛起的阻力。在伊巴密浓达死后二十七年，亚历山大大帝攻入底比斯，六千人被杀，三万人被贩卖为奴。这座从神话时代开始就拥有着无数传奇的千年古城在马其顿人的铁蹄下化为一片废墟。

三 萨里沙长矛的兴衰

伊巴密浓达在伯罗奔尼撒半岛纵横睥睨之时，身边有一个十来岁的孩子，他就是来自希腊世界北端马其顿王国的王子，正在底比斯做人质的菲利普斯。菲利普斯回到马其顿，夺位称王，加冕为腓力二世时，也将底比斯战术体系的精髓带回了这个希腊世界的偏远角落。

腓力二世彻底改组了马其顿军队。在其他希腊城邦大量使用雇佣兵的时候，马其顿步兵全部由马其顿本地的职业士兵组成。他们从马其顿农民中征募而来，按照籍贯地区编成方阵中的连，因此非常团结，并且兼有职业士兵的作战技巧和公民兵的爱国主义精神。在那个时代，马其顿军人至少是环地中海地区最好的士兵。在装备上，腓力二世保留了马其顿人传统的重装步兵防具，同时引入希腊地区的新锐装备——双手长矛。马其顿人称他们的长矛为“萨里沙”（Sarissa，希腊语 σάρισα）。长矛不断加长，在腓力二世时代超过了 4 米，在腓力二世的儿子亚历山大大帝时代超过了 5 米，继业者战争时期据称有超过 6 米的长矛。由于马其顿缺少如此直长的木材，萨里沙长矛甚至需要把两根木柄用青铜环连接起来制造。马其顿人使用长矛时有一个坏习惯，喜欢握在矛柄末端前 1~2 米处，这大概是过去长期使用希腊单手短矛留下的习惯。萨里沙长矛的末端还有一个装有尖刺的配重球，按照马其顿人的刺杀技法，这种结构会让超长矛别扭的手感有所改善。中国枪法讲究“后手不露柄”，即后手一定要握在柄的末端。这样一是可以在刺杀时尽量利用长枪的长度，二是后手可以从末端推动枪柄，控制刺杀精度，增加刺杀力道。只有在被敌人靠近以后，才会采用“长枪短用”的握法与之搏斗。马其顿长矛的握法使其不能完全发挥矛身长的优势，刺杀力量和精确度也有所不足。

◎ 马其顿人持矛时习惯于手握矛柄尾端1米左右处，前排士兵甚至会留出2米的矛柄。这在一定程度上妨碍了长矛的发挥

◎ 中国枪术的握法讲求“后手不露柄”，以便充分利用长枪的长度

根据历史学家的说法，马其顿方阵的长矛手排成 16 × 16 的巨大方阵，前 5 排士兵将长矛放平刺杀，后面的士兵为预备队。但是根据现代复原工作，真正能够有效刺杀的其实只有前两排士兵。从第 3 排开始，士兵因为被前排士兵所遮挡，根本看不到敌人，他们的长矛也只能起到威吓作用。这在文艺复兴时期一些表现瑞士方阵作战状况的绘画中也有所反映。若要后排士兵也能够有效刺杀，则前排士兵只能跪下或蹲下，这样整个方阵也就失去了机动和冲击的能力。

◎ 枪阵中真正能够有效刺杀的只有前两排士兵，后排士兵只能威吓敌人或担任预备队

尽管马其顿方阵因为其壮观的超长矛阵容而声名赫赫，但马其顿战术体系最为精华的部分一直是它的骑兵。马其顿骑兵以伙伴骑兵为核心，吸收了斯基泰、波斯、色萨利等周边擅骑民族骑兵战术的精华，虽然总兵力不多，但是战斗力超群。他们使用长矛作为主要作战武器，这可能是从斯基泰人那儿学来的。斯基泰金饰中有战士跃马挺枪的图案，显示的骑兵持矛方式也和马其顿骑兵近似。在这方面，波斯人显得有些后知后觉。尽管他们骑术精湛而且很早就披上了铁甲，但是骑兵的肉搏武器却长时间停留在短斧、短剑、军用锄之类短兵器上面。这使得他们常常被劣势数量的马其顿骑兵发动的长矛冲锋击败。

马其顿骑兵无往不利的另一个诀窍是轻装步兵。这些步兵只穿戴很少的盔甲，使用较短的长矛，用一面大盾护身。他们行动轻捷、迅速，能够跟上骑兵的步调。当骑兵发起冲击时，这些轻装步兵跟在骑兵后面杀入敌阵，杀伤被骑兵击溃的敌人，同时保护骑兵免于陷入敌阵之中。如果己

◎ 斯基泰人擅长制作金饰，他们的金饰作品多与生活、战争相关

◎ 传奇般的伙伴骑兵原是腓力二世的卫队，其中相当部分成员是与亚历山大大帝一同长大的，可谓“打架亲兄弟，上阵父子兵”

方骑兵和敌方骑兵纠缠在一起，他们的出现毫无疑问会为己方带来巨大优势。

马其顿方阵和马其顿骑兵构成了马其顿军事体系的主要部分，后世历史学者常常将之形容为铁砧与铁锤。马其顿人把他们的长矛方阵放在中间，骑兵放在两翼。开战后，壮观的长矛方阵首先向敌人冲锋。当敌人使出浑身解数与长矛方阵作战时，骑兵迂回到敌人方阵侧后，在轻步兵的支援下对敌人方阵的侧后发起毁灭性冲锋。少年天才亚历山大大帝便是以此战法纵横天下的。

那么，使用超长矛的马其顿方阵和使用标准长矛的希腊方阵，究竟谁更优秀呢？还是让实战来检验吧。

马其顿方阵和希腊方阵第一次交手是在公元前 338 年的喀罗尼亚战役中，腓力二世率军大败希腊联军。但是，关于此战的具体过程，史书上语焉不详。狄奥多罗斯说："当两军接触，战斗激烈展开且僵持好一段时间，双方人马都有许多伤亡，两方也认为自己将会获得这场胜利。"僵持中，亚历山大王子率领伙伴骑兵大破联军右翼方阵，一举奠定胜局。波利艾努斯说，亚历山大在右翼取胜的同时，腓力二世在左翼用佯退的计谋诱使联军冒进，成功割裂了联军队列，取得了胜利。但无论谁的论述，都无法看出两种方阵各自的优劣得失。

◎ 喀罗尼亚战役雕像

相比之下，关于另一次马其顿方阵与希腊方阵的碰撞——伊苏斯战役的记录则要详细得多。这场战役发生在公元前 333 年 11 月 5 日，是亚历山大东征期间最为关键的战役。亚历山大在此击败大流士三世，从根本上动摇了波斯的统治。

为实现征服波斯的夙愿，更为了远离全希腊的讨债人[①]，公元前 334 年，亚历山大大帝率领远征军出征小亚细亚。在格拉尼库斯战役中，波斯驻小亚细亚的将领们的轻率与傲慢不仅送掉了他们自己的性命，还葬送了波斯精锐的边防力量。面对边防一空的危局，大流士三世只好亲率大军迎战亚历山大。公元前 333 年 11 月，大流士成功地袭击并占领了亚历山大设在伊苏斯河谷的大本营，迫使陷入绝境的亚历山大与之决战。希腊人的史书宣称大流士三世拥有 60 万大军，现代历史学者当然不认可这个儿戏般的数字。一般认为，大流士总兵力在 5~10 万人之间，其中希腊雇

① 腓力二世连年征战欠下大笔债务，亚历山大镇压底比斯反叛又欠下了更多的债务，所以亚历山大东征也可以视为为抢钱还债发起的军事行动。

佣军1万人，长生军1万人，禁卫军2000人，骑兵1万人，剩下还有卡尔达克步兵[①]和部族兵。亚历山大的军队构成比较清晰，约22000名重装步兵，13000名轻装步兵，6000名骑兵，共计4万余人。

伊苏斯战役的战场正面较窄，平地仅有2.6公里宽，还有一条小河阻隔，适宜希腊军队作战，而并不适合波斯军队的作战风格。历史学界对于大流士为何把战场选定于此争议不断。大流士把他的军队沿小河河岸布置开来。大流士本人带着2000名禁卫军位于阵形中心，希腊雇佣军和长生军在他左右两翼建立防线，阵地绵延1公里长，构成波斯中军。波斯军的右翼集中了全部的1万名骑兵，另有若干卡尔达克步兵压阵，大流士希望以他们为矛头，逆时针击垮马其顿军队。波斯左翼主要由卡尔达克步兵组成，在卡尔达克步兵前方，大流士还布置了一批来自伊朗高原的马蒂亚骑射手，这被认为是大流士布阵中最为

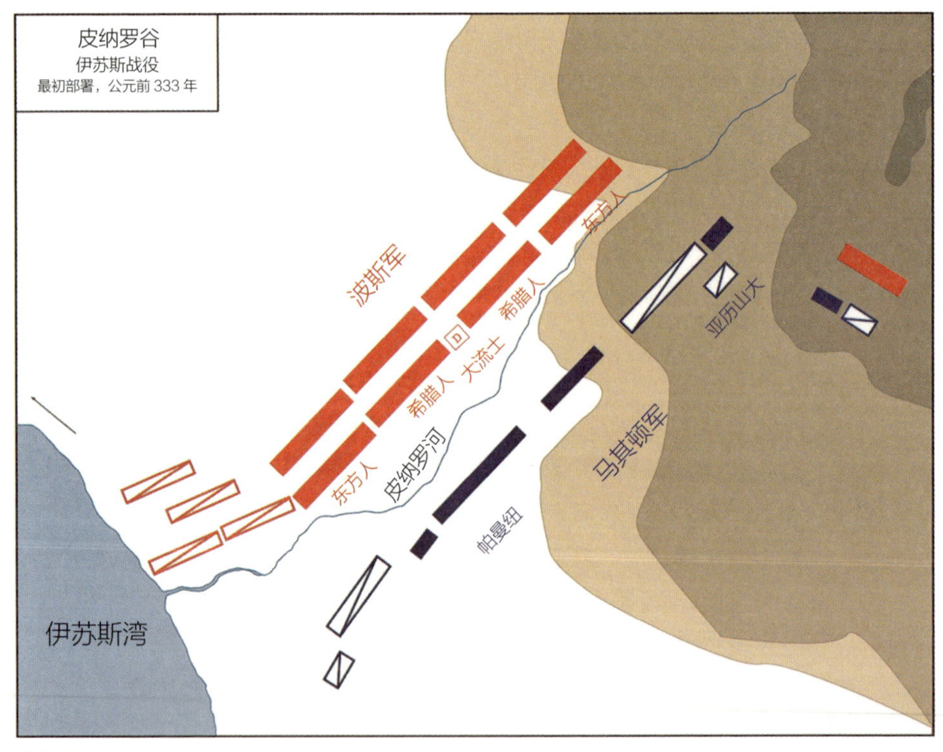

◎ 伊苏斯战役（Battle of Issus）地图

① 卡尔达克步兵是波斯模仿希腊军队的组织模式，编练伊拉克北部山区的库尔德部落山民构成的一支步兵力量。

愚蠢的一笔。

亚历山大将他的重步兵方阵布置在阵地中路，与希腊雇佣军对峙。他在左翼布置了2000多名骑兵，其中包括1800名精锐的色萨利重骑兵，并要求他们尽量缠住波斯骑兵。一些希腊同盟城邦的步兵负责支援他们。亚历山大亲率伙伴骑兵、马其顿卫队等精锐主力和全部轻步兵部署在右翼，准备猛攻波斯左翼。

战斗开始后，亚历山大手下大将帕马尼奥率领马其顿方阵渡过并不深的小河，爬上陡峭的河岸，开始向波斯雇佣军进攻。由于波斯人提前在河岸上设置了一些鹿角，马其顿方阵的队形出现了一些脱节，和右翼的联系也暂时中断。这正是希腊雇佣军所预想的情况。1万余名雇佣军士兵端平长矛，向着马其顿人发动了凶猛的反突击。在格拉尼库斯战役中，亚历山大拒绝了希腊雇佣军的求和，将他们全部杀害或卖作奴隶，试图以此震慑波斯军队中的大量希腊雇佣军。但是显然，亚历山大的示威收到了反效果，伊苏斯的希腊雇佣军成为波斯军阵中作战最为勇猛顽强的部分。双方在河岸上下杀得血流漂橹。在希腊雇佣军的猛攻下，马其顿军损失了120名军官，包括亚历山大在东征期间的左膀右臂——塞琉古人托勒密。马其顿方阵节节后退，在河岸上陷入苦战。

但是，伊苏斯战役的结局终究不是由步兵决定的。波斯右翼骑兵集团由于地形过于狭窄，无法展开，又受到色萨利重骑兵的突击，战斗陷入僵持。在波斯左翼，大流士原本希望两千马蒂亚骑射手能够骚扰亚历山大侧后，但狭窄的地形让他们无

◎ 这幅壁画是在被火山毁灭的庞贝城遗址中发现的，奇迹般地几乎保持完好。壁画展现的是亚历山大冲到大流士跟前的场景。大流士的马受惊了，把大流士拖到两军之间。这一变故使得大流士丧失了勇气，将胜利拱手相让

处回旋，而卡尔达克步兵又根本没有为他们留下后退的通道。最终，在伙伴骑兵的冲锋之下，惊恐万状的骑射手们只好冲入卡尔达克步兵阵中，反而冲乱了卡尔达克步兵的阵地。亚历山大一举突破了卡尔达克步兵的阵地，率领伙伴骑兵冲向大流士本阵，与波斯禁卫军混战在一起。关键时刻，大流士惊慌失措，抛下自己的母亲、王后、儿女和嫔妃，爬上一匹快马逃离了战场。看到国王逃离，波斯军队立刻土崩瓦解。亚历山大就这样赢得了伊苏斯战役。

混乱中，波斯军中唯一能保持秩序的只有还在河岸上奋战的希腊雇佣军。大流士逃离后，亚历山大拨转马头，背冲希腊方阵。在铁锤与铁砧的夹击下，希腊方阵的失败无可避免。但是雇佣军仍然设法保持了纪律，缓缓退出战场。据史书记载，约有 8000 名希腊人逃出了这个杀戮地狱。他们越过阿曼山脉，在海边找到船只，投奔了斯巴达国王亚基斯三世。

马其顿军队在伊苏斯战役中有 7000 人伤亡。大部分伤亡是由希腊雇佣军造成的。虽然战役以波斯的惨败收场，但希腊方阵至少证明了他们手中的标准长矛具有和超长矛正面交锋的能力。

继业者战争爆发之后，希腊本土依附于安提柯王朝的亚该亚联盟相继采用马其顿军事体系，废除了希腊方阵。而斯巴达虽然编组了一些使用超长矛的方阵，但主力仍是使用标准长矛的希腊方阵。斯巴达与亚该亚之间的战争持续了很多年，互有胜负，直到安提柯王朝以优势兵力彻底击败斯巴达。在远离继业者国家的迦太基等地中海沿岸各希腊化城邦，希腊方阵仍然被广泛使用，并发展出复杂的军事体系。

随着伙伴骑兵的没落，继业者国家越来越依赖于单纯的超长矛方阵，战术也变得比亚历山大时代呆板了很多。超长矛方阵与罗马方阵之间的数次交战是一个引人入胜的话题。尽管除了伊庇鲁斯国王皮洛士曾经在罗马方阵尚未成熟之际取得过两次胜利之外，罗马人赢得了他们与超长矛方阵间的每一次会战，但有观点认为，罗马人每一次获胜都是依赖于通过复杂地形渗透到方阵侧翼进行冲锋。在正面交战时，罗马方阵面对超长矛方阵总是处于劣势。但是，如果罗马人只是赢了一两次，那么还可以说是继业者国家运气不好，如果罗马每次都赢，那么不得不承认他们抓住了继业者方阵的弱点。而在东方，继业者们同样被帕提亚骑兵的铁蹄踏过。最终，罗马方阵统一地中海地区，帕提亚铁骑则控制了两河与伊朗高原。超长矛方阵和继业者国家一起消失在历史长河中。

相比之下，罗马人在与使用标准长矛的迦太基人交战时，就没有这么多戏剧性的记载了。尽管迦太基人的正面不像继业者方阵那样强大，但是他们和使用剑盾的罗马人一样轻捷灵巧，可以使用多种战斗队形，运用灵活的战术，与罗马人周旋。汉尼拔远征亚平宁半岛期间杀死了相当于罗马适龄青壮年男性总数五分之一的罗马士兵，让汉尼拔这个名字成为罗马历史上最为恐怖的噩梦，同时也为迦太基赢得了“一个文明对另一个文明最大的敬意”——斩尽杀绝。

四 长枪的辩证法

长期以来，流传着这样一种说法：罗马帝国统一地中海之后，长枪方阵就消失于历史之中，直到15世纪，瑞士人才将它复活。对黑暗时代撒克逊人的墓葬研究表明，撒克逊人使用的矛又退回到希腊时代，只有1.5米至2.5米长。同时代的绘画也显示出他们使用和早期希腊人类似的密集队形和持矛方式作战。但如果把目光放到世界范围，这种说法就没有什么道理了。公元552年的塔吉纳战役中，东罗马帝国军就采用长枪方阵大败东哥特骑兵，摧毁了这支曾灭亡西罗马帝国的强大蛮族。早在瑞士人采用长枪方阵之前，公元1298年，威廉·华莱士就在率领苏格兰人反抗英格兰的福尔柯克战役中，用12英尺长枪排布成四个纵深很大的正方形长枪阵——Schiltron方阵，重创了英格兰骑兵。在苏格兰最终击败英格兰，赢得独立的班诺克本战役（公元1314年）当中，Schiltron方阵更是发挥了决定性作用。屡败屡战的罗伯特·布鲁斯花了好几年的时间训练他的六千长枪手，终于让蛮勇无畏的苏格兰人学会了用Schiltron方阵进攻。在这之前，即使是华莱士，也只能约束他的Schiltron方阵原地防守。六千长枪手以他们英勇的攻击把两万英格兰大军杀得落花流水，为苏格兰赢得了独立，也为布鲁斯赢得了王冠。

长枪方阵在历史上十分常见，它的优势和弱点也早为历代兵家所熟悉。《三国演义》里曹操见西凉兵“多用长枪”，几乎是条件反射般地要求部下增加弓箭。这是因为远射武器在纵向上的散布要远大于横向，因此纵深较大的长枪方阵最容易为远程武器所伤。在福尔柯克战役中，“长腿”爱德华正是用长弓击败了华莱士。苏格兰独立后，在杜普林山、哈利敦西尔等战役中，英格兰同样依靠长弓多次打败苏格兰枪阵。一些论者以瑞士人三次击败勃艮第公爵“鲁莽”查理为例，试图说明只要有“近代军队的组织”，长枪方阵就可以无视远程武

◎ 这张挂毯制作于公元11世纪，反映撒克逊矛手在遭到诺曼骑兵攻击时结成方阵抵御的情形

◎ 班诺克本战役是英格兰七百年历史上死伤最惨重的战役

器。但实际上“鲁莽”查理那支所谓的“合成军队”无论士气、编制、组织还是军令都有很大问题，虽然看上去阵容堂堂，但缺乏打硬仗的能力。用骑兵迫使长枪手摆出全向防御阵，再用远程武器予以杀伤，几乎成了破长枪方阵的一种定势。

在 1513 年 9 月的福罗登战役中，苏格兰枪阵遇到了另一个麻烦。此时，苏格兰枪阵已经按照欧洲大陆的先进经验，把长枪长度增加到大约 5 米（18 英尺），同时为长枪兵装备了板甲。这让英格兰长弓的威力大打折扣。但是，在这场战役中，长枪遇到了一个强大的敌人——英格兰戈刀。战斗中，苏格兰国王詹姆斯四世亲率 Schiltron 方阵向着英格兰军本阵猛攻，却被一队强悍的戈刀手所阻止。戈刀是一种类似带钩子的长柄刀的武器，2~3 米长，可刺可砍，大约兴起于 13 世纪。同类武器在当时很流行，相当部分瑞士戟手实际上是戈刀手。史书记载，英格兰戈刀手身穿较为轻薄的锁子甲，勇敢地靠近苏格兰枪阵，与之近身格杀。在近距离上，苏格兰人的长枪迟钝笨重的弱点暴露出来，他们身上较重的盔甲也妨碍了他们的战术动作。很多长枪被戈刀砍断，长枪手则被戈刀上的钩子拖翻在地，被戈刀手一一砍杀。苏格兰人抵挡不住，大败而逃，5000~10000 人阵亡，国王詹姆斯四世也死在戈刀之下。

这段历史让我们想起《旧唐书・李嗣业传》中充满画面感的记载：“步卒二千

◎ 欧洲人也很喜欢类似长柄刀（斧）的武器

以陌刀、长柯斧堵进，所向无前。”由唐至宋，陌刀这类长柄挥砍兵器一直受到推崇。“陌刀如墙而进”“当之人马俱碎”这些略显夸张的语句，描述了这类武器巨大的威力。长柄挥砍武器对于方阵的杀伤方式十分多样化。首先，这类武器可以和长枪一样使用刺击的方式列阵作战。其次，他们可以用钩子把敌人拖倒。这对于重甲战士来说，是威胁最大的攻击方式。无论身穿何种盔甲，倒地以后总会暴露出破绽而遭到刺杀。最后就是长柄刀（斧）的劈砍，这是随着冶金技术进步才逐渐流行开来的一种打击方式。长柄刀最早见于萨珊波斯的壁画，隋唐时期传到中国和日本，大约 13 世纪开始流行于欧洲。利用长柄带来的巨大力臂，长柄刀可以轻易劈开盔甲较薄的部位，把人体甚至马匹砍成两段，还能砍断敌人的枪杆，使长枪手丧失战斗力。

中国战国初期的军事家司马穰苴就在

◎ 福罗登战役

《司马法》中提出“兵不杂则不利，长兵以卫，短兵以守”的战术观点。秦兵马俑一号坑六千武士主要是由长柄武器和弓弩武装起来的。俑坑中发现的长柄武器有三种，分别是长矛、长铍和长戟。长戟和长铍都出土过较为完整的实物。长戟的全长大约为2.8米，长铍则在3.6米至3.8米之间。结合曾侯乙墓中出土的长矛及山彪镇出土的战国水陆攻战纹铜鉴，一些考古学家认为，在战国后期到秦代的中国枪阵中，分别排列着长短两种不同的长柄武器。长矛手和长铍手承担着类似马其顿方阵中长矛手的作用，居于主战地位。长戟除了刺杀以外，还可以钩拉、啄击敌人，最适合近身作战和散兵格斗。《史记·项羽本纪》载，“项王大怒，乃自被甲持戟挑战”。在战斗中，长戟手可以充分利用长戟的灵活性阻挡冲击方阵的敌人，并伺机进行反突击。除了长兵器以外，一号坑中还出土了大量长剑，主要装备弓箭手。这表明秦军弓箭手在战斗中也要介入肉搏，保护长矛方阵。

这种长短相卫的编组方式在历史上十分常见。如亚历山大时代的马其顿方阵里用轻步兵保护方阵。岳飞在郾城之战中使用长枪手压住阵脚、长刀大斧反突击的战术，大败金军。戚继光的鸳鸯阵中，前方的刀盾手，后方的镗钯手，都承担着保护长枪手的责任。瑞士方阵中的长枪手与戟手的配合，正是“兵不杂则不利”这一战术原则的又一体现。西班牙方阵取消了剑盾手和戟手，这当然不是因为他们的长枪手不需要保护，而是因为他们把这一任务交给了持剑的首排老兵及火绳枪兵，这就提高了人员效率。西班牙人有一种被称为“鼠战”的独特战法，和中国武术中的“地趟刀”很像。他们会在双方长枪手拼刺时蹲着身子滚到敌人长枪手身边，刺杀无法躲闪的长枪手。

17世纪下半叶，欧洲人发现一些印尼土著把短剑插在自己的火枪上使用，这一发现立刻被传回欧洲——短短30年内，所有的欧洲军队都采用了刺刀。插上刺刀的火枪变成了一支短矛，它在散兵战中的格斗效果大大优于超长枪和长剑。直到今天，锋利的枪刺仍然闪耀在每一支步枪的枪尖。

历史在这一刻完成了辩证的轮回。百兵之王从短矛发端，历经长枪与超长枪的反复辩证，最终在火器时代以刺刀的形式返璞归真。“一寸长一寸强，一寸短一寸险”，长枪在人类五千年历史中的长短之变，反映出武器跟随战场需求的自我进化。没有绝对强大的武器，只有最适应战场的武器。

逐胜的哲学

战争的胜利并不完全取决于人多势众，或者作战凶猛，只有武艺精湛，熟谙兵法，训练有素，才能确保胜利。

——弗拉维乌斯·韦格蒂乌斯·雷纳图斯 《兵法简述》

战争究竟是科学还是艺术，这是一个问题。

战争可以根据情报、逻辑、实力、形势来进行推演，这是军事常识。可这是否意味着战争能够进行精密的预知计算？还是只是一幕永远无法预知转折和结局的激情演出？

那些伟大的军事统帅们，透过未知的战场迷雾，克服了无数的意外和不利，凭借经验、直觉，甚至激情和运气斩开荆棘、赢得胜利的精彩活剧，是否可以重复上映？

我们已知的仅仅是：人类作为个体，往往无力和孤单。但当他们经过长年的训练，按照一定的作战序列排列开来，彼此掩护侧肋，在同一个号令下统一行动，就容易在群体的习惯性步调中克服个体的生物本能，从而较易战胜对死亡的恐惧。

而击败一支强有力的军队，就要先摧毁其组织，从而摧毁其群体的团结，让其回归一个个孤单的个体，最终令其湮灭于战争洪流中。

第六章 戈甲从军久，风云识阵难

浅说古典军阵艺术

作者：经略幽燕我童贯

在兵阵后部保持较多的预备队，比之加宽或拉长兵阵更为有利。

——弗拉维乌斯·韦格蒂乌斯·雷纳图斯 《兵法简述》

军事，是人类历史上永恒的话题，从古至今，人类世界发生过多少次战争，是根本无法计算清楚的。事实上，有一种看法认为，人类社会最古老的几个职业中，最知名的是妓女，其次是军人，杀手或小偷等则位列其下。告子曰：“食、色，性也。”先不论这个观点是对是错，军人的职业排名仅次于妓女，我们完全可以想象，人类的军事活动与人性有着多么密切的联系，或者又可以讲，自从人类诞生以来，军事活动就从没有停止过。

我国作为四大文明古国之一，论上古历史的悠久，也许不能与两河流域和尼罗河流域那些已经灭亡的国家相比较，但论军事工作的深度和广度，却可以说是不遑多让的。我国在历史上发生过多少次战争，这一问题实在难以具体回答，但是我们似乎可以通过间接的方式来进行推测。

例如，我国现存兵书为数不少，若以 20 世纪初为界进行统计爬梳，包含对兵书进行研究、解说、注解、翻刻的相关文献或不同版本在内，共有 3380 部，这些兵书合计总卷数达 23503 卷之多。还有 959 部兵书由于各种原因，无法确知其书目卷数之多少，因此没有计算在内。假设一卷军事文献平均有文字 2500 字，则共有文字 58757500 字。一个研究者在日阅三万字的情况下，亦需 1959 个工作日方能阅读完毕。如要进行系统整理，更不知要花费多少时间。兵书的数量应该是大致能体现一个文明国家的军事活动的频繁程度的，我国的兵书数量如此之多，不难想见我国历史上军事活动的频繁。

或者用更简单的方式来表达：

这些书都没有时间，歪歪斜斜的每页上都写着“兵法”两个字。咱家横竖睡不着，仔细看了半夜，才从字缝里看出字来，满本都写着的便是“战争”。

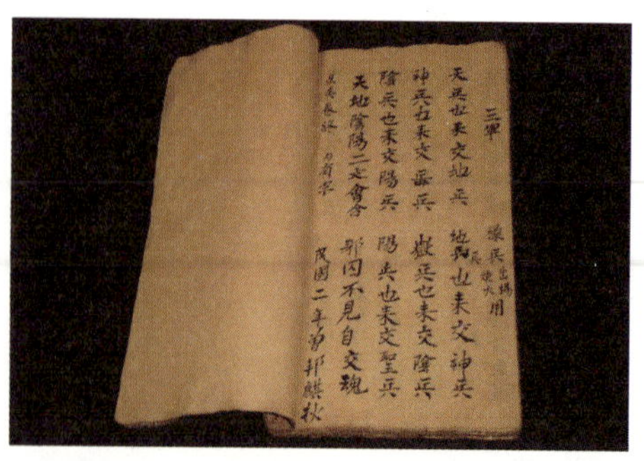

◎ 兵法书

一 单挑

单挑是小说迷最爱的段落，尤其是《三国演义》的书迷，对书中的历次单挑和名将们之间的武力排序总是津津乐道，一二三四五排列下来，有时还免不了一番争执，例如张飞挑灯战马超到底谁更强之类。

但是，在真实历史中，相对而言单挑并不多见，三国时期的史料中所记载的单挑不过寥寥数场而已。例如《魏书·卷七·吕布传》里郭汜对吕布的单挑，吕布一枪戳中了郭汜，郭汜随后就跑路了。再比如樊城之战中关羽对庞德的单挑，结果关羽反被庞德射伤。至于书迷们热烈讨论的“三英战吕布”、“温酒斩华雄”、“长坂坡”、“张飞挑灯战马超”等等著名单挑案例，其实大都是小说附会而已。

三国之后到唐朝时期，单挑散见于各种史料中，比较集中的史料只有《武经总要》中的几条，如：晋陈安对平先，南朝刘宋时期的王应之对何惠安、薛安都对鲁爽，南朝梁时期陈昕（陈庆之之子）对宝乐，隋时期的史万岁对某无名对手，唐时期的白孝德对刘龙仙等，由于单挑事例较少，且记载零散，在这里就不一一举出。

这些单挑的行为，很大程度上是春秋战国时期“致师”习惯的遗存，也不排除双方将领为展现个人武勇鼓舞士气而进行单挑。但随着军事活动越来越频繁、强度越来越大，总体上而言这种行为是越来越罕见的，是绝对的非主流。

但是，非主流并不等于说，在特定的时候不能起到重要的作用。在宋金交战时期，就有这么两个典型的单挑案例：

案例一：

吴武安驻兵关隘，金人栅其上，一日，敌出骁将，垂青丝辫，握马槊，策马戟手詈玠，求独斗，麾下两将辈出皆歼焉。诟益甚，曰：“此犬彘何以辱我？”，玠未以对。有曹武者，位甚下，未尝以勇闻，请行。玠

 单挑

难之曰："两将犹不当，子毋重辱我。"武曰："得公所常自乘马，则无不济矣！"问其故，曰："敌诚骁果，然吾视其马于回挽间徽疵，此成擒易尔。"玠解以付之，武骑而出，与之两道驱驰，若无意于格斗者。忽跃身赴之，敌马力猛骤前，急回不能如人意，迟一二步，为武所碎，持其首以归，三军大噪，敌帐解而出。

——《山房集·卷八》

案例二：

初，金人于蔡州，乘大雪突骑五百，寇城下。（赵）撙出骑迎击之，金人退去，众请追之，撙曰："惧其诱我也，纵之去。"庚辰，探者报金人兵势甚盛，行且至，撙唯孤军。又，吴拱遣踏白军统制焦元来应援，合军不过数千人，皆危之。撙与诸将议，分四壁守御，且以忠义相勉为死守计。是日，金人逼于城下，先遣兵断撙归路。黎明，已列阵于城西，须臾分布四隅，下马鼓噪逼城。撙激厉将士曰："金人虽多，而无攻具，将士但坚一心无恐。"金帅魏都监亦厉其众曰："此城卑薄，汝所共知，一鼓可陷矣。"于是以劲弓数百齐射，矢著城如猬毛，守者不能立。未亭午，从西壁坎墉而上，倏忽金人登城者已溢满。撙时在西壁，知其不可当，乃弃城而下，跨马率诸军巷战。金人壁立城上，官军甚危，皆奋勇鏖战，从午至申，金人败出城去。方鏖战之时，有官军旗头与虏之旗头战于城上，移时两边众兵如山不敢动，以待旗头之胜败，（官军旗头）竟杀虏旗头，城上百姓望而呼曰："赵提举且保明此旗头做好官！"虏之旗头既死，即时散乱，多堕城而死者。官军旗头亦战死，竟不得其姓名。蔡州人为哀之，金人败去。

——《三朝北盟汇编·卷二四九》

案例一中的单挑发生在绍兴元年（公元1131年）三月中旬，金军挟富平会战胜利的余威，对宋西北防线发起进攻。金军兵分两路，一路由金将折合、乌鲁率领，准备取三国时期的阴平小路入川。另一路由完颜没立率领，取道凤翔，准备自大散关入川。折合、乌鲁那一路金军由于地形崎岖不利行动，又遭遇江河涨水，最终只能撤退；完颜没立率领下的金军占领了凤翔府之后，在和尚原遭遇宋将吴玠邀击，双方发生对峙。

由于和尚原地形比较险要，金军只发动了试探性的攻击，而单挑就在攻击的间隙中发生。金军派出一位铠甲鲜明的将领向宋军挑战，宋将吴玠看对方武力甚强，于是派去了两员将领接受挑战，但都被对方打败。对方于是在阵前直呼吴玠的姓名，逼他出来与自己决斗。这时，有个叫曹武的低级军官主动要求出阵应战。吴玠则认为对手太厉害，曹武名不见经传，恐怕难以取胜。曹武则向吴玠分析了局势，他认为敌将虽然勇猛，但是马的转弯有点问题，是一个很大的缺点，如果他能借用吴玠的好马，就有很大把握抓住对方。于是吴玠就让曹武骑自己的马出战。双方开打之后，保持一定距离以平行线运动，并没有立刻格斗。然后曹武突然利用马匹的转向优势向敌人方向内切进去，敌将则因为马匹转向不良，仍在做直线运动。敌将在前，曹武在后。曹武的动作跟战斗机空战中的剪刀机动战术很类似，都是利用转弯优势，掠过对方的后方进行攻击。占据优势位置的曹武趁机打中了金将的脑袋，将其临阵打死。金将的死给双方士气带来很大影响，宋军士气大振，而金军则士气低迷。又因为和尚原地势非常险要，易守难攻，完颜没立最终放弃进攻，率军撤退。

案例二中的单挑发生在绍兴三十二年（公元1162年）元月十五日，是金主完颜亮南征失败的尾声。金主完颜亮在绍兴三十一年（公元1161年）发动南征之后，当年十月即击垮淮南宋军的抵抗，兵临长江。但南宋在各条战线上都成功顶住了金军的进攻，金军的海军在陈家岛被岳飞旧部李宝完全歼灭，完颜亮的南征遭遇沉重打击。在关中方面，进犯川陕的金军部队则被南宋名将吴玠击败，南宋趁机收复了七个州的领地。在京湖方面进犯的金军则无法突破岳飞旧部京湖大军的防御，后勤辎重被京湖大军烧光。完颜亮亲率的主力部队则在采石矶登陆战中被虞允文组织的宋军零散部队击溃。最终完颜亮由于无法渡江而对军士将领过于苛刻，导致军变，本人被乱军砍杀，随后双方的战事逐步平息。

但战事逐步平息不等于战事结束，本案例中所列之单挑就是第二年年初之时，宋金双方为争夺蔡州而发生的战斗。这次战斗中，金军虽然没有攻城器械，但是胜在兵力雄厚。宋军兵力仅有数千人，相比之下非常不利，战斗形势十分危急。交战之后，金军以强弩掩护部队爬城，成功占领了西面城墙的一部分。宋将赵撙则不得不率领军人和蔡州群众进行巷战，抵抗金军的进攻。在双方打得最激烈的时候，发生了这次单挑。

这次单挑的特色在于，参与的双方并不是有名有姓的高级军官，而是宋军的旗手和金军的旗手。旗手即旗头，是引导军队进退的人，军中历来都以最骁勇善搏者为旗手，例如民族英雄岳飞从军后就担任过旗手。旗手受伤的时候把旗手救下来的人也会获得重赏（《太平御览·卷二九六》：“与敌斗，旗头被伤，救得者重赏。”），可见旗手对于军队士气的重要性。

作战中，双方的旗手进行了一对一的搏斗。由于城墙狭小的缘故，宋金双方的军队都不敢乱动，只能看着两位带队搏杀的旗手单挑。最后宋军旗手取得胜利，将金军旗手杀死，宋军士兵和蔡州群众士气大振，纷纷叫主将赵撙保举这位旗手有个好官职做。大家气势如虹地把金军赶下城去，击退了金军的进攻。可惜的是，这位确保了胜利的旗手在随后的战斗中也战死了，结果竟然没有人知道他的名字。

这次单挑，虽然是两个无名战士之间的战斗，却直接决定了这场战斗的胜负。胜利一方一改之前的颓势，士气高昂；失败的一方则一改之前的昂扬状态，竟然被原来劣势的一方完全压倒，最终被逐出战场。可见单挑对于军队士气的重要性。

这两次单挑，都是以军士的个人武勇稳定军心，打击了敌方士气，引导战局往有利于宋军的方向发展。可见单挑在特定时间和特点地点、特定背景之下，对作战过程还是有直接影响的。《三国演义》也好，

《杨家将演义》也好，《说岳全传》也好，这些话本小说中以单挑决定战斗胜负的表现形式，倒也算得上“其来有自”，而并非全是文艺工作者的凭空虚构。

单挑之所以有名，有些还能流传千古，话题至今不绝，其根本的原因还是单挑较为罕见。因为其少，才显得尤其有戏剧性；又因为其少，才显得尤其有架空话题性。既有戏剧性，又有架空话题性，也难怪单挑为人们所重视，津津乐道了。

我们乐于谈论单挑，是因为崇敬英雄人物的勇气、胆识。我们喜爱谈论单挑，是我们对人类勇于接受挑战、勇于挑战命运的精神的向往。不过，无论怎么讲，战争毕竟不是打架斗殴，战争是暴力集团的最高的智力和动员力的对决。个人武勇在战争中的映射，固然异彩纷呈，但终究不是军事对抗的核心组成部分。军事对抗从根本上来说，还是由人所组成的集团的对抗，这就是战斗与斗殴的本质区别。

二 阵与法

军阵是一个很古老的概念，在我国历史中甚至古老到可以向上追溯到传说中的黄帝时期。虽然历代的兵书战策中，军阵仅仅是一个重要的组成部分，但我们的最大兴趣，恐怕依然集中在这些兵书中的军阵部分。

事实上，对于军阵的爱好，从民间流传的各种话本小说以及市井俗语中，我们不难窥探一二。例如四大名著之一的《水浒传》中，就有很大篇幅描写农民起义军布设八卦阵的具体细节。在卷七十六“吴加亮布四斗五方旗 宋公明排九宫八卦阵”中，作者不吝笔墨，对起义军的布设安排浓墨重彩描绘了一番。流传甚广的《杨家将》中，也将虚构人物穆桂英大破辽军所设的天门阵作为重要剧情。《三国演义》中对诸葛亮所布设的八阵图、曹仁布设的八门金锁阵、诸葛亮与司马懿进行的斗阵活动、姜维与邓艾进行的斗阵活动，描写也都比较详细。其中斗阵的内容甚至带有很强的对抗性（虽然这种对抗性仅仅只能在纸面上有存在的意义）。在川黔西南地区，老百姓更是直接把聊天称作“摆龙门阵”了。

这些小说中所描述的军阵或斗阵，是真实军事活动的反映么？恐怕不尽如此。小说所描述的军阵或斗阵活动，多是以推动剧情、塑造人物为目的，展示实际军事对抗过程并不是其主要目的。历代传播者更是以吸引读者为主要目标，反复对小说进行润饰。

也就是说，这种经过润饰的描写，并不真的是古代军事活动的直接反映。其实我们只需要看一个选段，就不难明白这个事实了。

孔明曰：“汝欲斗将？斗兵？斗军阵？”懿曰：“先斗军阵？”孔明曰：“先布阵我看。”

懿入中军帐下，手执黄旗招飐，左右军动，排成一阵。复上马出阵，问曰：“汝识吾阵否？”孔明笑曰：“吾军中末将，亦能布之。此乃混元一气阵也。”懿曰：“汝布阵我看。”孔明入阵，把羽扇一摇，复出阵前，问曰：“汝识我阵否？”懿曰：“量此八卦阵，如何不识！”孔明曰：“识便识了，敢打我阵否？”懿曰：“既识之，如何不敢打！”孔明曰：“汝只管打来。”司马懿回到本阵中，唤戴陵、张虎、乐綝三将，分付曰：“今孔明所布之阵，按休、生、伤、杜、景、死、惊、开八门。汝三人可从正东生门打入，往西南休门杀出，复从正北开门杀入：此阵可破。汝等小心在意！”

于是戴陵在中，张虎在前，乐綝在后，各引三十骑，从生门打入。两军呐喊相助。三人杀入蜀阵，只见阵如连城，冲突不出。三人慌引骑转过阵脚，往西南冲去，却被蜀兵射住，冲突不出。阵中重重叠叠，都有门户，那里分东西南北？三将不能相顾，只管乱撞，但见愁云漠漠，惨雾蒙蒙。喊声起处，魏军一个个皆被缚了，送到中军。

——《三国演义·一百回》

小说描写的无关细节，例如两军主将是如何能基本实时通话，并且能迅速对对方的话做出军事部署反应的，我们暂且不去追究这些明显虚构的细节，集中精力去关注司马懿破阵的描写即可。

军事工作有其内在规律，遵循这些规律的话，指挥官能取得很大的优势。而其中一个最重要的规律就是指挥官要尽可能时刻保留对战局变动的干预能力。这种能力既体现为动用预备队对作战过程进行调整，也可以体现为在战前进行预案性质的部署，预备多个不同的作战计划以备不时之需。例如，法国著名军事家、政治家拿破仑就一直主张“作战计划应至少有两个”。

小说中，司马懿在识破了诸葛亮的阵形

◎ 三国冲锋

之后，仅仅只是派了三员将领率九十骑的薄弱兵力前去进攻。司马懿既没有备用预案，也没有在他的战术部署明显没有成功的时候对战局进行干预。同时，司马懿的战术部署也颇有不符合常理的地方。他既不交代蜀军兵力分布的细节，也不与前去进攻的戴陵、张虎、乐綝三将进行针对性的交底，而只是告诉他们从哪个门去进攻，走哪条路线一定能破。这种所谓的战术部署，严格来说只是一种压胜[①]手段，而不是战术上的克制方法。他对军队的调动既没有整体性的部署，也不是对兵力集结、兵种协调这些战术元素的运用。他只是讲讲进攻的方位，宽泛地嘱咐三将要小心而已。而具体该小心什么，司马懿也没有做出明确的指示。在小说里，似乎三人把方位走对了，外加小心一点，就可以击败敌人一般。不难看出，小说中的军阵描写，本质上是作为娱乐元素而存在，是小说情节发展和人物性格塑造的佐料，与真实的军阵关系不大。

那么，真实的军阵应该是什么样子的呢？在此我们不妨看一看古典时代东方世界和西方世界的几次会战过程的案例。

案例一：澶州之战

赵延寿曰："晋军悉在河上，畏我锋锐，必不敢前，不如即其城下，四合攻之，夺其浮梁，则天下定矣。"契丹主从之，三月，癸酉朔，自将兵十馀万陈于澶州城北，东西横掩城之两隅，登城望之，不见其际。高行周前军在戚城之南，与契丹战，自午至晡，互有胜负。契丹主以精兵当中军而来，帝亦出阵以待之。契丹主望见晋军之盛，谓左右曰："杨光远言晋兵半已馁死，今何其多也！"以精骑左右略阵，晋军不动，万弩齐发，飞矢蔽地。契丹稍却；又攻晋阵之东偏，不克。苦战至暮，两军死者不可胜数。昏后，契丹引去，营于三十里之外。

——《资治通鉴》

案例二：坎尼之战

汉尼拔显然为这场会战作了好几天准备，制订了一项旨在抵消罗马军巨大数量优势的作战计划。在他的战线前列，他部署了他的巴利阿里籍投石手与轻长矛手，以他们为散兵。在其主战线的左翼是由其胞弟哈司德鲁巴尔率领的伊比利亚与高卢骑兵。哈司德鲁巴尔恰好从西班牙来此探望兄长。他们旁边是半数的非洲重步兵，现在已用前几场会战中缴获的罗马武器武装起来。再旁边，在战线中央，交替排列着穿紫边白麻布短军服的伊比利亚步兵与惯于几乎裸体作战的高卢步兵单位（我们虽无确证，但是此时汉尼拔显然已经吸取了罗马棋盘式方格阵形的若干特点）。他们旁边是另一半非洲步兵，处在右翼的是努米底亚骑兵。布好战阵以后，汉尼拔命令中路的伊比利亚与高卢步兵向前挺进，致使其战线中段呈弓形前突。汉尼拔的指挥位置在其部队中央。

瓦罗的军团还是采取罗马人惯用的三线战斗编队，罗马骑兵在右，其盟国的骑

①"压胜"乃是古典时代方士常用的巫术，用以逢凶化吉或诅咒他人他事，今东南亚流行之所谓"降头术"乃其遗存。

兵居左。轻武装部队也按常规部署在主战线前方。但当瓦罗发现迦太基军利用河湾地形至少使其左侧面得到保护，他也开始改变自己军团的队形，使其战线缩短，以此与汉尼拔的战线相匹敌，他把各中队的正面收拢以加长其纵深，并使行列之间的距离缩小。经过这些改变，罗马军各中队实施机动的余地大大减少，人与人之间的距离也变得过于狭窄。这使罗马军从一开始就处于不利地位，因为他们是以一种完全生疏的新队形进入战斗的。

瓦罗现在命令全军出击，战斗于是开始。当罗马军团快要冲到迦太基主阵地时，两军散兵从战线的空隙中后撤。双方骑兵遂开始冲锋。在迦太基军左翼，哈司德鲁巴尔率领的西班牙与高卢骑兵很快就压倒了冲向前来的罗马骑兵。罗马骑兵大部被杀，其残部沿河道受到追歼。

在迦太基战线右翼，数量居于劣势的努米底亚骑兵勇敌罗马军左翼骑兵，双方的战斗不分胜负。战线中段，集结起来的罗马军向较为薄弱的伊比利亚、高卢步兵战斗线推进。高卢兵与伊比利亚兵缓慢后退。他们的凸形战线先恢复平直，然后又变成凹形。随着迦太基战线的后撤，越来越多的罗马士兵向中心涌入。这正是汉尼拔所希望的。罗马军挤作一团，连挥动武器都有困难。就在此时，他们发现左右两侧的重武装非洲步兵突然包围他们的两翼并向中央压迫。

在此同时，哈司德鲁巴尔及其凯旋的骑兵显然已绕过罗马全军，从背后攻击与努米底亚部队相对的罗马左翼骑兵。罗马骑兵落荒而逃，努米底亚骑兵策马追击。哈司德鲁巴尔则急急赶去从后面攻击落入圈套的罗马军团，切断其退路。罗马人虽然勇气不减，奋战不息，结果还是成千上万地遭到杀戮。

坎尼会战就此结束，罗马军战死沙场的步兵多达四万，骑兵也有四千，留守罗马大营的一万士兵全数被擒。侥幸脱逃的罗马人不到一万五千名。其中之一正是瓦罗。他的蹩脚战术使汉尼拔事半功倍。死者之中有艾弥利乌斯、一大批下级军官以及八十名元老院议员。这支迄此为止罗马史上最庞大的野战军就此毁灭。为了歼灭这支野战军，汉尼拔付出了死伤近八千人的代价。

——《战略之父汉尼拔的军事生涯》

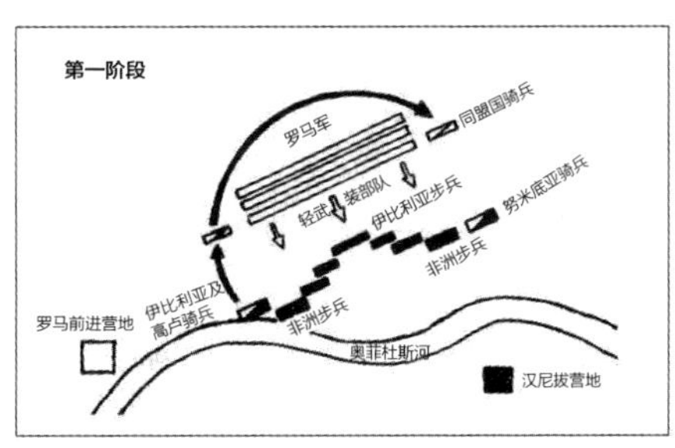

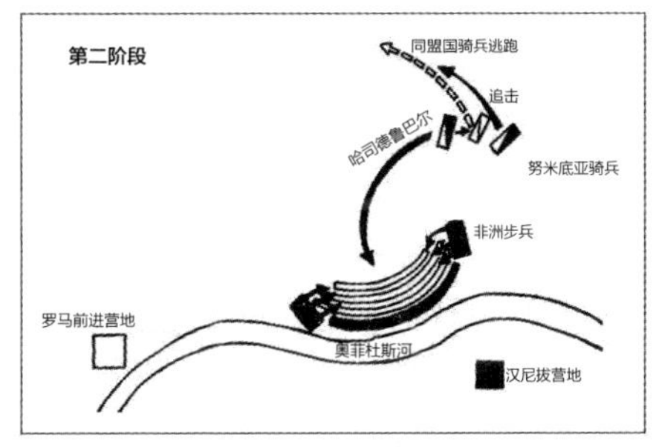

◎ *坎尼之战军阵图*

案例三：却月阵

魏人以数千骑缘河随裕军西行；军人于南岸牵百丈，风水迅急，有漂渡北岸者，辄为魏人所杀略。裕遣军击之，裁登岸则走，退则复来。夏，四月，裕遣白直队主丁旿帅仗士七百人、车百乘，渡北岸，去水百余步，为却月阵，两端抱河，车置七仗士，事毕，使竖一白毦；绩羽为之。魏人不解其意，皆未动。裕先命宁朔将军朱超石戒严，白毦既举，超石帅二千人驰往赴之，赍大弩百张，一车益二十人，设彭排于辕上。魏人见营阵既立，乃进围之；长孙嵩帅三万骑助之，四面肉薄攻营，弩不能制。时超石别赍大锤及稍千余张，乃断稍长三四尺，以锤锤之，一稍辄洞贯三四人。魏兵不能当，一时奔溃，死者相积；临陈斩阿薄干，魏人退还畔城。

——《资治通鉴》

义熙十二年，北伐，超石前锋入河，索虏托跋嗣，姚兴之婿也，遣弟黄门郎鹅青、冀州刺史安平公乙旃眷、襄州刺史托跋道生、青州刺史阿薄干，步骑十万，屯河北，常有数千骑，缘河随大军进止。时军人缘河南岸，牵百丈，河流迅急，有漂渡北岸者，辄为虏所杀略。遣军裁过岸，虏便退走，军还，即复东来。高祖乃遣白直队主丁旿，率七百人，及车百乘，于河北岸上，去水百余步，为却月阵，两头抱河，车置七仗士，事毕，使竖一白毦。虏见数百人步牵车上，不解其意，并未动。高祖先命超石驰往赴之，并赍大弩百张，一车益二十人，设彭排于辕上。虏见营阵既立，乃进围营，超石先以软弓小箭射虏，虏以众少兵弱，四面俱至。嗣又遣南平公托跋嵩三万骑至，遂肉薄攻营。于是百弩俱发，又选善射者丛箭射之，虏众既多，不能制。超石初行，别赍大锤并千余张槊，乃断槊长三四尺，以锤锤之，一槊辄洞贯三四虏。虏众不能当，一时奔溃，临阵斩阿薄干首，虏退还平城。

——《宋书·卷四》

这三个案例，分别带有不同的特征，案

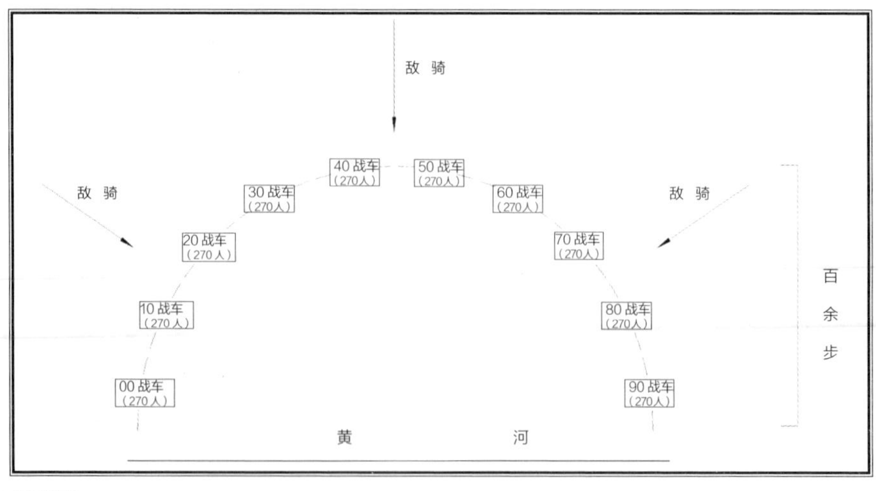

◎ 却月阵图

例一的澶州之战体现了主力为步兵的军队与主力为骑兵的军队的对抗，案例二的坎尼之战则是主力均为步兵的军队之间的对抗，案例三的却月阵则是主力为步兵的军队依托设防阵地与主力为重骑兵的军队的对抗。

案例一中的澶州之战是我国五代时期后晋与辽国之间发生的一次会战，该会战体现了五代时期强调速攻速决的战术风格。该案例中的赵延寿原本是常山人，曾一度是后唐的高级将领，后晋天福年间兵败契丹，并投降契丹，成为契丹重臣。他熟悉中原风物军事，因此在契丹人天福八年（944 年）的这次中原攻略中担任了先锋的职位，将兵五万发动第一轮攻击。

双方经过了互有胜负的作战后，由于晋出帝石重贵亲领大军来援，一时形成了对峙局面。在这个时候，赵延寿希望能速战速决。契丹人也有此意，于是双方在澶州城下发生大战。契丹主亲自率领十万骑发动会战，并亲领精锐直突晋军本阵。晋出帝针锋相对出阵应战。契丹军以精锐骑兵发动攻击，但是晋军保持阵形严整，发弩反击，暂时打退了契丹精骑的进攻。随后契丹人又重新集中兵力主要攻击晋军大阵东面（右翼），希望由此形成突破崩坏晋军阵形，这次进攻也没有获得成功。会战中，双方死伤都很惨重。契丹人觉得无法取得突破，因此退兵，会战不久即告结束。

这次会战在会战层和战术层都上与多年之后的宋辽澶渊之战颇为相似，战术层胜负基本面并不太明显，晋军和辽军都没有达成突破对方防御或者歼灭对方的会战目的。但是辽军顿兵坚城，战线后方空虚，这在会战层面上尤其是个大忌。因此契丹方面一旦感觉会战不畅便立即退出战场，之后更逐步退兵，结束对峙局面。

晋军在这次会战中因为保持了阵形严整，并依靠弓弩克制了契丹骑兵的冲锋，因此其步兵机动能力弱的缺陷并没有暴露。由于缺陷得到了很好的隐藏，因此晋军在战术层上取得了相对有利的结果。

由此不难看出，在战术层来看，不同战术对抗、步骑对抗的关键在于谁更能发挥自己的军种特点，并能压制对方。但此对抗仅仅是步骑各自在战术层的发挥，骑兵由于拥有更高的机动性，在会战层上拥有更多的优势，拥有选择与放弃会战意图的主动权。相对而言，机动能力比较弱的步兵却很难把握到这种主动权，这种会战层面上极度明显的机动性差异，才是步兵和骑兵最大的区别所在。

正因为骑兵具备较高的机动能力，调动兵力的效率更高，其在会战层上更容易把握战争的主导权。虽然机动能力的优势还要受战区地形、具体敌情的限制，并不见得能使骑兵在战略上具备突然发动挑战的灵活性。但是骑兵却往往能因利用这种优势达成会战的突然性，抓住适当战机集中兵力取得成绩，从而改变整体战略局势。比如后唐时代的大梁奇袭战，以及导致雍熙北伐东路军溃败的歧沟关之战等，都是通过利用骑兵的这种优势，对重要目标或者重兵集团发动猛烈打击，导致局面迅速变化的典型例证。

要对付这种在会战层和战术层都有较多可选策略的对手，以步兵为主力的军队不得不采取其他针对性措施。例如，在会战层上将主力兵团隐藏到纵深地域，待前锋战判定敌人的会战决心和主要突破方向之后再进行组织调动；在战术层上则采用稳定的兵力部署、巩固的阵形和针对性的对抗手段，从而克服敌人天然具有的兵力和调动效率优势。

在案例一中，晋出帝率军在澶州成功捕捉到契丹军的主力部队，会战层上判断准确。战术层上他的部署也非常稳健。在契丹主率主力发动进攻的时候他亲自率军出阵对抗，同时也巩固了步兵阵形的两翼，使得契丹军队对步兵阵形的攻击动能均被吸收，步兵阵形保持完好。之后契丹军在正面牵制的情况下，偏攻晋军大阵的东面，希望取得局部优势。由于晋军阵形保持较好，契丹军的进攻没有取得明显效果。

在该案例中，军阵的工作领域处于会战层和战术层之间的位置。决策者在会战层决定在哪里部署军队的作战阵形来对敌军的威胁做出反应，而在战术层则决定具体如何使用或者使用这些军阵中的哪一种。

案例二中的坎尼之战则是古典军事史上的一次奇迹。这次会战是第二次迦太基战争中的一次重要作战，集中体现了迦太基名将汉尼拔后发制人的卓越战术调度能力。

迦太基是一个奴隶制寡头共和国，是在公元前由来自古城推罗的腓尼基人建立的，其首都即为迦太基城，位于北非的突尼斯。该国航海事业发达，曾一度依靠其强大的海军控制了西地中海范围内的国际贸易。迦太基城则成为西地中海地区的贸易中心，在该国最强大的时候，首都人口据说一度达到了70万人。

迦太基在其发展过程中，曾与海上力量强大的希腊人争霸。双方争斗百年，没有分出明显胜负，后希腊在伯罗奔尼撒战争中因内战而衰弱，迦太基由此占据上风。

公元前4世纪左右，拉丁同盟中的罗马崛起，统一了同盟中的其他城市。之后罗马逐步取得了对意大利半岛的全面控制，并向地中海方向拓展势力。公元前264年，罗马和迦太基因争夺地中海上的西西里岛而发生战争，史称布匿战争（第一次）。在该战争中，迦太基战败。

公元前218年，迦太基著名军事家汉尼拔·巴卡在取得了对西班牙伊比利亚半岛的绝对控制权后，以87000人（步兵75000人，骑兵12000人）的庞大兵力开始了他的著名远征。汉尼拔在翻越比利牛斯山和阿尔卑斯山之后，与罗马人先后进行了提基努斯河会战、特雷比亚河会战，均取得胜利。后汉尼拔又翻越亚平宁山脉，逐步逼近罗马共和国核心地带。在特拉西梅诺湖会战中汉尼拔伏击罗马军队，歼灭罗马4个军团25000人的军队。罗马主将弗拉米尼乌斯被一柄长枪贯穿胸口而阵亡。

连续的失败使罗马共和国一时之间风雨飘摇。汉尼拔的部队距离罗马城只有几天行程了，罗马元老院宣布进入紧急状态并委任费边为“独裁者”，全权负责与汉尼拔的战争。费边在其6个月的任期内，组建了新的军团，拖延与汉尼拔的作战，初步稳定了战略局势。但在费边任期到期并交出权力后，大选上台的执政官鲍卢斯和瓦罗掌握了军权。

公元前216年8月2日，罗马军队与迦太基军在坎尼发生会战。罗马军队有步兵约66000人，骑兵约7000人，总计约73000

人（一说总兵力 84600 人）。迦太基军有步兵约 32000 人，骑兵约 10000 人，总计约 42000 人。从兵力对比上而言，罗马人步兵优势极大，骑兵略有不足，但由于步兵优势如此之大，骑兵的不足似乎并不显得突出。而迦太基军兵力较为薄弱，在直接对抗中劣势较大。

汉尼拔精心组织调度，采取了这样的阵形部署：将战斗力比较弱的高卢步兵放置在阵形中央，并在高卢步兵背后部署一部分战斗力较强的非洲重步兵进行支持；在中央阵形的两侧部署剩余的非洲重步兵；在整个步兵阵形的两翼部署骑兵。部署好阵形以后，汉尼拔又命令中央阵形的高卢步兵与非洲重步兵前凸，从而让整个阵形形成弓形。

罗马军队在开战前还是采用了传统的三线式部署模式。罗马人将主力步兵分为三个作战序列，将骑兵分为两阵排列至左右翼。但在进攻过程中，罗马主将瓦罗发现迦太基军利用河流掩护了左翼。因此他决定充分利用自己的兵力优势，压缩各作战中队的队形正面和间隙，使中队的纵深加长正面缩短，期望能通过密集队形对迦太基军的薄弱阵形进行突击。待突破迦太基军的中央阵地之后，罗马军队意图利用纵队便于进攻的队形优势，对迦太基军两翼进行卷击，最终达成击溃迦太基军的目的。

在作战中，罗马军队确实充分发挥了其兵力的优势。迦太基军的高卢步兵在其冲击之下步步后退。但由于汉尼拔本人的指挥调度和背后的非洲重步兵的支援，阵形后退比较缓慢并且相当克制，在一定程度上吸收了罗马军队高强度的冲击力。罗马军队则继续集中兵力向高卢步兵后退的方向突击，进一步压迫了迦太基军的阵形，并最终使迦太基军的阵形由凸出的月牙形状，变成了凹入的月缺形状。

在这个时候，汉尼拔布置在两翼的非洲重步兵对罗马军队两翼发动了合围，将罗马军队的两翼打退并逼迫他们向中心阵形退去。迦太基军的两翼骑兵先后击败了罗马骑兵，与其他部队一起完成了对罗马军队的合围。

罗马军队的庞大兵力被挤压到一个狭小区域里，无法发挥自己的优势，会战成了一场一面倒的屠杀。除了普通军士，罗马军队和国家高级管理人员也大批阵亡，其中包括执政官鲍罗斯以及 2 位前执政官、2 位军法官、29 位军队高级将校以及 80 位元老（罗马元老院的元老成员当时为 300 人）。

这次会战中，迦太基军兵力薄弱的弱点并没有暴露。汉尼拔充分发挥了自己的战场调度能力和战场感觉，通过自己对作战阵形的调度和军队的掌握，成功诱使罗马军队采用了他们不熟悉的队形，过密地集中了兵力。同时汉尼拔成功执行了自己的作战预案，吸收了罗马军队的强大攻势，并后发制人，使罗马军队自投罗网，而迦太基军则在战术层上获得明显优势，并撬动了战略平衡的杠杆，使得战争总体形势朝有利于迦太基的方向前进。

在本案例中，汉尼拔所布置的凸形阵形的工作领域，也处于会战层和战术层之间的位置。这次会战的挑战者是罗马指挥官，他们决议在坎尼地区对汉尼拔发动会战，而汉尼拔最终也决定接受挑战，在坎尼地区对罗马军的威胁做出反应（这个地区比较适合让他的骑兵发挥优势），并在战术层决定了具体作战方案。由于其方案的针对性和汉尼拔强大的指挥能力，会战取得圆满胜利。

案例三采用了两则来源不同但细节互补的史料。该战发生在南北朝时期，交战双方分别是东晋和北魏。

东晋是以琅琊王氏家族为代表的士族地主拥戴皇室贵族司马衷而建立的新政权。在法理名义上，该政权承袭了建都在洛阳的西晋的法统。由于定都在建康（今南京），统治中心区域相较西晋偏东，因此称东晋。北魏是由少数民族将领拓跋珪建立的北方政权，先后消灭了后燕、后秦、北凉等地方政权，击退了其他边境少数民族势力，遏制了后秦的发展，是当时中国北部最强大的政治势力之一。

◎ 南北朝甲

公元 416 年，东晋实质上的独裁者刘裕发动了北伐。北伐发动之后，晋军前锋所向披靡，一举攻占洛阳，基本占领河南地区全境，后秦内部也随之发生了动乱。面对良好的战略形势，王镇恶等将领决心抓住战略机遇，在主力部队到来之前决出胜负，突破潼关天险一举灭亡后秦。但由于各方面的原因，晋军夺取潼关之后无力发展战局，攻守双方在潼关一定城一带对峙数月之久。

公元 417 年元月，刘裕本人率领水军取道黄河西上，前往援助王镇恶等军，准备对后秦发动最后攻势。与后秦有着婚姻之盟的北魏，一直在黄河北岸派兵监视晋军，伺机进行骚扰。由于晋军水军西向逆流而上，使用士兵拉纤而行，所以偶有因风水势大而被冲到北岸去的。这些飘过去的零散舰船和军人大都被魏军消灭了。当刘裕派遣部队去扫荡魏军的时候，魏军骑兵进行了战术撤退，避开晋军的攻击。因此为了保障水军侧翼的安全，刘裕派遣将领丁旿率领精锐出击去稳固舰队右翼，保障舰队航行。这就是刘裕在黄河北岸上布置却月阵的原因。

为了进行具体的分析，我们不妨来做一些基本的计算。设该阵形为一个半圆形，那么该半圆形的半径为“百余步”（去水百余步，为却月阵，两端抱河）。设为整数 110 步，则战车所分布的阵形外延根据圆周率可求得：110（步）× 3.14=345.4 步。因战车有 100 辆，所以平均估算每车间距约为 3.49 步。由于南北朝时期度量衡体制较混乱，我们暂按记载比较明确的隋唐时期的一步五尺为依据来计算的话，则每车间距约 3.49 × 5=17.45 尺。

考虑到战车的宽度，每不到 15 尺（扣除战车的宽度）就有一个战术支撑点。每个支撑点有 27 个人防御，平均每个人防御 0.5 步 70 余厘米（1 步约为 1.5 米）的战术宽度。以人着衣甲后肩宽 45 厘米计算，此防线算得上肩并肩而立，布置较为严密。

此外，在布置阵形的过程中，刘裕采取了逐步成形的方式。首先派遣兵车出击，确定基础的战术据点。等战术据点稳固以后，利用敌军还不掌握晋军布阵意图的机会，再派遣主力部队 2000 人进行补完。除分派更多的士兵到战车之外，还用大型盾牌（“彭排”）对车辆进行了加强。

在文献中，晋军是“设彭排于辕上”，又是“以软弓小箭射虏”，即采用了弓弩手进入临时预设阵地的战术。彭排即是旁牌，是一种可以遮蔽整个人体的大型盾牌。而辕就是战车前伸出的两根直木，用来给马匹或者其他牲畜套上挽具。在车辕上挂上盾牌，可见战车应是侧面向敌放置，这样便于弩手上弦时获得掩护。这种对战车的使用方式，颇类似于明代所用的偏厢车（“出关遇警，车傍挂牌”）。

旁牌和弩手的搭配和具体使用，在本文中没有记载，我们需要从其他文献中获得佐证。在《武经总要·前集·卷二》中，就有对弩手和旁牌的使用比较详细的解释：

弩当别为队，攒箭驻射，则前无立兵，对无横阵。若勇骑来突，驻足山立，不动于阵前，丛射之中，则无不毙踣。骑虽劲，不能骋，是以戎人畏之……用弩之法，不可杂于短兵，尤利处高以临下，但于阵中张之，阵外射之，进则蔽以旁牌，以次轮回，张而复入，则弩不绝声，则无奔战矣。

这段记载体现了两个战术，一是进行集中射击，使敌人避无可避，二是利用旁牌做掩护，弩手轮流上弦射击，由此可以达到“弩不绝声，则无奔战矣”的压制效果。这种理论上的战术部署，在对战双方进攻和防御兵力大致相当且都有一定规模的时候是有可能成立的。事实上由于敌人进攻的兵力和我方防御的兵力并不都是理想中的大致相当的情况，所以也会出现如本案例中所记载的那样的例外。在历史上，魏军派遣数万骑对不到 3000 人的晋军进行围攻的时候，虽然晋军防御负责人朱超石“百弩俱发，又选善射者丛箭射之”，但还是由于“虏众既多”而“不能制”。于是朱超石采用了最后的措施。他将随身带来的长矛 1000 支断为 3 尺到4尺长的小段，然后让士兵持这种短矛用铁锤去敲击，如同用锤子去敲击凿子一般，一支被当成凿子用的短矛累计可以洞穿三四个敌军。由此魏军骑兵受了很严重的损失，最终被击溃。

这种战术在历史上并不是绝无仅有的，在同一时代的其他战役中也出现过，例如：

讳率众军进据峨公固。难当遣其子和率赵温、蒲早子及左卫将军吕平、宁朔将军司马飞龙，步骑万余，跨汉津结柴，其间立浮桥，悉力攻讳，合围数十重，短兵接战，弓矢无复用。贼悉衣犀革，戈矛所不能加。讳乃截槊长数尺，以大斧椎之，一槊辄贯十余贼。贼不能当，因大败，烧柴奔走，退据大桃。

——《宋书·卷七八》

难当又遣息和领步骑万余人，夹汉水两岸，援赵温，攻逼皇考。相拒四十余日。贼皆衣犀甲，刀箭不能伤。皇考命军中断槊长数尺，以大斧捶其后，贼不能当，乃焚营退。皇考追至南城，众军自后而进，连战皆捷，梁州平。

——《南齐书·卷一》

可见，这种混战之中，一方截断长矛用大锤凿击来破甲，是当时较为常见的战术。但这依然带有急就章[①]的性质。同时，弓弩手卷入近战也要考虑到破甲的问题。这种破甲的需求在后世逐步形成了日常训练的军事素养，而不再使用这种仓促的临时性措施了。

唐诸兵家，皆谓弩不利于短兵，必以张战大牌为前列以御奔突，亦令弩手负刀棒，若贼薄阵，短兵交，则舍弩而用刀棒，与战锋队齐入奋击；常先定驻队人收弩（恐弩临时遗损）。

——《武经总要·前集·卷二》

咸平二年，复出为镇、定、高阳关三路行营都部署。契丹大入，缘边城堡悉飞书告急，潜麾下步骑凡八万余，咸自置铁挝、铁棰，争欲奋击。潜畏懦无方略，闭门自守，将校请战者，则丑言骂之。

——《宋史·卷二九七》

诸军当结纯枪、纯弓、纯弩队。枪之队在前，弓次之，弩次之。其弓弩手各带刀斧。每队九十人，通九队作一部，九部为一阵。缘弓可射八十步，弩可射二百余步，虏骑若近，先发弩，枪、弓队小坐，次发弓，若至前，则纯枪之势甚壮，可御马足，鲜有不胜。

——《历代名臣奏议·卷二二二》

这三条史料分别记载的是中古时期的军队比较典型的武器配置情况。有些是弓弩手携带刀棒，有些是弓弩手携带铁锤榔头，有些是弓弩手携带刀斧，总体来说都考虑了弓弩射手卷入近战时的破甲需求。这说明针对这种需求所发展的对抗性的战术，已成为一种公认应具备的军事素养和训练需求，从而得到固化。

本案例中，晋军利用车辆旁牌构筑的临时阵地，使用各种战术手段保持了阵形的严整，最终击溃了敌军骑兵的突击。而在此战

① 仓促间篆刻出来的印章，常用以形容事起仓促的特殊性手法或措施。

中，步兵和车兵机动性灵活性差的缺陷没有暴露，在战术层上也取得了比较好的效果。

同样值得注意的是，本案例中体现出和案例一同样的规律，即决策者在会战层上决定在何时何地对敌人的威胁做出反应，而其具体使用则在具体作战的战术层中进行部署。

将这三个案例与前文中所引的斗阵片段进行对比，不难看出真实的战争和演义化的战争区别在什么地方。事实上，真实历史中的军阵运用和演义中的斗阵描绘比起来，没有那么神秘化，也没有那么多“眉头一皱，计上心来”的桥段，而更多的是考虑面对敌人的挑战，该如何从现有条件（兵力、装备、地形）出发发挥己方长处，同时尽量掩盖弱点，扬长避短，杀鸡用牛刀。既然要面对敌人的各种挑战，指挥官自然就应该具体而快速地去指挥和调度自己的资源来完成任务。

对中国古典军事问题研究事实上有一个薄弱环节，或者说是不完备的地方，那就是对军阵的理解是生硬和死板的。研究者往往只是从军阵的角度去理解军阵，从静态的角度去理解军阵。这个理解是明显错误的。以阵来说阵，而不能把军阵放到军事系统里去理解，去摆好它应该在的位置，自然就不会得出符合事实的结论来了。

从以上几个案例中，我们不难发现，历史上没有脱离军事技术和军事装备的阵形，也没有能脱离军事技术和军事装备所形成的具体战术的阵形。阵形从来都是战术的附属产物，而不是反过来。先有装备，然后有技术，之后有战术，然后才是阵形。如何使用阵形，就是所谓古代兵家秘而不宣的法。简而言之即为阵法，这才是古典时期军事系统的核心素质所在。把这个问题的思路理解清楚了，研究中国古代的阵法问题，才算走上一条正确的、系统性的理解道路。

在通常讨论这类问题的时候，我们有时候会有一些通常习惯性认识。例如我们常常会说如果我们要布设阵形，那么“两翼应是骑兵，中路应是重甲和强弩”。这种认识当然不能说是错的，但事实上其实这不是一个规则也不是一个法则，这种布置法式是可以被打破的。

比如，在《宋史》中有两位名将的本传中，都明确记载了他们是以骑兵居中，而以步兵居两翼的部署，这种部署完全打破了我们通常认识的陈规戒律。

史见：

方郾城再捷，（岳）飞谓（岳）云曰：“贼屡败，必还攻颍昌，汝宜速援王贵。”既而兀术果至，（王）贵将游奕、（岳）云将背嵬战于城西。（岳）云以骑兵八百挺前决战，步军张左右翼继之，杀兀术婿夏金吾、副统军粘罕孛堇，兀术遁去。

——《宋史·卷三六五》

（蒙）兵退，（曹）友闻谓忠义总管陈庚及当可曰：“敌必旋兵攻鸡冠隘，宜急援之。”既而（蒙兵）果以步骑万余攻隘，庚以骑兵五百直前决战，当可将步兵左右翼并进，王资、白再兴又自隘出战，蹀血十余里，兵乃解去。

——《宋史·卷四四九》

他们为什么会如此布置？为什么会反其道而用之？这恰好说明了阵形的灵活性，以骑兵居中以步兵展开两翼的布置，表面上是违反常规的，但曹友闻和岳飞偏偏这么做了。这种阵形布置也并不是偶见。同时代，刘锜、杨存中、王德等人在绍兴十一年组织的柘皋会战中，也有类似的部署。杨存中、王德把持大斧等重兵器的重步兵在两翼展开，如墙而进打垮了金军最强的两翼骑兵拐子马，取得了决定性胜利。

所以，我们必须认识到，不能仅仅从表面去看军阵，更不能从静态来理解军阵。什么时候能理解到军阵的关键不是军阵本身，而是具体使用的方法，什么时候研究中国古典军阵才算开始上路。

在开战以前，谁也不知道对方的战术部署会是什么样的，预备队会如何使用。但是，优秀的将领会根据敌人的作战习惯和兵力部署，以及开战前对战场的侦察，还有开始对抗以后的战场局势，来决定自己应该采用的战术策略。

指挥者如果使用步兵，那么步兵该如何组织队形？如果使用骑兵反击，那么到底是应该派骑兵从外围绕过去，还是应该派骑兵从正面步兵中间突然冲出去？在骑兵运动的时候，步兵该如何配合？在步兵的掩护下，骑兵应该做出什么样的战术动作，威胁到敌人？

在作战时，如果指挥官想快速使整个军队做出符合自己意图的响应，这些具体的战术布置的内容，也就是大型军阵训练的核心所在。作为野战军，如何在各自单位的配合下，打出既定战术部署来，也才是军阵训练的精髓所在。

也就是说，除了具体军阵之外，真正核心的部分，最重要的部分，是阵法，即使用的方法。在各种不同的情况下，如何展开队形，如何调度部队，如何发挥兵力兵器的优势克制不同的对手。这才是每个优秀将领最奥秘的部分，也往往是他们秘而不宣的部分。

◎ 宋甲

阵法阵法，关键是看“法”，而不是看“阵”。有军阵的战术队形而没有使用方法的调度训练，那就很容易被对手捕捉到防御的弱点，这才叫死板。而没有战术队形，则根本无法有效地进行调度组合，一拥而上自然也就是一哄而散了。两者必须加以结合，有战术队形为基础，以调度方法为核心，这才是“形而上”的道理。

就好比舞蹈一样，舞蹈是有具体的舞蹈动作的，而一整套舞蹈则是由多个舞蹈动作组成，最开始的舞蹈动作是静态的。但是舞蹈之所以要成为舞蹈，是开始之后就要有各种动作的连续变化。否则要老是维持一个动作，那就不称为舞蹈，而应该称为人肉雕塑了。同时，作为不同的舞蹈家，都有自己的编排思路和习惯，由此表现出来的舞蹈就有了各种各样的变化。

这也就是阵法可以被当成军事艺术来理解的根源所在，因为它们都有需要临场发挥编排的创造性成分。将指挥者的具体意图予以实体化，要有表现和记录的载体，这种载体就是阵图。

阵图体现的是各种战术部署意图。很多时候，军事的指挥者为了掩盖自己的战术意图，往往初始的兵力分布是规律的、平衡的，甚至具有几何上的对称意义。但这么做的真实含义，是为了迷惑敌人的判断，不让敌人根据自己的部署来猜测自己的战术意图，同时保留针对敌人的战术部署来进行调整的可能。在双方进入对抗阶段以后，根据战况发展，指挥官才会逐步地投入预备队。将预备队从预备地域调出，执行自己的战术意图，这一点在我们前述的案例二中表现得非常明显。

除开开始的战术队形以外，阵图并不是以初始的阵形状态从头到尾维持不变的。阵图作为战术决心的具体部署意图的体现，表现的是针对什么情况，指挥官要将队形调整成这样。也就是说，阵形不是摆出来的，而是在对抗中打出来的，是根据敌人的战术部署而针对性调整采用的。

◎ 宋甲

例如，在前文所提的坎尼会战中，假如汉尼拔一开始所部署的阵形就是一个两翼前突中央凹陷的弓形阵形的话，那罗马人会和历史上他们所采用的作战阵形一般，冒着摆明的突出两翼的威胁，去往那明显很容易被包围的凹陷中央进攻吗？很显然，任何一个有实际作战经验的军人，乃至一个明智的读者，都绝不会犯这种明显的错误：放着汉尼拔突出的而薄弱的两翼不去利用自己的兵力优势进行围攻，而傻乎乎地直冲被两翼包夹的中心凹陷阵地而去。

正因为如此，阵形本身所体现的，是指

挥者所决定在某个时间点应该采用的作战队形，而这个时间点会随着战局的发展而变化。这才是指挥者在战前要“点阵图”的原因，因为会战之前“点阵图”的过程，体现的就是指挥者的战术决心。

是夕，敌聚火围城四隅，临西北呼曰：“尔非总管厅点阵图者邪？尔固能军，乃入我围中，今复何往！”

——《宋史·卷二八九》

但事实上，后代的研究者往往只看到阵图本身，而无法理解彼此之间的关系，因此就容易出现学习阵法徒有其形而无其神的情况。民间的文艺工作者更是继续从娱乐化的角度出发进行编排，加入各种压胜类型的元素，更使得阵图和阵法成为玄而又玄的各种“秘法”和“罩门”了。

总而言之，军阵、阵图、阵法，综合起来即为军队的综合素质，是对军队单位编制的合理使用指导原则和实操措施，是不同战术部署的载体和军事艺术的源泉，是古典时代作战的核心内容。其核心的调度法（阵法）一直到欧洲近代史上的线列战争时代都有着巨大的决定性意义。而这种调度法在古典时代则是军事指挥官最核心的价值，这一点无论是古代还是当代，都应属公论。例如：

（郭）逵慷慨喜兵学，神宗尝访八阵遗法，对曰：“兵无常形，是特奇正相生之一法尔。”因为帝论其详。

——《宋史·卷二九零》

（岳飞）战开德、曹州皆有功，泽大奇之，曰：“尔勇智才艺，古良将不能过，然好野战，非万全计。”因授以阵图。飞曰：“阵而后战，兵法之常，运用之妙，存乎一心。”泽是其言。

——《宋史·卷三六五》

古人所谓“运用之妙，存乎一心”，这个“妙”，我们叫做灵活性，这是聪明的指挥员的出产品。

——《论持久战》

在紧要行动的关头，理论往往令人感到难以运用和不可捉摸，因为此刻单靠理论是很不够的，比理论更重要莫过于以为久经考验的勇敢沉着的将军在战争实践中所表现出的军事天才和洞察力。

——《战争艺术概论》

三 阵形分析

谈完了军阵、阵图、阵法之间的关系，我们势必要深入一步，来对具体的阵图进行分析。

阵形分析之案例一：

连冲之陈，以狭而厚，为利阵。令骑不得与相离，护侧骑与相远。

——《诸葛亮文集·卷二》

这则史料虽然精悍短小，但是透露的

信息量很大。我们来逐字逐句进行分析。“陈”即阵，“连冲之陈”就是连冲之阵[①]。狭就是狭小，这里解释为宽度不大，综合起来理解就是阵形的正面要小一些。而在兵力一定的情况下，如果阵形正面比通常的左右纵向展开排列法窄，阵形深度自然便加深。阵形深度变厚，最直接的影响就是侧翼与中心的距离变短，对于防守而言自然是比较有利的形态。所以说是“为利阵”，即（对防守）比较有利的阵形。

“令骑不得与相离”，就是“令骑不得与之相离”，可见这个省略的“之”字是关键。由上下文我们不难知道，这个“之”就是“连冲之陈”。“令骑不得与之相离”就是说要骑兵与“连冲之阵”不要分离，那么骑兵不能与阵形分开要怎么做呢？只有一种办法，即骑兵藏在阵形中。

“护侧骑与相远”，就是“护侧骑与之相远”。这里的“之”自然又是“连冲之陈”了。理解这句话的关键在于“护侧”，护谁的侧？自然是护“连冲之陈”的侧。为什么要护卫该阵形的侧面？结合前一句话来分析，正面收窄、厚度增加的阵形，如果不是个纵向展开的长矩形，那就只能是拉扁的梯形，或者横向不太长的矩形了，而且主要的骑兵还在阵中。这种密度大（以狭而厚），骑兵还在阵形中的部署方式，自然是比较稳固的。要击破这种部署的话，敌人唯一的有效冲击战术只能是在牵制阵形各个方向的同时，集中兵力主要攻击阵地的一角或者一面。正因为如此，才需要有护侧骑。在敌人攻击我方阵形一角或者一面的时候，护侧骑攻击敌人的进攻队形侧面，迫使其放弃进攻意图。因此，护侧骑不能在阵内，而应该在阵外。确切说，是在阵形之外的后方或者侧后方，这样才便于这部分骑兵保持有对敌人任何一个方向的进攻进行灵活应对的可能。

事实上，这种部署方式，在历史上并不是特例。

诏北面都部署，自今与敌斗，阵既成列，除东西拐子马及无地分马外，更募使臣、军校拳勇者，量地形远近，押轻骑以备应援。先是，以大阵步骑相伴，敌谍知王师不敢擅离本处，多尽力偏攻一面，既众寡不敌，罕能成功，故有是诏。

——《续资治通鉴长编·卷二》

夷狄用兵，每弓骑暴集，偏攻大阵，一面捍御不及，则有奔突之患。因置拐子阵，以为救援。其兵量大阵之数，临时抽拣。

——《武经总要·前集·卷七》

在这两则史料中，决策者分别采取了“轻骑以备应援”和“因置拐子阵，以为救援”的针对性对策，这种处理问题的思路，是和案例一史料中的“护侧骑与相远”完全一致的。因此，对于诸葛亮的这一小节军令中所描述的阵形，用现代军事术语来描述就是：连冲这种防御阵形，需要收缩正面，加强纵深，同时兼顾对于骑兵主力部队的掩护，并且要在阵形之外留一部分骑兵作

① 部分版本中此阵名为“连衡之阵”。

为预备队，掩护侧翼。

阵形分析之案例二：

前校三阵，步兵三十七部，合一万三千五百人。第一阵九步，长一里二百七十步（计六百三十步）；第二、第三阵亦如之。中校五阵，步兵九十二部，合一万六千人。第一阵一十九部，长三里二百五十步，计一千三百三十步；第二阵二十一部，长四里三十步（计一千四百七十步）；第三、第四阵亦如之；第五阵一十部，一里三百四十步（计百七步）。后校一阵步兵二十一部，合一万五百人，长四里三十步（计一千四百七十步）。右校冲骑二阵八部，合四十骑。第一阵五步，左右各抵队，长一里三百四十步（计一千步）；第二阵亦如之。第三阵六部，长二里一百二十步（计八百四十步）；第四阵亦如之。左校四阵，与左校同法。前校三阵之中，二处各虚三十四步（计六十八步），左内都厚一百七十步。中校五阵之中，四处各虚三十四步，计一百三十六步，虚实都厚二百六步。后校一阵，都厚三十四步。左校冲骑亦如之。中一处虚六十八步，虚实都厚二百四步。右校冲骑亦如之。左校四阵之中，三处各虚五十八步，计二百四十步，虚实都一里一百二十二步（计四百七十二步）。右校亦如之。中校之首去前校之末一百五十步，后校之首去中校之末一百二十步。自前校之首到后校之末，虚实共厚二里六十步（计七百八十步）。自后校之首，左右校冲骑之末一百五十步。自左校冲骑之首到右校之末，虚实共厚一里三百一十六步（计六百七十六步）。右校冲骑到左校之末亦如之。左右校角，各去中校角一十步，计二十步在内。左右校第一阵、第二阵，与中校齐头（以向中校巡各一部为准，外府高于中校六十步），左右校角第三、第四阵，皆掩一百在中之后。统成一大阵，弯长七里二百三十步，计二千七百五十步。

——《虎钤经·卷九·长虹之阵》

《虎钤经》，《宋史·卷二〇七》又作“虎钤兵经”，是研究古代尤其是宋代阵法的一部重要文献。据《吴郡志》记载，作者许洞是咸平三年陈尧咨榜的进士，“幼时习弓矢击刺之伎”，“尤精《左氏传》”，“浙右士之秀者”，似乎是个文武方面都有一定成就的知名学者。值得一提的是，他有一个著名的外甥，就是宋代著名科学家沈括。沈括在其《梦溪补笔谈》中曾对九军阵和六花阵之原理进行过透彻分析，从侧面似乎可以看出许洞对他的影响。

许洞在书中描述“长虹之阵”的篇幅较长，而且有很多数字、文字错漏问题。例如，他描述的“第一阵九步”似乎应为“第一阵九部”，如此才能和后面的每一阵的队形联系起来。他的阵法编制单位数字也颇为混乱，前阵中步兵 37 个单元，兵力 13500 人，似乎 1 部兵力约 364 人。而按后文的中校步兵 92 部共计 16000 人来反推，则 1 部兵力似乎应为 173 人左右。此外，在其前校三阵中，每阵有步兵 9 个单元，总计应有 27 个单元，与其文中描述的 37 个单元相差太大，这明显解释不通，似乎 37 应为 27 之误。冲骑两阵八部，则 1 阵为 4 部骑兵，总兵力却只有 40 骑，难道骑兵一部只有 5 骑？这显然有问题。假如按照他在“重霞之阵”中的10单元骑兵共计5000骑来算，1单元骑兵符合宋代1指挥的编制为500骑。这就与“长虹之阵”中描述的后阵步兵21单元10500人完全相合，1单元正好500人，也符合1指挥的编制。

可见，此阵形的文字记载，由于流传久远，因此错漏谬误甚多。与阵图相配合来看，有些部分甚至到了不能自圆其说的地步，因此我们不能全盘照收，而只能看其大概。

由前文描述，我们不难知道，该阵形分为前、中、后、左、右五个部分。其中，前校一共有37个步兵单元（疑为27之误），总兵力13500。前校又分3个阵，则每阵为9个单元展开。中校有步兵92单元，合计16000人，分为5阵。其中第一阵19单元，第二阵21单元，第三阵和第四阵也是21单元，第五阵10单元，总兵力16000人。后校只有1阵，有步兵21单元，兵力10500人。此外左右两校各分两个部分，但是其具体计算方式似乎非常混乱，兵力也只有区区40骑，明显不符合常理。我们按照“重霞之阵”中10单元骑兵共计5000骑的算法来校正，则左右两校应各有4000骑的兵力，1单元恰好500骑，以符合文献记载之数。

由此我们计算可知，该阵形总兵力为前校13500人，中校16000人，后校10500人，左右两校共8000人，总计步骑兵力共48000人。其中步骑比为5比1。考虑到宋代大部分时期军马比较匮乏，骑兵番号并不见得都有战马配备（南宋的骑兵番号甚至基本都是空额或以步兵充任），这个比例可能只反映某些理想中的情况，或者特殊背景下的情况。

根据以上计算，我们复原了该阵的阵图如下。以中校为例，步兵中校五阵为5个作战子序列。每一阵后排与下一阵最前排距离为34步（约51米）。每一阵本身的厚度为206步减去136步后除以5，则为14步（约21米）。每一阵宽度为1330步（约1995米）到1470步（约2205米）不等。其他各校的情况皆可以此类推。不难看出，

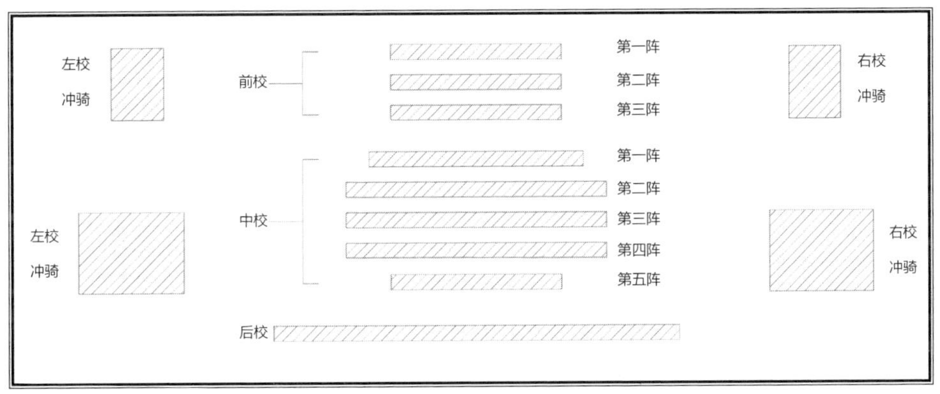

◎ 长虹之阵阵图

该阵形将部分分组为左右前中后5个作战序列，骑兵在两翼，步兵主力在中央。步兵主力分为3个作战序列（校），每个作战序列又有一定的子序列（阵），且总体呈现横线展开的部署形式。其横向展开的部署有一定的长度但又不过于漫长，有利于防止敌人采用更长的队形来包抄侧翼。左右两翼部署了前后两个骑兵作战子序列，保留了进攻和防御的两种可能。

该阵形纵深总计有9个作战子序列（前校3阵，中校5阵，后校1阵），具有一定的纵深厚度。阵形前后之间保留了队形调整的间隙，既利于前校不利时向中、后校靠拢，也有利于前校有利时中、后校越线向前突进加大进攻力量，同时也保留了前、中校之间互相轮换的可能。这些预留的空间体现了该阵形的灵活性，但对指挥官的战场感觉和临阵指挥能力提出了较高的要求。

阵形分析之案例三：满城会战

辽人扰边，命延进与崔翰、李继隆将兵八万御之，赐阵图，分为八阵，俾以从事。师次满城，辽骑坌至，延进乘高望之，东西亘野，不见其际。翰等方按图布阵，阵去各百步，士众疑惧，略无斗志。延进谓翰等曰：“主上委吾等以边事，盖期于克敌尔。今敌众若此，而我师星布，其势悬绝，彼若持我，将何以济！不如合而击之，可以决胜。违令而获利，不犹愈于辱国乎？”翰等曰：“万一不捷，则若之何？”延进曰：“倘有丧败，则延进独当其责。”于是改为二阵，前后相副，士众皆喜。三战大破之，获人马、牛羊、铠甲数十万。

——《宋史·卷二七一》

先是，上以阵图授诸将，俾分为八阵。大军次满城，敌骑坌至，右龙武将军赵延进乘高望之，东西亘野，不见其尾，翰等方按图布阵，阵相去百步，士众疑惧，略无斗志。延进谓翰等曰：“主上委吾等边事，盖期于克敌尔。今敌骑若此，而我师星布，其势悬绝，彼若乘我，将何以济？不如合而击之，可以决胜。违令而获利，不犹愈于辱国乎。”翰等曰：“万一不捷，则若之何？”延进曰：“倘有丧败，延进独当其责。”翰等犹以擅改诏旨为疑，镇州监军、六宅使李继隆曰：“兵贵适变，安可以预料为定！违诏之罪，继隆请独当之。”翰等意始决，于是分为二阵，前后相副，士众皆喜。三战，大破之，敌众崩溃，悉走西山，投坑谷中，死者不可胜计。追奔至遂城，斩首万余级，获马千余匹，生擒酋长三人，俘老幼三万口及兵器、车帐、羊畜甚众。

——《续资治通鉴长编·卷二十》

满城之战发生在北宋时期，时间是公

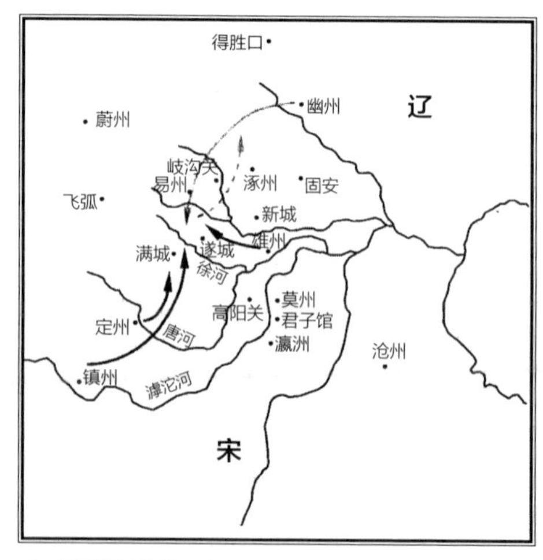

◎ 宋辽满城会战示意图

◎ 宋甲

元979年9月。这次会战是宋初收复燕云十六州的第一次战略攻势的尾声，距离刚刚结束的高粱河会战不过两个月左右。会战之前，辽军刚取得在幽州城下击溃宋远征军的战绩。随后辽军挟高粱河一胜之余威，发动重兵南下直逼关南地，意图收复后周时期被周世宗夺取的关南十县。关南地区部署的宋军在宋太宗不在前线的情况下迅速组织集结。在满城地区的徐河，宋军击退辽军前锋部队，占据了有利的前沿阵地。随后其他部分宋军纷纷进入战区参加作战，双方进入会战对峙阶段。

宋军占据了徐河桥头堡之后，按照宋太宗本人留下的阵图进行了部署。赵延进、崔翰、李继隆等人一开始按照阵图布置阵形，把整军八万人分为八阵。每个阵形相离约100步之远，结果“士众疑惧，略无斗志”。后来经过赵延进和李继隆两人的劝说，崔翰同意了他们的意见，将阵形布置为前后两阵互相依托，结果取得大胜。

说句题外话，这次会战初始战局与几个月前宋朝挟战胜北汉占领太原之余威兵临幽州颇为类似，而更巧合的是结局也是颇为类似的。

从史料记载来看，似乎赵延进和李继隆等人临时更换的阵形在战术上取得了很好的效果，是取胜的关键法门。而原有的“八阵”到底哪里有问题呢？

要分析这个“八阵”的问题在哪里，必须先搞清楚它是个什么形态。事实上，点检古籍，这“八阵”的军事概念，还颇为久远，在历史上还颇有人使用过。

惟永元元年秋七月，有汉元舅曰车骑将军窦宪……万有三千余乘。勒以八阵，莅以威神，玄甲耀日，朱旗绛天。

——《后汉书·卷二三》

四时讲武于农隙。汉承秦制，三时不讲，唯十月都试车马，幸长水南门，会五营士为八阵进退，名曰乘之。

——《魏书》

（诸葛）亮性长于巧思，损益连弩，木牛流马，皆出其意；推演兵法，作八阵图，咸得其云。

——《三国志·卷三五》

（马）隆依八阵图作偏箱车，地广则鹿角车营，路狭则为木屋施于车上，且战且前，弓矢所及，应弦而倒。

——《晋书·卷五七》

北宋时期的“八阵”概念是有由来的。其基础即出现在传说是黄帝的大臣风后所撰的《握机经》中，后受到唐代军事理论家李筌的《神机制敌太白阴经》以及宋人阮逸所撰《唐太宗李卫公问对》的影响，逐步成形。

宋代著名科学家沈括对“八阵”有非常充分的解释：

风后八阵，大将握奇，处于中军，则并中军为九军也。唐李靖以兵少难分九军，又改制六花阵，并中军为七军。余按，九军乃方法，七军乃圆法也……熙宁中，使六宅使郭固待讨论九军阵法……上疑其说，使余再加详定。余以谓九军当使别自为阵，虽分列左右前后，而各占地利，以驻队外向自绕，纵越沟涧林薄，不妨积压自成营；金鼓一作，则卷舒合散，浑浑沦沦而不可乱；九军合为一大阵，则中分四衢，如井田法；九军皆背背相承，面面相向，四头八尾，触处为首。上以为然，亲举手曰：“譬如此五指，若共为一皮包之，则何以施用？”遂著为令，今营阵法是也。

——《梦溪补笔谈·卷三》

这一理论将古代八阵理解为以八个小方阵按矩阵形状组合为一个更大的方形，加上当中的中军，一共九军。其中间方阵即为中军指挥中枢。假如我们除开中间的中军（指挥系统），把周围八个方阵分别以八卦的八个方位来命名，把“九宫”和“八卦”两个特征集合起来，即为小说演义里津津乐道的“九宫八卦阵”。无独有偶，话本小说（三国故事、杨家将故事、水浒故事）的逐步繁荣和发展，以及重要底本的逐步定形，都是在两宋时期完成的。

由此可见，宋太宗临走时留下的阵图，是一个由九个方阵组成的大型方阵。其中每两个方阵之间距离大约百步（此步为双步，步长约1.5米，百步约150米），基本在宋代弓弩武器的有效射程之外，而大致在强弩的有效射程之内。军中装备弩的士兵是相对较少的，装备弓的士兵则比较多。也就是说，阵在遭遇敌人偏攻一面的时候，彼此之间使用远程武器互相支援的火力密度程度是比较低的。

当然，如果方阵是使用火器则另当别论。在滑铁卢战役中，法军胸甲骑兵在内伊的率领下，对英军营方阵发动的冲击，就被英军营方阵以密集的火力击溃。

以宋代的远程武器的装备比例而言，两阵之间距离百步虽然不是极限，但是由于装备数量和性质的限制，掩护的火力密度必然要小很多。难怪史料中记载“士众疑惧，略无斗志”了。

不过，这种阵形布置也并不是没有优点。任何军队在遭遇战中，都必须把握住“三先”，即“先敌展开、先敌抢占有利地形、先敌发动攻击”。这种阵形对于从行军纵队向作战队形展开而言，速度较快。同时布置法比较均衡，使得中央的中军部队具有快速支援任何一个方阵的能力。

此外，还有由此带来的单位编制优势。指挥官在此阵形中所能掌握的方块化编制较多，因此释放预备队的速度就相对比较慢，指挥官能够更好地控制战局。这种阵形的布置又很容易诱使敌人集中兵力攻击某一个方阵，从而暴露敌人的战术意图，为居中的指挥官调度其他方阵进行支援展开，采取后发制人的战术提供了良好条件。

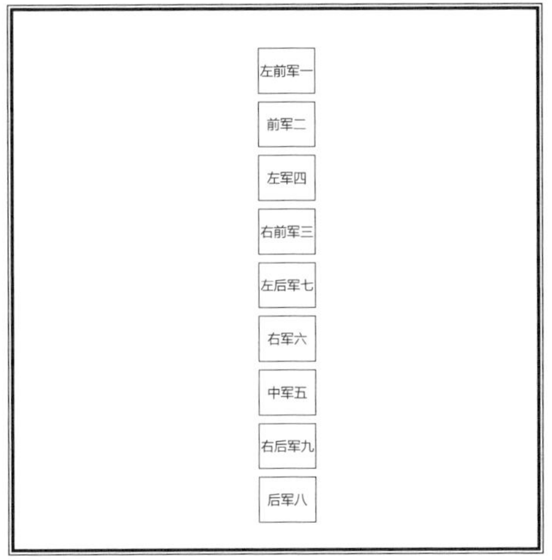

◎ 九军营阵法行军图示

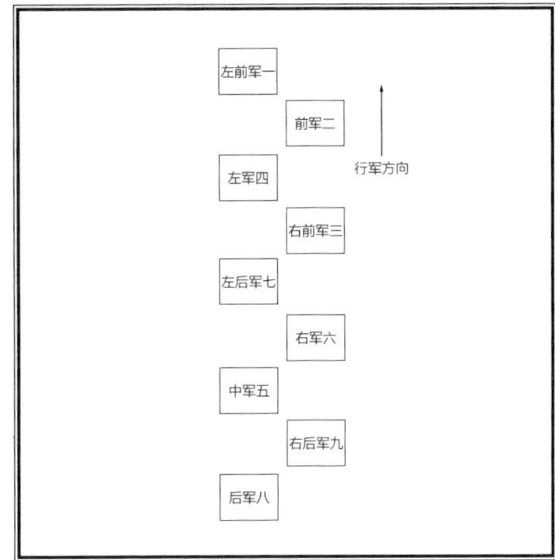

◎ 九军营阵法分序图一

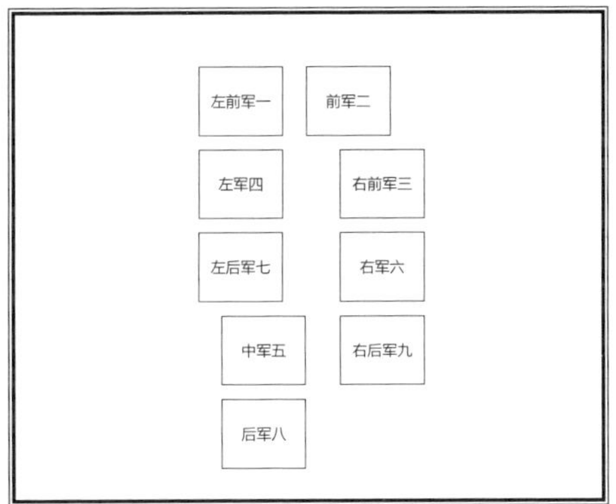

◎ 九军营阵法分序图二

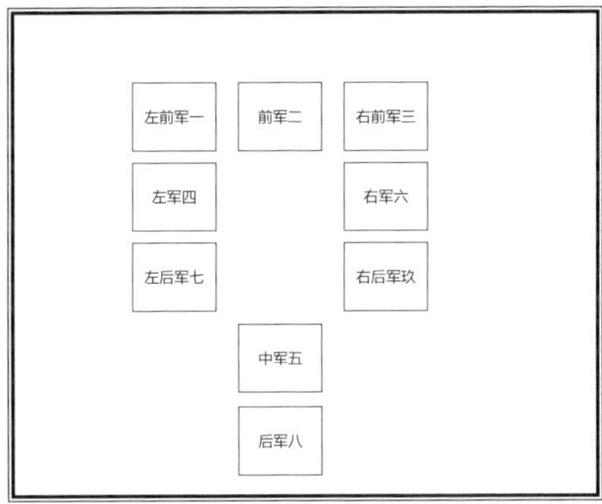

◎ 九军营阵法分序图三

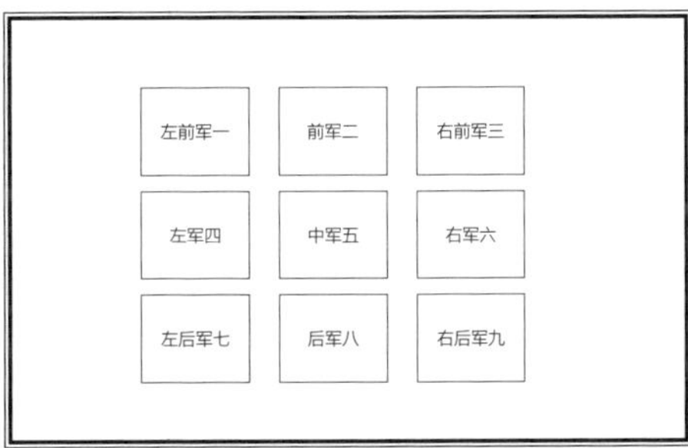

◎ 九军营阵法分序图四

总而言之，这种阵形部署方式强调了指挥官靠前指挥能力和对下属二级单位的掌握能力，是一种对指挥官要求特别高的战术部署。

其实，赵延进、崔翰、李继隆对“八阵”的疑虑，并不完全是认为太宗留下的“八阵”部署一定无效，主要是对它的决策体制存有疑虑。因为宋太宗虽然不在现场，却依然保留有战术指挥决策权，他没有明确指定某一位将军为最高指挥官。后来，在神宗时期的外战中，脱胎于“八阵”阵形的“九军营阵法”就取得了不错的战果。

四 阵形、阵图、阵法与战略及其他

兵法，是对中国古代丰富的军事理论和军事实践最精辟的归纳和总结。兵法的核心工具是“兵”，而关键原则是“法”。有了工具，有了使用原则，指挥者就可以千变万化，进行各种尝试和组合。而这些实践又反过来丰富了兵法的内涵。在这种反复循环的过程中，中国古典时代的军事活动就显得尤其精彩纷呈。在此中涌现的优秀人物和他们的英雄事迹也成为后人学习军事、实践军事的经验宝库。

本文中所谈的阵形、阵图、阵法这些概念，正是传统兵法的核心内容所在。要用兵而有法，脱离了阵形、阵图、阵法这些工具，是无法具体实行的。但是，我们讨论到这一步，就不由要提出这么一个问题：阵形、阵图、阵法到底是作用在古典时代军事工作的哪一个层面上呢？它们的具体位置在哪里？

作为一个负责古代国家总体军事工作的负责人（而不是政治独裁者），不是说对阵形、阵图、阵法这些概念和工具熟稔于胸，就可以运筹帷幄决胜千里了。一个战略决策者所要了解和掌握的，远远不止这些。他要总体考虑外部军事威胁，对这些威胁进行综合分析，识别其轻重缓急，分析敌我力量对比，最后再考虑是否对敌人的挑战做出回应。这种决策在今天通常称作军事战略决策。战略就是指导军事工作全局的方略。在决策者和具体实施者做出战略决策之后，还有会战级的一系列问题。如策划会战企图，下定会战决心，具体组织会战，调整部署，以及最关键的部分——如何贯彻会战决心。

何谓会战企图？会战企图就是我们希望以会战所要达到的目的。任何会战都有一个目的，无目的会战是不可能存在的。古典时代的会战的发生，需要双方的默认，至少需要一方的“邀请”而另一方“接受”。否则的话，你集结了兵力而对方不来找你，那么会战就打不起来。那么，双方将进入下一轮的机动和再部署，直到一方认为会战机会已经成熟，并再次“提出邀请”。

掌握了战略主动权的一方，可以选择自己最有利的时机和地点进行“会战邀请”，对方则很难拒绝。因此战争中往往双方都要进行主动权的反复争夺，而孙子则告诉我们，最简单的办法就是“攻敌所必救”。

会战企图，作为一个目的，则是会战之前，战区战略的负责人需要进行考虑的出发点。我们进行会战目的是什么？是击溃敌人的主力兵团，还是恢复敌人和我方开战之前的战略局势？或者是其他目的，例如收复某些失去的地点、攻占敌人的某些要点？如果是攻占敌人的要点，则可以在之后的谈判中占据主动，因为敌人的领土可以成为外交筹码。

在战区战略的负责人决定了自己的会战目的（会战企图）之后，接下来就是决定会战决心。什么叫会战决心？会战决心就是为了完成会战企图这个目标。我军需要在会战中达成什么样的具体目标？如果是击溃敌人主力兵团，那么击溃敌人哪个兵团（如果敌人多路进攻的话）？如果是恢复敌人和我方开战前的战略局势，那么恢复到何处？收复地点的话，具体收复到哪里？攻占敌人的要点则要确定攻占的目标，这是一个需要反复讨论和计算的过程。在古典时代，主要的计算所需要考虑的是军队的机动能力和自持能力，以及对作战地域的后勤保障能力的估计。

在确定了会战决心之后，则要根据会战决心进行会战的组织，同时进行部队部署，将原部署在不同地域的部队调度起来，分派行军的道路和后勤的支援，并确保他们的联络畅通。而会战的组织，是通过会战中的不同部队序列投入和互相协调进行规划。调整部署则是将部队的现有位置和其任务位置进行更好的对应。

这一切做完之后，对手接受了会战邀请，集结了兵力前来与我对峙。经过前哨战之后，会战全面开打了，之后所面临的局势是人力所不能完全预计的。可能之前的所有计算都没有命中，在这种情况下，是否需要继续贯彻会战决心？是继续会战，还是放弃会战完成有限目标？作为实战的指挥官，无论做出哪种决策，都得预先仔细斟酌自己在战场上所应该采取的策略和对军队的组织调动。而我们所谈的阵形、阵图、阵法就是在这个具体作战的层面上，辅助实战指挥官发挥他的才能和智力，最大限度利用手中兵力来赢取胜利的军事工具。

我们来看一个历史案例，史料如下：

安石曰：“臣初以为贼尚攻邕州未下，其国空，可轻行袭灭，则入寇之兵不攻自破。后来邕州已破，则袭灭之事更不可言。然当交趾乾德初立，州峒各欲内附，此事不过募二万精兵，择五六中材之将，必了得交趾。窃恐当时料有今日之不轨，则亦不惜一举。四境事若不图大于细，为难于易，则劳师费财，固其所也。”上曰：“前代兴王欲有为，须先练兵而后动。”安石曰：“举事则材自练，若不举事亦难练兵，但日夜教之坐作挽射，不知遇敌气果如何？但举事使尝之而有功，则人材不材自见，材者见赏拔，则不材者亦奋矣。”上曰：“举事亦须自家兵马可用，若宣王征玁狁，其饬治车马如何也！又须度力所可能胜。”安石曰：“譬如乾德初立时，用二万精兵足了，以中国之众，募二万人精兵，岂患无之？择五七中材将帅，亦岂患无之？一举灭交趾，则威立矣。以尝胜之众布之陕西，则陕西之兵人人有胜气，以其气临夏国，不足吞也。吞夏国则中国之气孰敢干挠。”

——《续长编·二三零》

这则史料中所载之对话，发生在公元11世纪70年代。这个时期，宋神宗与王安石进行了一次影响深远的政治经济体制改革，在很短的时间内连续推出多道“新法”，试图一次性解决政权建立以来所积累的各种严重问题。他们进行改革的直接目的是“富国强兵”。在实现“富国强兵”的目的之后，他们有更长远的目标，那就是彻底制服辽和西夏两个少数民族政权，从而实现中国的完全统一。

但是，由于执政者的注意力都集中在传统对手辽与西夏身上，对南方边境的局势关心得并不够，结果直接导致了南方局势的剧烈变动。公元1075年，南方的地方政权交趾李朝对宋朝的广南西路进行了一次军事袭击，攻陷了钦、廉、邕三州（邕州即今南宁市）。交趾李朝仅在邕州一地，杀害的北宋军民士吏就达五万八千余人之多。

这样突然性的局势变动，对宋帝国的战略局势造成了极其剧烈的影响。本来在这个时期，宋帝国由于准备先集中力量对付西夏，而软化了对辽的外交态度，与辽在代北地区的疆域争端也以宋帝国决心局部退让为结束。而就在这个宋帝国准备发动对西夏的大规模远征的前夕，交趾李朝对南部疆域的直接军事威胁，势必使整个国家的战略形势发生急剧改变。

宋帝国建立以来，其主要的国防注意力都集中在对辽夏两个方面，南方地区尤其是长江以南军事力量非常空虚。对于交趾李朝的进犯，作为国政主持者的宋神宗和王安石真可谓悔不当初，又不得不分出一部分注意力到南部边境去。

从战略上而言，辽夏固然是宋帝国的大敌，是反复交战过多次的倔强对手，宋辽两国甚至在历史上还进行过25年的长期战争。但是从轻重缓急上而言，毕竟辽夏两国在这个时期与宋处于休战时期，只要宋不挑起大规模的战争，一定程度上的和平是可以维持的。而交趾李朝的进犯，却是对南方地区造成的最严重和直接的军事威胁，尤其是在南方地区兵力极其薄弱的背景之下。在这种情况下，作为政权的最高决策者，不能不把注意力优先放在解决这个军事威胁上来。

在确定了对交趾李朝的挑战做出正面强硬回应之后，宋政府组织了一支由郭逵担任主将，赵卨为主要助手的远征军，总兵力约十万人。该远征军的编制为九军，采用的正是改革以来军事上的新成果九军营阵法。这次远征虽然遭遇了各种困难，但毕竟在军事上连连取胜。远征军沉重打击了交趾李朝的军事力量，收复了被交趾李朝占领的州县，还迫使李朝统治者李乾德投降并纳土五州（苏茂、思琅、门、谅、广源等五州），不可谓不成功。

作为国家战略决策者，宋神宗和王安石针对交趾李朝的军事挑战做出了战略决策，决心彻底铲除这个外在威胁。实际的战区指挥官郭逵赵卨在领受了政治首长和战略决策者的任务之后，确定了具体的会战企图和会战决心。他在决里隘和富良江边邀击了李朝军队，充分发挥了改革之后在军队中建立的新式的营阵一体的作战体系——九军营阵法的优势，取得了“贼大败，蹙入江水者不可胜数，水为之三日不流；杀其大将洪真太子，禽左郎将阮根”的重大军事胜利。

由此战略至会战至战术运用的过程，阵形、阵图、阵法在古代军事实践中所处的层次和位置得以明确。而阵形、阵图、阵法的重要性和实际意义，我们用《武经总要》中一段极为精辟的论述来概括：

若乃提卒十万，深入贼境，大军在前，坚城未下，欲战则胜负未决，欲攻则利害难知，自非整饬车徒、部分营垒，或先据地之要害，或先扼敌之襟喉，蛇蟠月偃，中权后切，畴能收万全之胜哉？秖如平原大野，深林险道，前兵后泽，乘高趋下，顿兵拥众，呼吸俟命，若不素练施设，敢问何以处之？！

——《武经总要·前集·卷七》

但是，通过前面所列出的大量战例，我们必须知道以下这些基本事实：所有的作战阵形，在具体使用时是绝不会如图纸上绘制的那般具有严格的几何意义上的对称性和严整性的。任何一位将领如果真以为可以像在练兵场上那样有规律地严格按照阵形规划部署其军队的话，必然会遭遇失败。因为所有阵形的图形，都只能用于概略性地指导部队的部署，表现部队部署的体系和不同作战单元之间的直接与相对关系，并不是不可逾越的铁律。

同时，通过对阵形、阵图、阵法的理解，我们也能认识到：战争作为人类社会最高绝的体系对抗，既是决策者之间智力的对抗，也是意志的对抗，更是战略资源和社会动员体系之间的对抗，是人类所能组织的最复杂的对抗活动。在古典时代，战争的指挥者所要考虑的各种因素固然没有今天这么多，但是战争的性质是亘古不变的，他们所面临的课题与挑战，也与今天毫无分别。

今天我们讨论战争，所要讨论的不能只是具体某一件武器的性能。我们所要考虑的，是武器系统和火力配系的组合能力；我们所要比较的，是不同系统和配系之间的对抗能力。同样地，古典时代的指挥者们考虑战争，所需要考虑的也不仅仅是弓弩的斗力强弱，或者刀枪剑戟谁更锋利。他们所考虑的是要通过什么样的方式将弓、弩、刀、枪、剑、戟、铠甲、战马这些装备与使用它们的士兵组合在一起，如何布置才能在战场上发出更大的威力。

阵形、阵图和阵法作为古已有之的对抗艺术，一种秘密传授的艺术，是非常值得我们反复衡量、探讨、思考的。而这也将把我们带入哲学的世界。

兵无常势，水无常形。能因敌变化而取胜者，谓之神。（《孙子兵法·虚实》）

第七章 善战者立于不败之地

古战场中的军事地理与战阵指挥

作者：廉震

得地利之便较之勇敢无畏尤甚。

——弗拉维乌斯·韦格蒂乌斯·雷纳图斯 《兵法简述》

一 总论：说阵

相信大家都看过《三国演义》这部名著。诸葛亮这一类谋士以阵法相斗，每一种阵法都有与之相应的阵法“相克”。这些内容让大家一度认为阵法是谋士们研究的事情，也对军阵的运作产生了一定的误解。尤其明清小说兴起之后，文人们大多过度地神话化（或者说是儿戏化）了阵法与兵法。阵法是什么，阵法就是会战中的兵力部署与各部队的战术机动。古今战场上最重要的事情是打破对方的战线体系，也就是破阵，己方所有的调动与攻守都是为这一目标服务的。阵法就是寻找与击破对方战线上的薄弱部分并彻底破阵败敌的过程中部队战术行动指挥方案的总和。

列阵

概论

常言道，阵而后战。军阵在冷兵器战争以及随后的冷热兵器混用战争（比如欧洲三十年战争时代到拿破仑时代）中发挥了巨大的作用。从古到今，各色史书、小说和评书中，斗阵与斗将向来是吸引读者眼球的两大法宝。那么军阵到底是什么？军阵如何让一支军队获取战斗的胜利？让我们就此说开来。

军队作为独特的暴力机器，其战斗力不是兵士个人武力的简单相加，而是来源于军队内部所特有的凝聚力和推进力。而这两者源自严明的纪律与严格的训练，载体则是军阵。军阵的实质就是部队在作战中所使用的战斗队形和在具体战场上的展开方式。

各个战术单位按照战术要求完成列队，同时按照一定原则组织起来并展开后，按照一定原则相互配合，便组合为一个大型的合成军阵。军阵要与军队的编制构成相适应，也要与部队中各兵种之间的战术特点、配合关系相适应。

上述内容可以概括为这样一个关系：经济技术水平决定了兵器与通信技术的水

平，兵器与通信技术的水平决定交战的原则；交战原则与将领的谋划，决定具体的战役战术；而具体战术则决定了如何列阵，列阵后如何攻守变阵。

必须注意的是，军阵不但是军队发挥战斗力的工具，更是将帅实现对部队的指挥的工具。在古代通信水平的制约之下，指挥官只能将相对模糊的命令传于各阵来执行，在部队被击溃后，失去指挥的个人在战场上等同死人。（当然即使在今天，想指挥到战场上的每一个人也是很难的，一个数字化班的全部行头置办下来花费十分惊人，是难以大规模推广的。）

上面这些文字可能有些拗口，说得简单一些：军队作战不是街头斗殴，军队是有纪律的暴力团体。冷兵器时代，军阵可以更好地发挥人力，更方便地实现指挥。

现在，诸位读者可以把自己当成一名即将出征的将军，手握君王赐予的兵符，进入大营接收部队。擂鼓升帐前，诸位将军们请先熟悉一下古代军队的基本编制和指挥方式。

大小

列阵必须从独立作战的最小战术单位开始，无论步兵还是骑兵，最小战术单位均在 50—200 人之间，多为 100 人左右。比如罗马的百人队、秦汉的屯、隋唐的团、宋代的都，乃至后来的自莫里斯方阵时代沿袭到拿破仑时代的连。冷兵器作战，过小的战术单位在战场上难以指挥且缺乏战斗力和生存能力，虽然存在更小的编制(“什伍”)，但是这已经不是真正意义上的战术单位，而只是行政编制单位。或许会有人提戚家军鸳鸯阵，但单独的一个十人鸳鸯阵是无法独立完成战斗任务的，其设计初衷是为应对敌方散兵状态下的单兵——倭寇中浪人武艺精湛，但缺乏相互间的配合。戚继光被调往北方后，面对蒙古还是组建了较大的军阵以应对骑兵。

对于步兵来说，基础的战斗队形很简单：方阵（长宽比可以根据战术要求各有不同）、圆阵（特殊的防御队形）、锥形阵。

方阵——即使是刚受过基础训练的士兵们也能排出的阵形，是最简单也是历史最为悠久的阵形。可以选择纵向对齐，也可以选择横向对齐；按照不同行列比，可以摆出不同宽度和纵深的方阵——弓弩手需要大正面宽度实现打击力的最大化，步兵面对骑兵又需要足够的纵深抵御冲击。需要注意的是，中国古代步兵方阵多采取纵向对齐（最基本的“伍”编制就是纵向排列的），从一个侧面可以推测，中国的步阵要承担较多的进攻任务，当然同样的例子还有马其顿的方阵。虽然方阵对士兵的训练要求比较低，但是在列阵时（尤其新兵较多的情况下）需要在阵形的四角和正面布置精锐老兵“夹住”阵形，这样一是可以更快地完成列阵，二是能够提高方阵的坚固程度。

圆阵，是将兵力按圆周线来布置，以形成全向的战线。其内部可以掩护、保护辅兵物资。拿破仑战争时代的空心方阵，士兵按照圆周线面对外部横向对齐。

圆阵非常适于防御：首先，圆阵的侧翼和后方是所有队形中最稳固的，或者说圆阵在每个方向上都是正面；其次，圆阵可以同时应对来自各个方面的进攻，而方阵需要将正面转向，方阵越大转向就越困难，容易在遭到骑兵突袭时发生崩溃；又次，圆阵中的军官到所有方向士兵的距离都是一样的，便于指挥与弹压，当某一方向上的威胁较大时，军官可以很方便地调集预备队进行加强；再次，圆阵中的士兵只能看到身边少数战友死伤情况，而方阵中多数士兵都可以看到多数战友的伤亡——后排可以清楚地看到前排的伤亡情况，影响士气，极易造成军阵动摇；最后，圆阵便于保护军旗和伤员，还能在内部布置一定的骑兵用以反击。

综上原因，圆阵是最容易稳定士气的阵形，不单是反骑兵时常用，敌军较多时，步战也可以使用（在组成大型合成军阵时）。当然，圆阵也有很明显的缺点——布阵时间长，军官需要清楚了解手下还有多少士兵可以战斗（有多少士兵就列多大的阵）；战场机动能力较差，士兵训练不足的情况下容易在运动中脱节。

在组合大型军阵时，也可以按照“实外虚内”这一原则，将主要兵力布置于四周，形成一个巨型的圆阵。这时候主要考虑的是稳固战线和方便指挥——六花阵、八卦阵、九军阵均将主战兵力布置于四周，而最高统帅在中央建旗（统帅直属兵力和部分预备队也可在此位置）。

锥形阵冲击力强，可以用来突破战线，破坏敌方阵形。这一阵形在电影《斯巴达300勇士》（1969年版）中表现得很好。训练布阵时，锥阵在一定程度上可以视作是一个被斜放的方阵——士兵先列方阵，而后全员半面转向形成锥阵；当士兵熟悉后，就可直接排列出这一阵形。锥阵中士兵的对齐方式，可以选择简单的全体横向对齐，也可以两翼先按斜线对齐，内部再按纵向对齐。但是这种阵形进攻中，协调难度较高，同时两翼脆弱，在古典军国消逝之后，这一步兵阵形也少见于世。尤其在后世，重骑兵逐渐取代步兵去完成冲击

◎ *19世纪空心方阵*

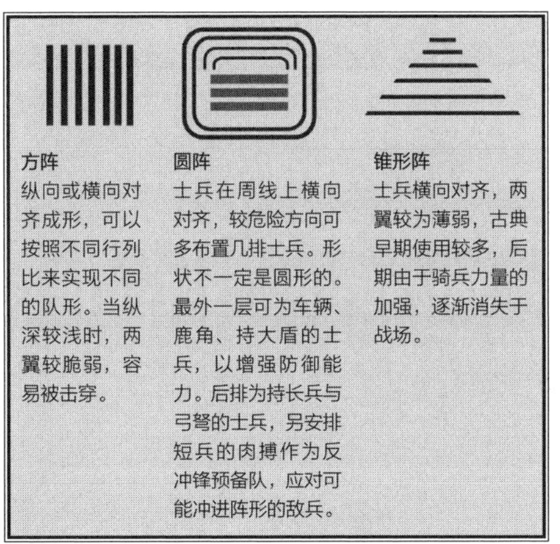

◎ *基础步兵军阵*

任务，骑兵锥阵完全淘汰掉了步兵锥阵。

骑兵队形必须要考虑到骑兵的两个特点——机动性强、冲击力强。骑兵战斗队形的设置必须要围绕这两个特点来展开，所以相对步兵军阵而言，骑兵军阵要显得松散许多。最基本的骑兵队形为小型横队（每个小队只有几十人甚至十几人），当然这里的横队不见得是所有骑兵排成一条整齐的线来布置，前后可以有几个身位的差距，也可以排成双排，由一名基层军官带领，横队内部各名骑兵之间要保持足够的间隔——以防止与敌方骑兵直接相撞，避开障碍或者尸体。相熟的几名士兵可以挨得近一些，以增强冲击力。

当然，小的骑兵横队可以组成大型横队，但是单个大型横队人数不能太多，最好不要超过300人，否则会导致指挥困难，更重要的是，如此大的横队机动能力也会下降，而骑兵的生命就在于机动能力。还可以把骑兵排成方阵，多个骑兵横队前后排在一起，每个横队间留足空间——视骑兵冲击速度和横队宽度而确定，应对敌军骑兵时间距可以小一些，应对步兵则要大一些——每间隔10米到50米排列一个双排横队，冲击时如同汹涌的海潮一般，一波接着一波冲击敌军。

需要注意的是，冲击敌军坚固的步兵大阵时，要对着方阵的边角发起冲击，而不是直接去冲击其正面，道理很简单：第一，方阵的正面最为坚固，也是敌人预先设定的交战区域，应对手段较多；第二，冲击边角时，交战线上冲击骑兵的人数会多于步兵的人数，更有利于杀伤敌兵；第三，大量杀伤步兵方阵边角位置的士兵，可以更快更有效地破坏方阵的完整性，如果是从正面杀伤，敌军只要让后排士兵向前走几步就能弥补方阵的漏洞；第四，步兵方阵的边角要用老兵压阵，如果给予这些老兵重大杀伤，可以动摇阵内敌兵的信心和士气，导致整个方阵的崩溃。

骑兵还有一种冲击步阵的队形——锥阵。在一部叫作《宋景诗》的老电影里，与僧格林沁的决战中，农民军黑旗军就排出了这一阵形，对清军展开决死冲击。有趣的是，清军大阵正是圆阵，清军变阵反攻之际，却被农民军抓住时机发起冲击，清军被一举击溃。但是最后农民军还是败在新时代的兵器——击针步枪之下。

早期的锥阵是投射骑兵对步兵锥阵的模仿，好处在于机动性良好，方便转向——所有骑兵只要盯着位于顶端位置的将领和旗帜行动就可以了。后期，冲击骑兵可以使用这一阵形去直接冲击步兵军阵——这

◎ 清军步兵圆阵

◎ 黑旗军闯阵失利

◎ 黑旗军骑兵闯阵

◎ 清军变阵反击

◎ 黑旗骑兵击溃清军后，在运动中重新组成锥阵

◎ 注意骑兵小型横队

◎ 黑旗军骑兵列锥阵

一阵形穿透力强，但是后劲不足，前队冲入敌阵后可能会被黏住难以摆脱，从而阻碍后队的继续冲击，难以形成多波梯次冲击，可以说是桩“一锤子买卖”。如果冲锋的骑兵不能击穿步兵方阵，就要陷入混战。当然这一阵形用来冲击不是那么坚定的敌人时非常有效。

骑兵的生命在于机动力与冲击力，后

者也是来源于前者。骑兵的队形也应当在运动中去调整，骑兵战斗需要足够大的回旋空间。可以说骑兵作战的原则只有一个——机动；战斗中，步兵反骑兵的原则也是由此反推而来：限制骑兵的机动能力——当然骑兵的主要战场任务也是限制敌方步兵军阵的机动能力，这是一对有趣的矛盾。对抗中，步兵要想有力地抵御骑兵的冲锋，就必须依靠坚固的军阵，尤其是拥有较大纵深的大型合成军阵，主动去挤压骑兵的回旋空间，让敌人的骑兵失去速度，在混战中装备精良的高素质步兵更加强悍。

上述几种步兵阵形与骑兵阵形至少需要数个前面所提到的百人编制规模部队合成排列而出。那么就需要建立高一级的单位来统御这些小型军阵，或者说需要建立一个建制单位，这个建制单位下辖兵力可以组建起一个可以担当各种作战任务的军阵。单个战术单位（百人级）的队形则需要依照更上一级的单位的要求来展开。在很多时候由数个 100 人的战术单位组成单个的战术单位——一个由中级军官统领的中小型战阵（比如罗马的步兵大队或者是宋军的“指挥”[①]）规模在 500 人上下，是维持战线的中坚力量，同时也是战场上最为活跃的单位。战术上的进攻、防守都需要这样的中小型军阵的战斗与机动来实现。当然，这一级别的军阵规模也不固定，界桥之战中的鞠义先登人数为 800 人（1000 名强弩兵另算），罗马人的大队有时候只有 200 人左右，驻守温泉关的斯巴达重步兵为 300 人，邙山之战中随兰陵王一起冲到金墉城下的骑兵为 500 人。

如果战役规模扩大，单个阵就必须扩展到千人级别规模，而这一单位也正符合了汉军“部”的编制。莫里斯改革后的步兵方阵，还有其他形形色色的“千人队”，无论是五百人级别，还是千人级别，都是战场上所能动用的独立行动的最小规模军阵，再往下的单位只能服从于阵的内部调度。

换言之，在战场上，统帅的命令最多只能下达到单个阵。而一个人管理多个阵是很困难的，这时候可以选择数名将领，每个将领负责直接指挥几个阵。统帅以将将的方式来指挥全军（传说中的兵仙韩信号称“多多益善”，能指挥战场上所有的阵）。当然也可以合成更大规模的单个阵，指挥层次不变的情况下，统帅可以指挥更多的士兵。但是这样需要水平很高的军官负责单个大阵的运作，而且全军的战术变化会变得简单而笨拙。

五代时期，由于战争频繁、战区面积小且战役规模较小，统帅往往是靠前指挥，其命令可以直接下达到小阵。这种指挥环节的短小化，并非取消了中层方面指挥官，而是让中层指挥官专注于协调本阵的内部运作，提高这一层军阵自身的战斗力。“指挥”这个建制单位就是基于这一指挥模式而产生的，其名称蕴含的意义也在于此：统帅可以直接命令每个“指挥”，下达具体战术任务。

① 指挥是宋军编制中的一个单位的名称。

◎ *古画《大驾卤薄图》*

考虑到战争规模的扩大、战线的延长以及指挥效率的问题，总是让一名统帅去直接控制所有兵力是一件不可能的事。因此需要新的一级建制单位——军。唐代一军一万两千五百余人，六花阵以“瓣”为一军，让高级指挥官（统帅的副手）去分担统帅的指挥压力。这一级的指挥官往往不是固定的，很多时候会临战时才任命。当然这只是表象，实际上古代大部分时间，任何一支军队都带有将领的私人属性[①]。将领开府后，其莫府除了有幕僚、卫队、旗鼓队以及直属核心兵力之外，也会下辖一些有统兵权的下属；而到了战场上，统帅在莫府中这些下属们，就有可能被任命为统帅麾下负责指挥一个方面的将帅，或者说是统帅在战场上的副手（这样的副手绝对不止一位）。比如六花阵中，统帅统御全军，但是其直接指挥的只有直属兵力，组成六花的六个军都各自有一名将帅负责临阵的指挥。必须注意：同一处战场上，指挥的环节不宜过多。

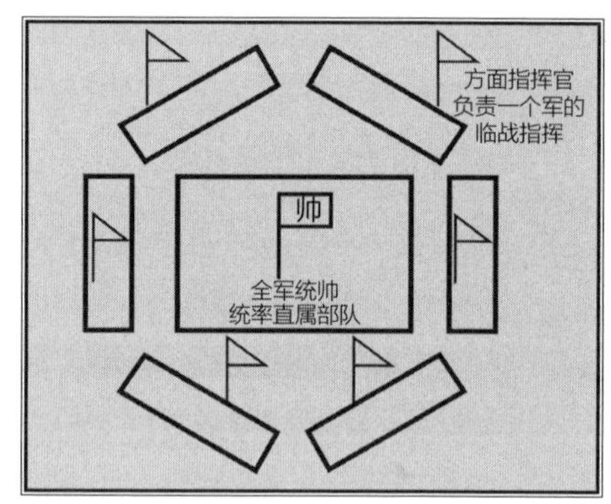

◎ *六花阵指挥结构*

会战即将打响，将士们正出营整队。那么诸位该下令大军进入战场列阵了，旌旗战鼓业已备齐。在这个“通信基本靠吼，交通基本靠走”的年代里，各位将军如何来指挥部队作战呢？且看下文。

旗鼓

正如上面所提到的，由于通信能力的

① 即兵为将有，世代将门。

◎ *古画《抗倭图卷》中统帅旗鼓队持有的部队旗*

限制，在古代战场上指挥官所传达的命令往往都比较简短——旌旗金鼓只能传达很简短的信息。长而复杂的信息传达起来会有很严重的时滞，使用传令兵就更要看战线长度的情况了。当然，下令给统帅身边的直属部队和预备队用传令兵更好，可以更加精确地传递指令，同时不挤占旌旗金鼓的指挥通信资源。将帅们必须预判战场形势，预先定下方案，对可能发生的不同情况也要有不同预案；战阵之中以旗鼓的方式将命令——执行哪一套预定方案——传达给下一级指挥官。很多时候将领的运筹能力正体现在对战况的预判和预案的策划上。

击鼓进攻、鸣金收兵已是常识，但是用音乐往下传达的命令，容易在传递过程中走样——毕竟战场环境是极为嘈杂的。所以只能传达最简单的指令——进、退、止步，最多也只能控制部分部队进攻的节奏。古代战场上的指挥还是要依靠旗帜来实现，我们来具体说说如何使用军旗指挥部队。

相信很多人看过《武备志》一书中军资篇旗帜部分的内容。各式各样繁杂的军旗不是为了举着好看的，每一类旗帜都有着明确的指挥用途：四方旗可指示何处有敌军来袭，又或者是应该向哪一方向进攻；星宿旗可以对应麾下的部队，挥舞哪一面就是要求相应部队注意，这时该部队要应旗——按一定节奏挥舞本部军旗——回应，一部应旗的同时，该部下辖各队也看到了本部军旗正在挥动，明白接下来有任务，可以提前做好应对准备；日月水火图案的旗帜可以用来表示此时应用何种方式接敌；五色旗可以下令用什么阵形应敌——战前军议商量好用什么信号代表列什么阵势。同时，几种固定的挥旗姿势也可以表示一定的含义。

上述这些旗帜都是统帅莫府[①]下属旗鼓

◎ *各队持有的本队队旗*

① 莫府通幕府，即将帅开府，春秋时代已经使用，后日本借用。

队应该备有的，当然，旗帜的使用方式带有强烈的统帅个人好恶的特点，没有统一固定的使用方式。这也带来了一个隐藏的好处——指令的保密性。这也是为什么临阵换将乃兵家之大忌的原因：每一位将领都有各自不同的旗帜信号，换将被替换的不只是将领本人，还包括其卫队和旗鼓队。换将的同时，也就必须要下辖部队的所有指挥人员熟悉新将领的指挥信号。战前时间紧张，官兵难以迅速熟悉新信号，容易造成指挥脱节。通常有师承（或者上下级）关系的将领会有相似的旗鼓约束；未经历过军旅生涯的人基本不懂得如何去指挥，这也在一定程度上造成了封建时代兵为将有、世代将门的情况。值得注意的是，在用具体旗帜下令前，需要挥舞统帅的将旗，以示即将发布命令——将旗最为显眼，能够引起所有人的注意。将旗只有一面，保证不是其他人冒用将领的名义下达命令，造成混淆。如果将旗被砍倒，一是表示将领已经不在指挥位置（可能已经阵亡），二是在重新建旗前将领无法通过旗帜信号下令。若将旗突然消失，则对全军士气的打击十分巨大，甚至可能造成全军奔溃。当然有些将领也会故意以此方式诱敌，但是这样做的风险十分巨大。

有时在战线过长的情况下，距离较远的部队难以看清统帅处所挥舞的是什么旗帜。那么就必须有副手来统领侧翼部队；或者调整全军展开方式来缩短指挥距离，比如八卦阵、六花阵的布置，就缩短了最高统帅与两翼部队间的直线距离，方便指挥。

◎ *古画《瑞应图》中的军莫府*

各级部队有各自的队旗——百人队旗、千人队旗，将领有自己的将旗、令旗，这些即是队官实现对自己部队的指挥的工具，又是上级对本部队进行指挥的工具。

列阵时，士兵如何知道自己所属部队所在位置？在数千乃至数万大军之中，要寻找自己应该在的位置，这可不是一件容易的事情。各位读者可以在高峰期的地铁站里，或者春运期间的火车站体验到这一点。然而现在的车站里都设有指示牌和车站平面图，以保证行人不致迷路。那古代的士兵在战场上以什么作为路标呢？那就是本队的队旗，明代称呼为“认旗”。顾名思义，队旗的功能很明确，就是让士兵认清自己所属的部队，也让上级认得本队位置。为了防止混淆，同级部队间的旗帜图案上要有明显的区别；不同级别的队旗要有不同的大小、不同的形状、不同高度的旗杆以区别——越是高级别的队旗帜就越是要显著。这样不但有利于区分各队从

◎ 罗马军团军旗，鹰帜上的小饰物代表了本军团兵力配属情况

◎ 认旗

属关系，更能让高级指挥官一眼看清部队的情况——某一军阵下的低级别军旗若是减少了，就说明这一军阵伤亡增加了。

列阵的步骤是：士兵找到自己小队的旗帜，小队队官认准上级队官的队旗，各营队官认清营旗与将旗，以此类推。通常，列阵之初，大军都是平均对称按直线分列（形成战线），并不是一开始就摆出一个花哨的"阵法"来，具体内容且看下一节。

士兵们就位了，但还不知道具体应该列何种阵形迎敌。这时候大家都在整队，口令声此起彼伏。相信各位读者应该还记得参加学生军训的情景：如果教官在队列的一头，则另一边的学生们几乎不能听清教官的口令。如果几个队列在一起训练，口令会互相干扰，附近的几个队列可能就全乱套了。这时候又应该怎么办？基层军官手里的令旗要发挥作用了，以五色令旗确定是要列防守队形还是进攻队形，是骑兵在前还是步兵在前，是先放箭[①]还是先冲击，令旗挥舞的方向就是要面对的方向。当然，队旗还可以向高级指挥官传达一定的信息，比如本队达成战役目标、本队伤亡过多无法完成任务。

《尉缭子》曾云："百人被刃，陷行乱陈；千人被刃，擒敌杀将；万人被刃，横行天下。"可以说经过训练后，部队中的士兵能够做到识旗号、辨金鼓、明号令、分阵列、知进退，则一军可成。

变阵

好了各位将军们，上述为最基本的军阵知识。但是各位还要明白一点，军阵绝对不能是"死"的，而需要根据战场形势进行调整，即变阵。临阵指挥取胜的关键在于合理的变阵。如同舞蹈一样，不停地变阵才使得整个军阵"活"了起来。

① 在指挥弓弩手射击的时候，需要有几名队官直属的神箭手以鸣镝指示射击范围，配合队官的令旗选择射击方式。

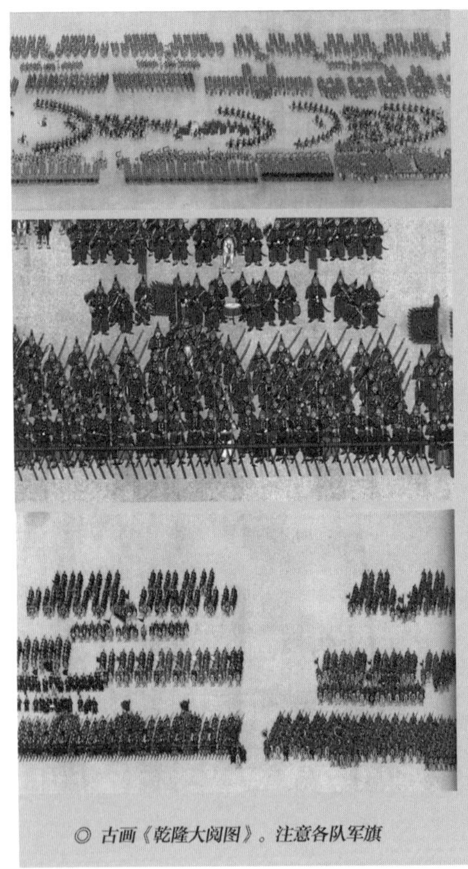

◎ 古画《乾隆大阅图》。注意各队军旗

◎ 古画《平番得胜图》。注意各级军旗

阵在动不在静

大型合成军阵的展开和战线的展开，需要考虑的不只是部队的编成情况，更要考虑清楚战场的地形。在量地之中，会根据敌我双方兵力构成情况（包括敌我步骑比例、兵力）来决定如何展开大型合成军阵。汉军在作战时会混编步骑，南北朝时各国军队也是步骑结阵而战，而宋军则拥有极负盛名的大型合成军阵——平戎万全阵。

列阵之时，考虑战场所在地的开阔程度，

想明白一队士兵展开后需要占多大的面积，各队之间的间距应该是多少，多少士兵可以形成多宽的正面。井陉之战中，韩信利用地形的便利，弥补了己方兵力较少的弱点。全军展开后，要占据多大的面积，战线成形之后，我军的预备队可以布置在什么位置上，以方便随时投入于敌军所暴露出来的薄弱点上。一队骑兵需要多大的回旋空间是步骑对战中的关键问题。

量地而战，不但是对空间的度量，也是对时间的度量。既要在静态上考虑“量地”，更要注意动态上的“量地”。行军队列变为战斗阵形，需要消耗多少时间？两翼的部队就位，需要行进多少距离？在这段时间内，敌方是否已经形成对我中军的包抄？简单而言，统帅需要一支部队前出去楔近敌方战阵上的一个结合部；敌方也发现了自己战线上的漏洞，需要调集兵力来弥补，同时调动缺口两端的部队来侧击我突进部队侧翼。这个时候，先完成任务的是我军还是敌军，将直接决定本次会战的结局。

无论是雁行阵、六花阵、八卦阵，还是九宫阵，军阵的阵形并不是一开始就排列成阵图中的样子，而是在会战中逐渐打出来的。要去不断地挤压和破坏敌军的战线，成形的阵图实际上就是这样在会战中逐渐成形与变化的。

将帅以积极的态度去指挥军阵。以雁行阵为例，在初始状态下，大军是按横线排列的，主力步兵在中央，骑兵在两翼。布阵之初，整个军阵并没有任何“雁行”般的布局。接战后则有两个选择：

一、后发先至。中央主力步兵先动，骑兵护住两翼不前出冲击。接敌后则敌两翼会向我中央包抄，此时敌军两翼的侧翼就会暴露于我军骑兵面前，骑兵向敌两翼冲击，击溃之。进而穿插敌军步骑军结合部，雁行阵逐渐成形，对敌中军形成包抄。

二、先发制人。骑兵先动冲击敌军两翼，中央主力跟上，形成半包围击溃敌军侧翼，包抄中军。雁行阵如同一把钳子一样夹碎敌军。

无论选择先发还是后发，该阵形的要点在于两翼骑兵的有力，能够在会战中成功击破敌军两翼，使本方的雁行阵成形。

◎ 古画《瑞应图》

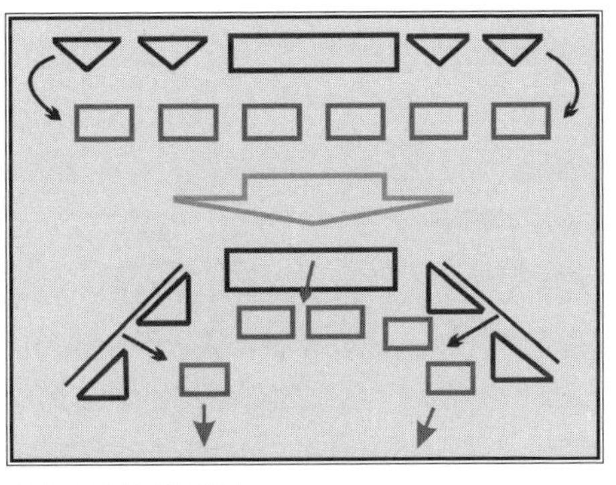

◎ 雁行阵的变阵应用

然而战场不是一成不变的，岳飞在抗金战场上曾在布阵上反其道而行之——将步兵布置于两翼，骑兵却在中央！这样做看上去颇有悖于兵法，但实际上这是对金军战术与本方部队情况充分了解后的决策。

金军骑兵惯用战术，是以两翼精锐骑兵即拐子马先行进攻，而后打出一个雁行阵包夹宋军。最直接的应对方案，是以侧翼骑兵与敌拐子马对冲，但是缺乏战马的宋军无法采取这一战术。

接战后以两翼精锐步兵硬抗住金军骑兵的冲击，金军两翼骑兵陷入与宋军步兵的混战后，为了能够打垮宋军两翼，金军统帅只得将预备兵力投入两翼。这时其中央就变得薄弱起来。宋军中央精锐骑兵正面冲击金人中军，一举击溃其中军，捣毁金军中央旗鼓卫队，瘫痪金军指挥体系，严重打击其士气。进而两翼重步兵如墙而进，对敌军两翼骑兵发起反击。当其整个阵形开始动摇时，宋军三军齐攻击败金军。

由于宋军骑兵兵力（也比较精锐）较少，不能放在两翼与金军优势兵力骑兵拼消耗。所以要形成拳头，以精锐骑兵为匕首，在敌人最意想不到的时刻刺向敌人要害。宋军骑兵冲击的速度和时机非常重要。发起冲击后，金军统帅必然要求两翼回师救援。能否在金军反应过来之前冲进对方中军，就成了战役成败的关键，而宋军骑兵很好地掌握住了时机。执行这一战术如果不是对本方重步兵战斗力有着绝对的信心，一般人绝不敢冒如此风险。

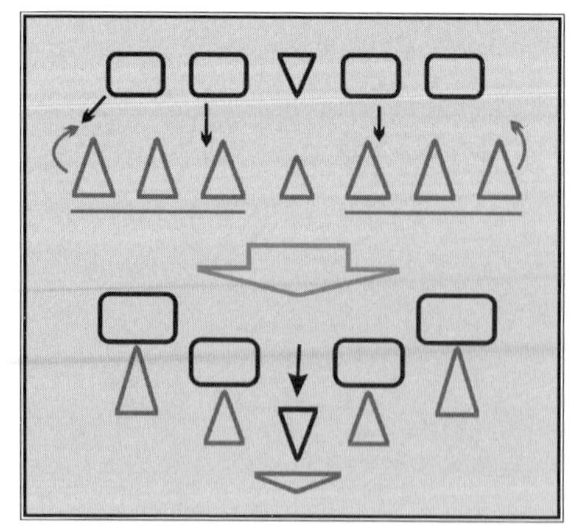

◎ 另一种雁行阵

可见，战阵的运用——阵法，比摆出阵势更加重要。而对战阵的运用要结合具体的情况，变阵的目的在于实现的一定的战术目的。

在军事上，所有的原则都是对的，只不过它们都有各自的前提；而所有的原则又都是错的，因为它们有各种各样的限制。优秀的将帅，能根据战场的形势使用不同的手段来引导战争，达到自己的目的。而如何去判断形势，引导战争，才是兵家真正的奥秘。

故曰：运用之妙，存乎一心！

聚散

李靖的六花阵意义何在？六花阵便于迅速地从行军纵队转化为作战阵，适于遭遇战；作为一个巨大的圆阵，也方便了统帅对各个方向的掌控。但是六花阵不是只摆出这么一个阵势就算万事大吉的，后续的作战展开，就要看敌军的布置，随机而动了。

行军队列和作战队列的迅速转化，正是军阵“聚散”原则在宏观上的体现。这一点在拿破仑时代也有着很具体的反映：营方阵战术就是基于这一要求，与原有步兵进攻队列相比，营方阵更利于由行军纵队转化，也更利于变化为空心方阵或者双排线列。队列间距能够方便各种队形的迅速转化。

唐军重视这种能迅速从行军纵队转为作战阵形的阵法，是因为大唐边军要经常出塞寻找游牧民族的骑兵，在陌生的环境中遭遇会战需要能尽快变阵。而宋军也比较重视六花、八卦这类阵法，并对其多有发展，主要是因为宋军骑兵少，机动能力较差，面对辽金两国骑兵军团，需要这类便于抵御骑兵的军阵，降低敌军骑兵对以步兵为主的宋军的威胁。

正如前一章所提到的，军阵由众多小单位构成，队与队、阵与阵、人与人之间都有足够的空间供调动和轮换。量地而战必须要考虑到这些空间，这些大小单位的聚散就是军阵活起来的基础——单兵需要一定空间来操作兵器，进攻和防御时，队列中的士兵要有不同的间距——这就是最微观的聚散要求。

聚散中，要保证被重创的小队可以躲入军阵内部休整，整个军阵时刻以最有体力的士兵在前为刀锋切割敌方的阵形，力量源源不竭。如果全军被敌人挤压成一团，陷入动都动不了的境地，离覆灭就不远了。部队无法调动，各从属关系不同的队伍混杂在一起，兵不识将将不识兵，失去了组织，军队便不再是军队，只是混乱的人群。就像西原大战中的唐军或者是坎尼战役最后时刻的罗马军一样。

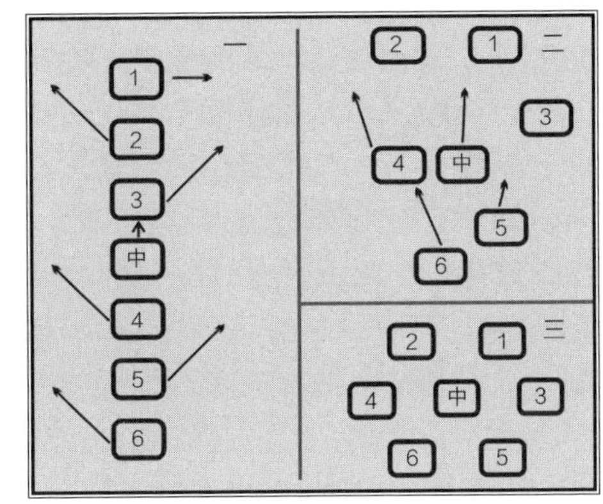

◎ 变阵为六花阵

坎尼会战中，罗马军人数明显多于汉尼拔，但是汉尼拔以精巧的战术机动让罗马军反被包围。汉尼拔让步兵方阵先后退，引诱罗马人轻率地发起总攻；汉尼拔的骑兵先击溃冒进的罗马骑兵，而后在罗马主力步兵方阵后面重新列阵；此时的罗马军团却为重心突破的假象所迷惑，不顾一切地钻入汉尼拔布下的半月形的陷阱中。当汉尼拔的骑兵自罗马人背后发起冲击后，罗马军团逐渐变得混乱，失去了秩序，被全歼于坎尼。

这里我们还可以谈一谈评书和史书中时常出现的“一字长蛇阵”。书中常言此阵如常山之蛇，“攻其头则尾救，攻其尾则头救，攻其身则首尾并救”。实际上，在古代战场上，会战之前，军队列阵都是横向摆开的（宽度受到地形的限制），一字长蛇是会战全军战线初始时的样子。在会战中，军阵逐渐变阵（两翼包抄或中央突破），也就成了常山之蛇的态势。

北魏末年尔朱荣击败葛荣的邺城之战里，葛荣数十万众也排出一字长蛇大阵以

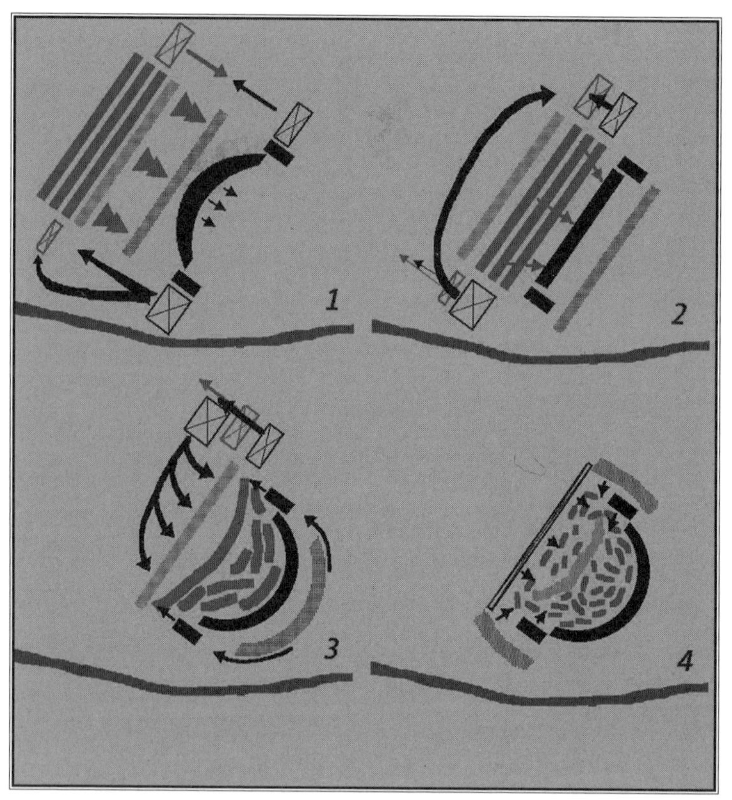

◎ 坎尼会战过程示意图

待，以为凭借自己优厚的兵力，绝对万无一失，却为高欢将大阵完全引开，最终本人为尔朱荣所擒。可以看到，葛荣学会了“散”而不知“聚”。本来可以相互掩护的各个部队之间丧失了联系与指挥，导致自身所在中军为尔朱荣突袭成功。

明代笔记中言倭寇也曾有过一种“一字长蛇阵”，“以强者为锋，众者为腰，弱者在后”，但是它和上文中的“一字长蛇阵”有着明显的不同，前者是横向布置的，后者明显是一个纵队。后者中的小队在进攻中以纵向布局，密集布局。将战斗力最强的士兵放在最前以打开局面，后队涌入破口，犹如水银泻地，这也是步兵进攻中的基本原则，精锐在前破开敌阵，后续士兵涌入，进攻后劲十足。

阵脚是什么

评书中常能听到“射住阵脚”这句话，到底阵脚是什么东西？看到这个问题大多数人肯定会望文生义地理解：阵脚就是阵的脚，所谓阵脚，指代敌方队列中士兵的脚，作战队伍的最前方。射住阵脚是射击敌人，不让敌人冲击到自己军队的队列。

当然，还有个看上去更详细更合理的解释：古代打仗对阵时，兵排成整齐的方阵，阵脚就是方阵面对敌方的两个角。而对阵时要限制距离，就派遣箭法精准的士兵向对方正在前进的兵阵阵脚靠前的位置射一箭在地上，以示警告，敌方兵阵就会在箭处站住，这就叫作“射住阵脚”。不过这样的说法显然是把战争当成了团体操。

真正的阵脚并没有这么简单。敌军军阵决意向我方推进，光靠射箭是没法阻止的。弓箭只能干扰，但不可能阻挡一支意志坚定的部队。它能够阻挡的不是敌方全军的前进，而是敌方散兵的攻击。阵脚不是阵本身的“脚”，而是其伸出的“触角”，是前出于大阵形之前，以小集群战术为主的步战小队（适合装备花装兵器）。其任务在于发起试探性进攻，去寻找敌方军阵中的薄弱点，以便使我方可以投入预备队，打开突破口；防御时则收缩在主力军阵两翼，形成一道依附于主力方阵的防线，在敌军迂回时为方阵转向争取时间。

秦军中的陷队之士并非一些人所单纯认为的敢死队，而是阵脚队。汉军游走于主力方阵四周的剑盾短矛兵也是阵脚队。而在中世纪末期大杀四方的瑞士人，更是依靠散兵阵脚队来为一往无前的长矛方阵开路。阵脚队以小群混战寻找到敌阵的薄弱点后，以旗帜信号向全军发出信息，距离最近的步兵大方阵就会向这一点发起冲击。

我们再来探讨一下：为何阵脚小队内部适合“花装”兵器?

“在单个战术单位中的士兵，是使用同一种兵器，还是使用不同兵器配合？”这一问题在战场内外，已经争论了两千多年。

我国早期的“伍”编制（具体而言是春秋早期）就是步兵军阵在纵向上混用五种兵器，这在当时被证明是不合理的。这一模式造成了军阵纵深小（只有五列纵深），进攻后劲不足，防御能力也不够强。同时也造成了小队内部运作不便：伍长在队列最末，不能带领冲锋，其装备的弓箭更不能很好地发挥作用；更糟糕的是，第三四排的士兵所使用的不同种类长柄兵器会互相干扰，仗打到后面只能解散编队各自为战，很多时候春秋早期步兵的任务只是给战车突击打开突破口（这也是上文中阵脚小队的任务）。当然这些问题从周武王伐纣直到春秋早期的战场所盛行的小规模混战中都不会造成太多麻烦。在战争规模越来越大的春秋后期和战国时代，五兵混用的模式被无情地淘汰。

宋朝在早期的统一战争中，部队编制有较多的花装，这主要因为五代时期，宋王朝的对手多为一方割据势力，缺乏强大的骑兵军团，一次会战中双方战兵人数多为数千人，战斗规模都不是很大（这也一定程度上导致了前文所说过的，宋早期指挥环节短小化的盛行），花装小队在这样的战场上更能发挥出士兵个人的武艺——大宋禁军成军之时集成了国内精兵。

但在基本完成统一后，面对北方辽金重骑军团的威胁时，宋军不得不编制了大量的长枪、强弩纯队，以应对新时期草原王朝大量的正规骑兵军团，以及那令人畏惧的重甲骑兵集群冲锋。花装难以在“指挥”这个建制单位上合成出足够纵深的军阵；勉强合成也不足以抵御大量骑兵的冲击——只有如林的长枪和更加密集的弩箭才能阻挡住冲锋中的骑兵，让敌军骑兵失去速度，让战斗转为宋军更能发挥装备优势的模式。

明朝中期，戚家军在扫平南方倭寇之后，被调往北方防线以应对蒙古人的入侵。虽然这时的戚家军依旧在队内混合使用几种兵器，但是扩大了战斗编队规模，在一定程度上形成了纯队的效果。当然戚家军没有选择完全的纯队，一是因为训练和编组的习惯，更主要还是因为此时的蒙古已经不再是一个统一的政权，虽时常入寇，但基本只是游牧部落小规模入侵，入寇兵力只有数百。当然，这也和武器技术的发展有着直接的联系——冷兵器的任务是掩护热兵器，这一点在同时期的欧洲也是相同的。只不过因为欧洲步兵需要面对更多数量的骑兵，不得不采用更大的战斗编队，发展为了长矛纯队与火枪纯队的配合。

由此可见，对花装和纯队的使用是出于以下几个考虑：敌方的冲击能力（骑兵的装备和兵力情况）、战斗规模大小（地形破碎程度，双方人数）、指挥水平。战斗规模越小，则花装越占优势，在小规模步战中，花装确实可以发挥出超常的战斗力。可参见抗倭战争中的鸳鸯阵，在多次战斗中戚家军的伤亡仅为个位数！但是花装需要士兵之间有足够的默契，需要士兵武艺精良，不适合大规模推广，很显然最适用于打开敌阵突破口的阵脚小队。

二 界桥之战

人们总是习惯性地认为有一种无敌的战术，可以在古战场上横行，又或者认为只要一个兵种就能横扫所有敌人。比如铁骑无敌派——这个流派算得上是历史悠久了，在比较早期的历史军事类小说中，骑兵几乎为所有作者钟爱和吹捧。又比如强弩威力超过步枪神教——古人比较习惯夸张弓弩的威力和射程，如果今人不加思索地全信，那是要出问题的。甚至西班牙方阵长枪党也要来凑一凑热闹——复兴时代的欧洲，在战场上发挥关键作用的不只有长枪方阵。

各位读者如果有兴趣想成为一名真正的将帅，就请先把脑子里那套从电子游戏和评书中学来的对战思维全部丢掉。从下面的几个战例来真正感受一下古代战争吧。步骑对抗一直贯穿于古代战场中最为吸引眼球的矛盾，但是真正的战场没有什么兵种“相克”的概念，胜负在于哪一方更好地发挥了自己的优势——更重要的是胜负取决于系统的对抗，而非简单的斗兽式的单挑。

理想平原战场

看过老版《三国演义》的朋友们，或许对“官渡之战”这一集还有比较深刻的印象。据说该集开头袁绍大军进兵的场面，是整个电视剧拍摄中动用人力最多的一场戏：步人持牌列着严整的阵形如墙而进，脚步铿锵有力，干戈如林，旌旗麾盖如云海翻腾。号角声起，鼓吹军乐中，步骑约束严谨，指挥有序。及两军列阵于前，曹操观袁军之势言：“袁绍气盛而来，本当取攻之势，今却以盾牌为前阵，其意在守。”初交战，曹军著名的虎豹骑兵及精锐步兵均饮恨袁绍军步阵强悍的强弩之前。

为了表现官渡一战，专家们花了大力气来考据当时两军的战术。史书没有记载当时官渡初战时两军的布置与交战过程，剧组人员只好按照界桥之战中袁绍军力克辽东骑兵的战术来拍摄这一集。

在整个汉末三国时期的诸多场大战之中，界桥之战可以说是一场并不引人注意的战役，双方的人员损失都不大。但是，从此战起袁绍与公孙瓒开始了争夺河北的决战，这一战，袁绍击败公孙瓒，奠定了其在黄河以北完成部分统一的基础。这一战也是一场精彩的步骑对决，参战的双方可以说是东汉末期汉军最有战斗力的一支骑兵和一支步兵。更加有趣的是，该战战场是一处毫无障碍的平原，地形对战斗毫无干扰——简直是一个完美斗兽场般的战场。

此次会战的直接原因是公孙瓒出兵界桥，切断了袁绍在广宗的驻军与大本营邺城地区的联系。为了重新取得对广宗附近地区的控制，袁绍决定出兵迎战。双方在界桥以南二十里（汉里）展开会战，战场就在今河北威县以东的老沙河畔。从战略上讲，袁绍是被迫应战的，在其出兵之前，冀州大部已经被迫归附公孙瓒，而且公孙瓒成功切断了广宗与袁绍势力大本营的联系，如果袁绍不迅速进兵取胜的话，公孙瓒可以顺利地将前线压到邺城。

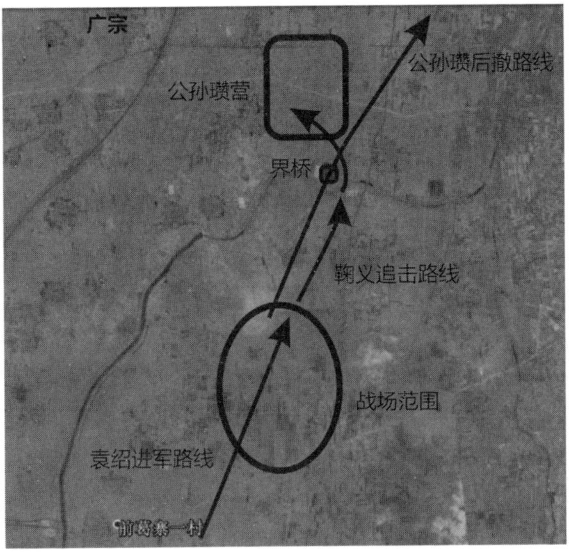

◎ 战场地图

战略上公孙瓒军为主动攻击方，但是战术上却是袁绍占据了主动权。可能大家会觉得疑惑，这个问题我们将会在下文中解答。值得注意的是，历史记载中没有任何一方渡水作战的描写，会战是在界桥南边二十里处开始，最后袁军追击公孙瓒时才到桥上，也就是说，双方的主要战斗完全是在平原上进行的，不存在某些学者所设想的隔河对峙和“半渡击之”的情况。

公孙瓒的步骑

双方的临战布局史书中记载得很明确。《后汉书》中记载：瓒步兵三万馀人为方陈，骑为两翼，左右各五千馀匹。公孙瓒以三万步兵列方阵作为核心，左右各以五千骑兵掩护两翼，这基本可以看作是汉军的标准战术展开。这一战术也是战国以来步兵战术的延续，以主力步兵在中心列阵，以机动兵力掩护步兵主力方阵两翼。这个阵形与前面我们总论中说过的一字长蛇阵在战术原则上是相通的，其后续变阵则是要打出一个雁行阵——中央步兵的任务只是黏住敌人，精锐骑兵从两翼夹击，像钳子一样夹碎敌阵。

此战中公孙瓒军步兵的表现十分差劲，有理由相信这些步兵主要是之前收服的黄巾军士兵，其精锐步兵没有参加本次出征。扫灭青州黄巾一战，公孙瓒也不过出动步骑两万，本次却能出动步军三万，显然是挑选黄巾军青壮新编一军，留精锐步兵驻守幽州，率新编步军南讨袁绍。袁绍一方也是清楚这一情况的——毕竟已经交过手，而且对方精锐步兵驻屯本土的情报不是很难打探到——所以袁绍方本次的对策也是以击败公孙瓒方骑兵为主旨。公孙瓒新附步兵，野战中只能跟着骑兵打顺风仗，那么击败其骑兵后，自然不用担心那三万步兵。

公孙瓒麾下核心精锐——白马义从也分为左右两校（白马义从为中坚，亦分作两校，左射右，右射左），显然是为了加强两翼骑兵的战斗力而有意布局的，既然

◎ 汉代步兵俑

本方步兵战斗力较弱，那就进一步加强骑兵，争取更快地击破袁绍军阵线。同时，结合“瓒每与虏战，简其白马数千匹，选骑射之士，号为白马义从；一曰胡夷健者常乘白马，瓒有健骑数千，多乘白马，故以号焉”的史料记载，我们能看到：作为核心精锐的白马义从主要采取的是轻骑兵战术，这一点是很容易理解的。公孙瓒主要是在东北与草原民族作战，其战术不可能不受到草原民族的影响；而且，公孙瓒的骑兵中也有不少人员是来自于草原民族的。

袁绍方的布阵《后汉书》中也有着明确的记载：“绍令鞠义以八百兵为先登，强弩千张夹承之，绍自以步兵数万结陈于后。义久在凉州，晓习羌斗，兵皆骁锐。瓒见其兵少，便放骑欲陵蹈之。”从这一段可以看出，鞠义的“先登”阵形是前出于主力军阵之外的、以八百人持盾牌组成基本阵形，阵形之中又隐藏了一千强弩兵。

从没有关于袁绍军骑兵的记载这一点可以推断，此时袁军缺少骑兵，以步兵为

主力。史册中只有含糊的“步兵数万”，推测总兵力当少于公孙瓒军。面对公孙瓒占绝对优势的骑兵部队，袁绍让久在西凉与骑兵作战的鞠义作为前敌指挥。仔细思索这段文字，我们可以发现两个重要的问题：一、鞠义的“先登阵”与袁绍的主力步兵是分别列阵的，两者之间关系如何？二、公孙瓒真的只是因为鞠义兵少而决定骑兵左右出击，放骑陵陷之的吗？

首先回答第一个问题，“绍令鞠义以八百兵为先登……绍自以步兵结阵于后”——两者应该有一定的距离，同时鞠义的先登阵在一定程度上还挡住了公孙瓒的视线，否则公孙瓒不会先盯上这个只有千人上下的小阵。一个主要装备盾牌的步兵小阵机动能力有限，如果先发现袁绍主力，那么公孙瓒直接攻击袁绍主力，绕过这个小钉子不予理会便是。这里我们还可以看出袁绍方是主动前来进攻：公孙瓒根本来不及侦察袁绍军情，就被迫迎战。这也就是上文提到过的，袁绍在战术上所占的优势：公孙瓒目光被广宗城吸引时，袁绍迅速赶到战场，强迫公孙瓒在不了解敌情的情况下展开会战。

第二个问题实质上就是本战最核心的问题——袁绍方面是如何列阵的。整体来看，袁绍以数万步兵结阵于先登阵之后。一开始，公孙瓒只发现的鞠义千余人军阵推进到界桥，决定迎战。当公孙瓒出营列阵后，自然会发现袁绍的大军在后——先登阵就算按单排横队展开，也不可能完全遮挡住一支数万人大军；就算能遮掩袁军大阵中士兵的身影，也不可能挡住数万大

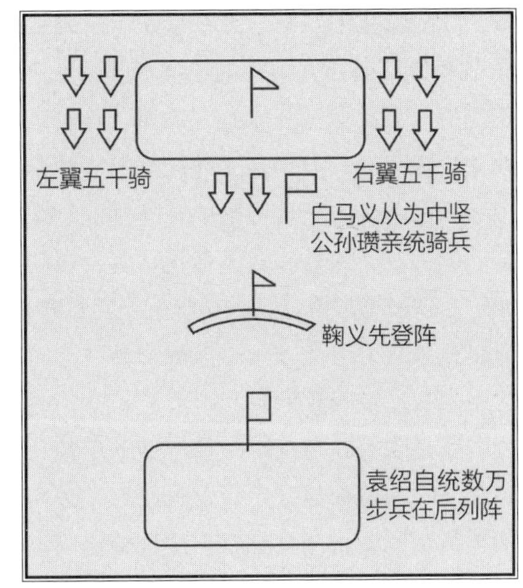

◎ 双方列阵示意图

军的旌旗和行进中卷起的尘土。

但是再调整布局也来不及了。不过看到袁军两阵间隔较大，公孙瓒仔细思考了一番：完全可以选择先吃掉鞠义这千人小队，然后携初胜锐气，一鼓作气击败袁绍的主力大阵；就算袁绍在我部攻击其先锋时发起攻击也不用担心，我的白马骑兵向来剽掠如风，让左右翼骑兵先对先登阵两翼冲击一次，然后步阵压上，骑兵去骚扰对方行进间的主力步阵，或许以白马义从的战力，能够一举打乱其阵。此时我的步阵也已经消灭其先锋，正好以堂堂之阵再击败其散乱之众。

当然，更有趣的是先登所结阵势。大盾八百在前，另隐藏千余强弩在盾阵中——看过前一章总论的读者是不是觉得这样的装备十分眼熟？这分明就是要列反骑兵圆阵嘛。当年深入大漠的李陵也是同样的装

备，以圆阵在匈奴十万大军重压之下转战千里；更何况李陵不见得有这么多强弩——正好面对公孙瓒的万余辽东精骑，摆出圆阵来合情合理。但是鞠义并没有简单地排出一个圆阵来，而是将整个军阵排成一个前凸的弧线，两翼故意不合拢，看上去就像一个还没有来得及完成布阵的步兵圆阵，又将最强有力的武器千余强弩隐藏在大盾之下，不让公孙瓒发现。

鞠义使用的是汉军一种特殊的反骑兵军阵，段颍破东羌就用过这种阵形，久在西羌从军的鞠义及其部下自然也会使用该阵。至于其具体运作过程请看下文。

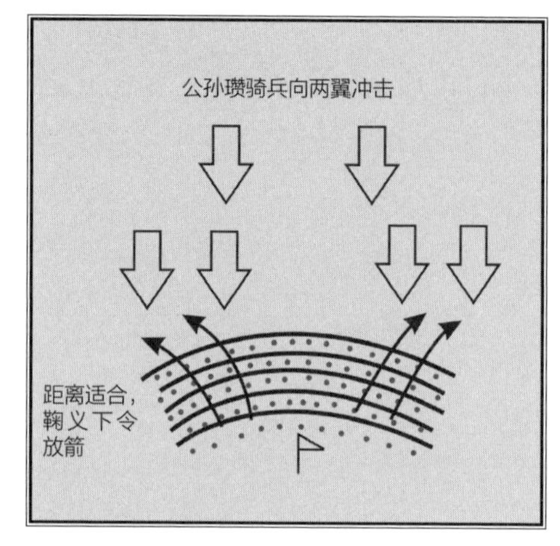

◎ 先登军阵示意图

奇怪的军阵

先登所用军阵的独特布局，让公孙瓒以为先登所列阵只是一个未完成布阵的反骑兵圆阵，决定趁着其圆阵未成阵势不稳之际，抢先发动攻击。战鼓隆隆，公孙瓒以帅旗发令白马骑兵从两翼冲击而出。按惯例辽东骑兵先释放羽箭以求杀伤先登阵士兵，骚扰其运作，打乱其阵势。鞠义命令士兵藏身大盾之下，以减少伤亡。当辽东骑兵冲至阵前几十步时，鞠义下令招展军旗鼓号齐鸣，阵中强弩手听到指令立刻在各自队官的指挥下按梯次对辽东骑兵齐射。强弩齐射是每一个骑兵最为恐惧的场面（主要因为这一时期骑兵装备较差，尤其是辽东轻骑兵，很少能装备优质铠甲），刚才还看上去软弱可欺的敌兵忽然变得如此可怕，强劲的弩箭穿透了骑兵的身体，也击碎了公孙瓒军士兵的胆气。

需要注意，摆出这个阵目的在于应对从两翼包抄的敌军骑兵。阵形要向前突以方便阵内弩兵向两侧放箭。阵形纵深不宜过大，否则会遮挡后排射界，不便弩兵放箭。每一排弩兵分为左右两队，各有队官以令旗指挥齐射，形成梯次射击，保证箭雨不断。

倒毙的士兵和马匹的尸体阻挡了公孙瓒骑兵继续前冲的路，前排骑兵无法前进，后续的骑兵不得不减慢速度。看到公孙瓒骑兵减速了，鞠义立刻下令弩兵弃弩持戟（当然不是真把弩丢掉，而是交给专人来保管，价格昂贵的强弩很多时候比士兵的生命还要珍贵），盾牌手也持盾拔刀一同上前，所有士兵和对方骑兵搅在一起混战——步兵使用小群组战术，数个步兵协同对抗一名敌骑兵。失去了速度的骑兵被突如其来的反攻打得毫无还手之力。此时袁绍的主力步兵也开始进攻了。

骑兵进攻失利，还被先锋敌军步兵黏住混战，敌军主力步阵也将进入战场。面对如此乱局，公孙瓒必须当断则断，如果自己的宝贝骑兵再不能摆脱混战，就要直接面临袁绍的主力，白马骑兵将会损失惨重。这时候唯一的办法只有赶紧鸣金让所有骑兵撤下来，重新整队再发起攻击。可是事与愿违，骑兵们撤是撤下来了，但是看着散乱的骑兵撤下来，步兵方阵也一起动摇了。公孙瓒看着袁绍军阵一步一步靠近自己的大军，只能承认自己败了，随即下令全军撤退，步兵先撤，自己带着白马义从和骑兵殿后。再用小规模反突击来迟滞袁绍的追击，保证尽可能多的士兵逃回自己的大本营，为以后的战争保存力量。

鞠义在反冲击中，阵斩包括先锋严纲（此君被公孙瓒任命为冀州刺史，但是官印还没捂热，便丢了性命）在内的一千名左右白马骑兵。公孙瓒只得率主力后撤，并放弃了先前的营寨。鞠义的追兵赶到界桥后，公孙瓒为了保证自己后撤的安全，再次组织防御。然而狭窄的桥头正适合鞠义的精锐步兵发挥战斗力，公孙瓒的断后部队再次被击败，同时还被鞠义夺得了营寨。

袁绍亲自带领精锐卫队——强弩兵数十人、大戟士百余人追击公孙瓒，因过于深入，遭到了对方两千余骑兵围攻。由于抵抗有力，同时对方也不知道是袁绍在其中，且战意已失，只以弓箭攻击，没有直接进攻。随后鞠义统领的主力前来救援，袁绍才安全脱险。

此战公孙瓒在先锋受到打击后主动撤离战场，双方损失都不大——之后双方还有足够实力进行几次更大规模的会战。此战袁绍主要是在战略层取胜了，界桥的失败让公孙瓒了解到此次已经无法安全地控制冀州地区。

◎ 三国时代着筒袖铠步兵俑

没有万能的军阵

这个世界上没有什么万能的军阵，只有优秀将领和善战的士兵。鞠义的这个小军阵有着严重的局限性：

一、该阵规模只能保持在千人上下，如果再大，可能会导致军阵中央强弩无法有效射击自两翼突击而来的敌军骑兵。

二、这一阵形不能应对太多骑兵。东

汉羌战中，汉军每战需要应对的只是数个部落族群所拥有的羌族骑兵，单个部族所能拥有的骑兵数量不是很多。此战中如果不是事先侦知公孙瓒军步兵素质差，骑兵受挫便会动摇，同时袁绍主力步兵又在后，鞠义断不敢用此阵。

三、大盾强弩混编阵虽然适合应对小股骑兵，但是如果面对精锐步阵则会很无力——战马的尸体堆积起来会挡住后续骑兵的冲击路径。但是同样数量步兵的尸体不足以阻止步兵军阵推进。本战正是因为对方步兵无力才取胜。

四、大盾与强弩的组合在对抗骑兵时，主要还是起了消除对方冲击力的作用。真正的战斗还要靠步兵上前混战才能解决，如果遇到装备精良的骑兵下马步战，则胜负难料。

五、强弩很贵重，尤其在古代，其局限性也很大；强弩虽然威力强，但一次也只能杀伤一名敌兵——就像现代战场上狙击手看起来很厉害，但是任何一支军队都不可能只依靠狙击手来打赢所有战争。

步骑对战关键在于哪一方更能发挥自己的优势——骑兵的优势在于机动能力和冲击力，步兵优势在于坚阵与严整性。更重要的是，一支军队不可能只靠一个兵种打天下，本战中公孙瓒由于步兵贫弱才导致失败。按原本的计划，两翼骑兵是夹碎对方的铁钳，步兵应该成为黏住对方的铁毡，也是整把铁钳的转轴，但是轴坏了，铁钳也就不能使用。反观袁绍方没有足够骑兵，战场控制力不足，导致袁绍本人遇险，追击中让绝大多数公孙瓒军士兵逃掉了，为此双方不得不在河北地区打了多次会战，才决出胜负。战役取胜真正的关键在于优秀的将领对战局的把握，以及优秀士兵的奋战。

三 不是谁都可以背水一战

背水之战成就了兵仙韩信的赫赫威名，也让古往今来各路“马谡”们争相效仿，最后多成东施效颦之举。背水一战不是那么容易就能够被复制的，简单的“置之死地而后生”并不是取胜的诀窍。兵家言事总是将大量的信息隐藏了起来，需要有心人认真地发掘。

彭城一役的大败让形势一片大好的汉国忽然面临全盘崩溃的威胁。为挽救危局，高祖刘邦决定派出大将韩信以偏师扫讨项羽所封的赵、齐等国，以斩其羽翼，在地理上对项羽形成半月包围（占据蜀地、汉中、关中、山西、河北、山东以包夹项羽所控制的楚地）之势。

刘邦的策略堪称人类战争史上首次间接战略，以自己的主力拖住项羽的主力，遣派大将经略北方以逐步增长实力获取优势。这一战略成功的前提有两个。首先，分派出的偏师有足够能力经略“边角”，显然，千古兵圣韩信有这个能力。其次，本方主力能够黏住敌军主力（能够让项羽死盯住不放，显然整个汉国中也只有刘邦能享受此待遇了），还能顶得住敌军的强大攻势。这里或许要为刘邦的军事能力翻个案，如果没有足够军事能力，刘邦根本无法与项羽对峙，大汉建立后扫平英布等人叛乱的，也是刘邦本人。

题外话不多说，下面直接讨论井陉之战中的真正关键点。

◎ 西汉军阵兵马俑

韩信到底在哪里冒险

说起来，天才很多时候都喜欢冒险。秦末汉初的两位军事天才，项羽在彭城冒险千里回援，击溃汉国联军，一举扭转颓势；韩信临危受命先下魏地，未及平复，即率众复攻依附项羽的赵国，一举平定河东河北，直接改变了楚汉战争的结局。

在攻灭赵国最重要的会战井陉战役中，韩信为背水之谋大破赵军，不但创造了历史，更创造了一个全新的成语——背水一战，形容于危局中行奇谋以破局。然而文人更多地把注意力放在充满矛盾冲突的“置诸死地而后生”，未留意到韩信在此战中的全部谋划，更忽视了会战中真正的关键点所在。

此战的关键词是冒险，然而，一般都认为韩信只是在以少击多上冒险，实际上韩信在一开始就在战略上冒了险——刚刚攻克魏地，部队几乎没有休整就继续前进，甚至连新占领的地区没有完成消化，就急匆匆地东征。

此时的赵国已经不是战国时期那个武力强悍的赵国。此役赵王征调全国可用之兵，号称二十万齐聚井陉隘口。这二十万兵战斗力比较差，但是即使再差，将这二十万人梯次排在井陉孔道中防守，以韩信之能，去一一攻破、强行推进也是件很困难的事情。显然，如果赵军如此布置，韩信要么因为兵力不足耗尽士兵而进展微少，要么因为后勤补给无力被迫退兵。

所以说，韩信行背水阵的谋划前提是冒险的——韩信率军过井陉攻赵，若赵王按照李左车之谋，井陉口赵军按兵不动，遣李左车出奇兵三万，绕道韩信之后，断其粮道，饥饿和无望就能击溃汉军。这里透露出一个信息，韩信总兵力是超过三万的。否则李左车不会要求三万兵力，却只用来堵截韩信后路。韩信不怕与优势兵力的敌军决战，只怕敌军塞住井陉孔道，坚守营寨不出。

相关史书原文如下：

广武君李左车说成安君曰：“闻汉将韩信涉西河，虏魏王，禽夏说，新喋血阏与，今乃辅以张耳，议欲下赵，此乘胜而去国

◎ *汉军步兵佣所反映的两个类型的装备*

远斗，其锋不可当。臣闻千里餽粮，士有饥色，樵苏后爨，师不宿饱。今井陉之道，车不得方轨，骑不得成列，行数百里，其势粮食必在其后。原足下假臣奇兵三万人，从间道绝其辎重；足下深沟高垒，坚营勿与战。彼前不得斗，退不得还，吾奇兵绝其后，使野无所掠，不至十日，而两将之头可致於戏下。原君留意臣之计。否，必为二子所禽矣。”成安君，儒者也，常称义兵不用诈谋奇计，曰：“吾闻兵法十则围之，倍则战。今韩信兵号数万，其实不过数千。能千里而袭我，亦已罢极。今如此避而不击，后有大者，何以加之！则诸侯谓吾怯，而轻来伐我。”不听广武君策，广武君策不用。

李左车的谏言中还隐晦透露出另一条信息——韩信这次所率领的汉军大部分是攻灭魏国后征用的新兵。老部队或者被刘邦抽调到与项羽对峙的前线，或者留在了魏地以压服不安定因素。全军仅有几千名老兵作为核心部队一同东征——如果直接理解李左车谏言，汉军只有几千人，那先出一万兵列背水阵，其他几千人难道都是韩信撒豆成兵不成？

韩信如此用兵也是出于一种无奈，攻克魏地后就必须即刻攻击赵国。否则赵国训练好军队，囤积够粮草后，根本打不下来；如果赵国打不下来，也就无法吓住魏地故民，使其不敢反抗。如果两国不能尽快安定，则项羽又会遣大将攻略赵、魏，则前功尽弃。难题又来了——魏地尚不安稳，如何去攻略赵国？只怕大军刚走，魏国旧贵族们又要起兵作乱了。韩信只能用看上去有些荒诞的办法来解决难题：将自己带来的老部队都留在魏地，压服当地大族；强征魏民为兵，将所有不安定因素带走，亲自以数千精锐看管这些可能为旧贵族裹挟起来作乱的壮丁。若攻克赵国，这些前魏国人也会信服自己，会成为真正的汉军了。

赵国上下也比较清楚韩信的困局，所以对正面击溃韩信很有信心，不愿意采纳李左车的策略——正面击溃经略北方的汉军大将军无疑可以极大地提升本军士气，更能提升赵国的地位。赵王虽然是项羽所封，但只有获得赫赫战功，才能使赵国摆脱项羽从属的标签，赵王歇才是真正的赵国之王。

选择战场的学问

韩信为了确定赵军的动向，派出间谍监视赵军举动。听到间谍传回的消息，韩信知道自己的冒险成功，接下来就是临阵的事情了。战场韩信早已选定——在离井陉出口三十里处安营驻扎，此处太行孔道为河流切割，宽度较大，山岭间最宽处可达1公里；内部有比较宽敞的空间以供双方数万大军对战。

但是这里作为战场的好处不止这一点。

真要说宽敞的平缓谷地，现在井陉县的位置更加合适；关键之处在于，这里的地形十分有趣，明面上看对赵军很有利——在井陉孔道口堵住道路，韩信怎么样都无法绕过赵军营垒，只能硬着头皮正面作战，但实际上，由于萆山北部小路的存在，正适合韩信实行他的预想。

◎ 汉军骑兵形象，注意其无马镫，轻装

萆山位于井陉出口孔道的北部，整个孔道在这里开阔起来，但是在出口位置，孔道再次缩小为一个隘口，从防御的角度看，在隘口修筑关城可以轻松防御自井陉西来的敌军。然而隐患也埋伏其中——萆山之后存在一条隐秘的小路，这一点，我们可以从地图上看到：萆山北麓谷地中从西到东分布着一连串的村落，正好勾勒出一条道路的痕迹。这条道路也就是韩信的依仗。

◎ 汉军骑兵穿过山谷

会战前一天夜晚，韩信召集骑兵两千，对其指挥官下令：明日开战之前率领骑兵从北边小路绕过萆山，迂回到赵军营寨附

◎ 战场地形图

近待机。当赵军全军出动的时候，立刻以最快速度夺取赵军营寨，并换上汉军的红色旗帜——所有骑兵都被要求携带一面红色旗帜。按照唐代名将李靖的奇正之论，这两千轻骑就是此战中的“奇兵”，在战役之中起到一个杠杆的作用——以微小的力量将“正兵”主力的力量成倍放大。

又是一个清晨，韩信下令汉军在早餐后出营，就在今日一举击破赵军，晚餐大家将在赵营中享用赵军预备的丰厚粮食。韩信在战前最后一次军议中还是表达了对赵军不肯全军出动的担忧：“赵已先据便地为壁，且彼未见吾大将旗鼓，未肯击前行，恐吾至险阻而还。”韩信的计划成功有赖于赵军空营追击，需要一个有足够诱惑力的诱饵才能吸引住赵军。什么东西才能充当这个诱饵？韩信决定以自己的战旗作为诱饵，摆出一个看上去明显有问题的军阵，让赵王和陈余都相信自己可以击败韩信——也是由于这个原因，陈余没有采纳李左车的策略。

兵法认为布阵应该背靠山地，面对河流，这样能够保证敌人不易袭击我军军阵背后，而我军也方便离开战场。正面一片开阔，利于作战，敌军进攻则要先渡水，容易被我军趁乱击破；要后退则被水泽所阻碍，势必引起惊惶。

然而天刚放亮，汉军违背兵法常识，先行出动一万人列阵在水泽之前，背靠河流，面对赵军营垒挑战。赵军上下看到这样违背兵法之举后，均哈哈大笑，没有一个人把这一万汉兵当作一回事，把汉军晾在营门外，先各自张罗早餐了。

◎ *汉军军阵，刀盾在前，长兵居中为主力*

◎ *注意汉军军阵中各兵种比例*

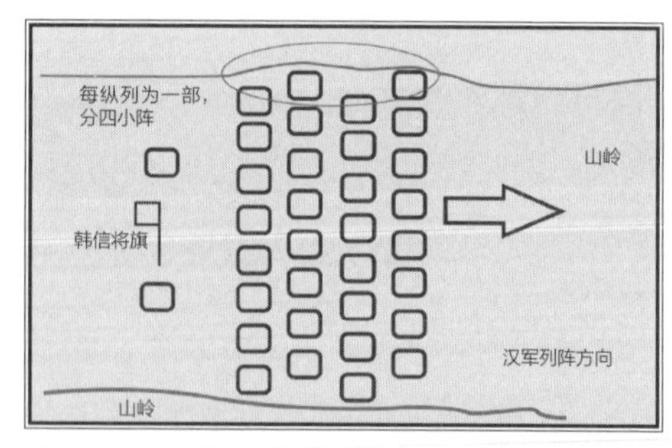

◎ *汉军布阵示意图*

按照此时的惯例，汉军列阵，按照编制一千人左右为一部，八部各列方阵构成一整条战线，另外两部作为预备队，列阵在韩信将旗之下。考虑到战场位于山谷之中，宽度有限，整条战线宽度保持在600米上下；再考虑到各方阵间的距离，一线需要布置8个30×8的小方阵，这样一部可以分为前后4个方阵（960名士兵和40名军官），韩信的命令之直接下达给这32个小方阵，每一排8个方阵为一组，撤退时共同进退。

背水的真正目的

天透亮，汉阵中竖起了韩信的大将军旗，并在阵后可以望见的地方摆开了大将军仪仗，中军击鼓，大阵前行。看到这些，赵军沸腾了，大营中飘荡着新的军令："全军出击！抓到韩信的赏万金，封万户侯啊！夺汉军将旗赏千金，也另有封赏！夺旗一面可得百金，斩将一员五百金！"金钱和地位刺激着赵军士卒，这些还在用握锄头的姿势握着长戟、剑盾的新兵仿佛充满了勇气。

以前所未有的速度完成列队的赵卒开出壁垒与汉军交战，不过毫无经验的赵国新兵一时间在汉阵面前碰了个灰头土脸；本想如同潮水一般淹没汉阵的企图也失败了，兵力优势被狭小的谷地所限制，好在车轮战还是让汉军一步一步地后退。

韩信的计划即将开始，初阵的一万兵中老兵的比例较高，能够在号令下缓缓后退——若是以新兵为主打头阵，很有可能在后退的过程中就发生崩溃——为了避免发生意外，韩信还是亲自压阵。韩信抬头看了一下北边的萆山，布置在上的汉军传令士举起了事先约定好的红旗，并挥舞了几下——骑兵已经迂回到目标位置附近，是该进行下一步行动了。韩信的大旗对着山上的传令兵左右挥舞两下表示收到信号，随即山上的红旗消失了，就好像从来没有出现过一样。——当然这里的内容不载于史册，只是出于常理的推测，但如果汉军没有在萆山上设置传令兵，以旗号传达信息，那么三支汉军（背水阵、水上军、两千骑兵）间是很难实现协调行动的。

汉军在韩信的调动下开始复杂的敌前撤退——红黑旗招展，弩兵齐射，将赵军逼退数十步，第一排小阵（4排共计32阵）中下属的刀盾兵快步结成横向战线，掩护军阵主体。长矛大戟的主战士兵分成几列纵队，迅速从第二排各小阵间隙中间退到军阵最后重新列队。然后借助第二排各阵弩兵的齐射作为掩护，第一排各阵刀盾兵立刻聚成小群组自行掩护，也从后排军阵的间隙中退至最后，再次列队。整个大阵如同坦克履带向后滚动一般逐渐后退。横向上各小

◎ *汉军步兵装备，铠甲着装不同*

军阵依次穿过临阵间留下的空隙退到最后，重新列队为前排战友在后撤时提供掩护。

为了能够真正迷惑到赵军将领，汉军还故意抛下了一些队旗来假装慌乱。副将张耳率先在阵前丢下了自己的将旗和鼓乐仪仗。一名赵军士兵拾起张耳的大旗后兴奋地想象着这面旗帜可以为自己换取多少黄金和田宅。其他士兵看到兵后眼睛都红了，奋力向前进攻，边冲边喊：“汉军败了，快抢下韩信大旗！”当看到韩信大旗也被抛下时，赵军士兵全都疯狂了。

可能细心的读者会注意到，总论中说过如果没有旗鼓，根本无法指挥部队。诸位且慢，请仔细看史记中的文字：“于是信、耳佯弃旗鼓，走水上军。”主将韩信和副将张耳并没有真的丢弃各自的旗鼓，只是假装丢下了旗帜，或者只是丢下了备份的假旗帜在地上，而收起原先的旗帜，指挥部队

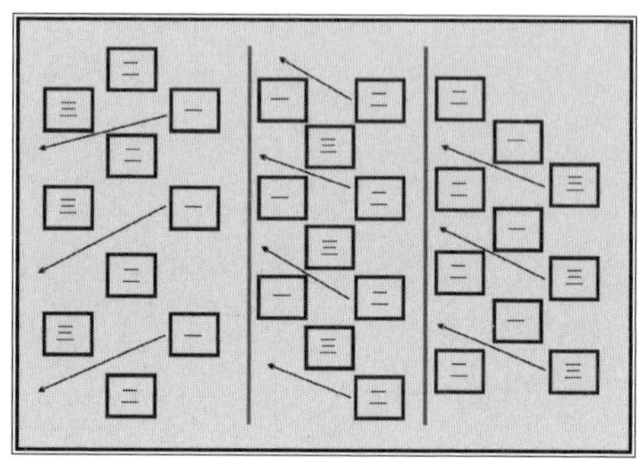

◎ *韩信指挥下，汉军军阵依次掩护后退示意图*

依次后撤。只有韩信才有如此强的战场控制能力，在暂停使用旗鼓指挥的情况下，依然可以保持汉军在后撤中没有溃散。韩信的目的达到了：赵军全体出营，意图彻底消灭汉军；如能取胜，赵王歇可在汉末诸侯中展示出自己的实力，争取相对独立的地位。

韩信使出后招，在激烈抵抗后，加快了后撤的脚步，率军一路撤进事先准备的水

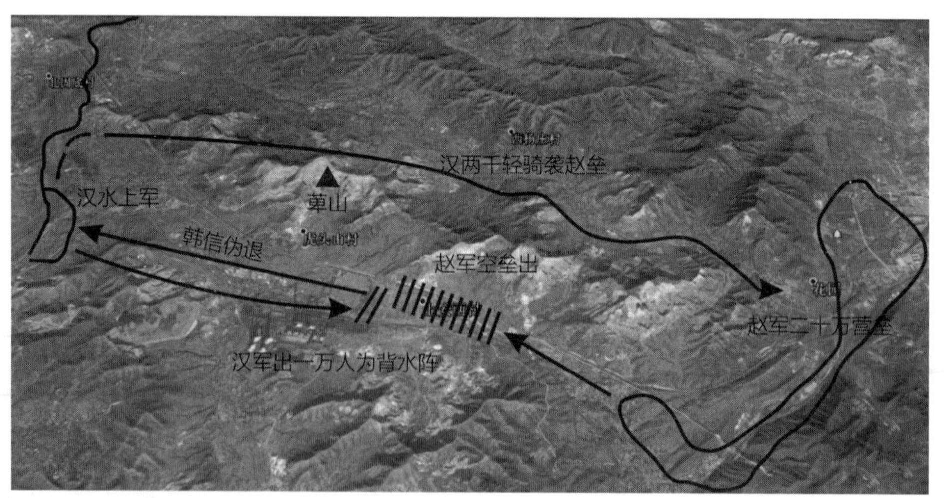

◎ *战役过程示意图*

边营垒中，继续抵抗赵军的全力进攻，终于在泜水边吸引到所有赵军来攻。为什么汉军在泜水岸边布置营垒？原因很简单，汉军兵少又缺乏战场机动力，容易被优势赵军包围。背水而营，则不用担心背后会为赵军所趁；和之前的背水阵目的一样，背水只是为了缩短战线，让河水成为自己的后卫，利用地形减短需要用兵力来维持的防线长度。

汇合了所有兵力的韩信顶住了赵军疯狂的进攻，气势汹汹的赵军此时也失去了斩将夺旗的士气，放弃了活捉韩信的打算，逐渐后撤准备先吃饭补充下体力。但是赵军营垒上飘扬的是汉军的红色旗帜！营垒竟然失守了！雪上加霜的是，泜水边上的韩信也全军出击，现在已经追到了赵军身后。赵军大乱，士卒四散而逃，营垒中的汉军骑兵配合韩信的主力对赵军发起夹击。心乱如麻的赵军士卒以为汉军大军前来，根本没有发现汉军已经没有更多士兵了，新出现的也只有两千轻骑。不过汉军现在有多少兵力并不重要，重要的是赵军已经士气衰落，没有勇气夺回营寨，只有丢下兵器逃命的份。

韩信借助此战获赢得了“兵仙”的称号，创造了历史。但是韩信在点评此战得失时很不厚道地说背水在于激发士兵绝地死战的士气，而把自己复杂的筹划隐藏在史书寥寥几句记载之中。诚然，由于新兵太多，韩信需要在水边建立营地来抵挡赵军的进攻（正如前面所提到的，韩信军中只有几千老兵作为核心部队）；为了布万人背水阵，需要抽调一半老兵在阵中，以实现复杂的战术，另外一半则留在营地成为剩下几万新兵的主心骨，几乎是一名老兵配合九名新兵的比例。更需要一些特殊手段激发新兵的斗志。但是本战真正的要点却不是激发士兵绝地死战的勇气。马谡也学韩信，将士兵置诸死地；侯景在慕容绍宗面前也试过背水列阵，但都以失败告终。这些失败正是没有真正了解韩信所有谋划导致的。

四 邙坂上的入阵曲

“围城已过二十日，为何咸阳王与兰陵王的大军还不来解围？难道河梁南城与河桥业已易手？我部无生路矣？”这两个月里，独孤永业每天早上醒来都会问自己这几个问题。立于城楼北望，透过漫天大雾仅可看见城下周军大寨中数不清的营火和军旗。其实就在邙坂之后，他所盼望的齐军援兵已经开始了行动。

北齐河清三年（公元 564 年），冬十一月，北周二十万大军倾国而出，三路突袭齐国腹地，中路以蜀国公尉迟迥、齐国公宇文宪等统率二十四卫府军十万精锐围攻洛阳。齐武成帝急令斛律光引边境精锐，兰陵王高长恭率邺城精兵，共计五万步骑军于河桥之北对峙。后北齐最负盛名的老将——段韶也亲领一千甲骑自晋阳来

◎ 北周步兵形象

援。一时间，北齐最优秀的将领和最精锐的部队齐聚邙山之下。齐周两国交战规模最大的一场会战即将展开。

经过近一个月的对峙，北周方面控制了除金墉城与河桥南城外整个洛阳地区以及豫州地区；北齐业已扫清晋阳方面突厥的威胁，同时也击溃北周自轵关出动的北路军，俘虏了其主将杨檦。北齐军全无后顾之忧，于夜间利用连天大雾的掩护，经浮桥渡河后摆阵于邙坂，只待天明大战一场。

兵法云：天时不如地利，地利不如人和。然而当一方占据天时，一方占据地利时，如何争取人和，是一个优秀将帅应该具备的素质。

会战前的事

兰陵王高长恭拥有着可以成为传奇的一切元素——高贵的出身、暧昧而迷惑的身世、柔美的面容与高超的武艺，以及战场上的赫赫威名。北朝史总是让人感到一种黄沙扑面的苍凉，兰陵王却留下了柔美而心怀壮志、英武而不失文雅的身影。一曲《兰陵王入阵曲》使得兰陵王青史留名，其神秘出身和美貌让人们追寻不止。

紫袍腰金带，
明光铁裲裆。
长槊过掠风尘，
邙山号角连声。

齐周间的最后一次邙山大战是一次很值得仔细研究的战役。本次会战在战略意义上不能称之为一次决战——它未能改变大的战略局面，更没有发生什么重大的转折。在战略层面上，北周的重大举动实际进行了一年：从北齐河清三年初杨忠与突厥破口袭略至晋阳，到年末动员全国所有可用兵力三道齐出，从策划而言，北周方面的计划真的要用完美来形容，但是在两次会战中周军总是被兵力并不占优的齐军击败。这不得不说齐军重甲骑兵战力超群，北齐将领兵法精熟，在战场以绝对大胜扭转了战略的颓势。

周军的战略意图与行动

按照《周书》中的说法，北周出兵是为了响应突厥的行动。因为在年初，突厥曾袭略北齐领土但最后失败而归，物资损失惨重，决定要在年底再次破口袭略。但是从北周动员的情况便可看出这一说法存在问题。

齐河清三年，即周保定四年冬十月，

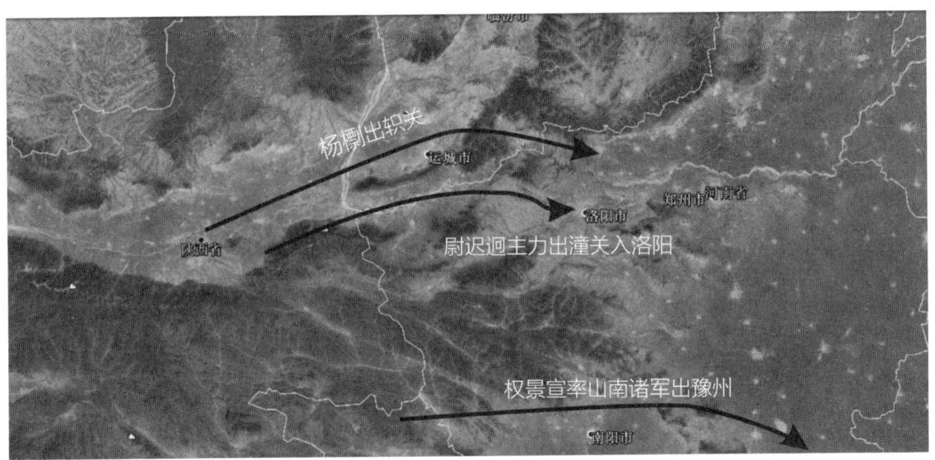

◎ *周军三道齐出*

周军完成了总动员，动员的部队不但包括了二十四军[①]，平时主要驻扎在长安附近，还有左右厢散隶（地方军），及秦陇巴蜀兵与诸藩国的士兵，兵力达到了二十万，几乎是倾国而出。这样的动员规模只是为了满足突厥一方的要求，响应出兵吗?

很显然不是，本次行动的目的很明显：要以兵力优势夺取整个洛阳地区。而且其组织严密，从其进军进度就可以看出。所谓响应突厥，更像是一个借口而已，或者说突厥的行动的本意是策应周军主力夺取洛阳。同时我们也能从史书里看出一些蛛丝马迹，北方的突厥军队一定程度上是受杨忠节制的，本次行动突厥军及杨忠部出兵的规模较年初那次小得多——年初的损失太大了，以致年末没有能力出击。

可以推断，本次北周的目的正是攻取洛阳。年初的行动让北齐方面实力有所损失，而且还成功地让北齐的目光留在了北方。周军的准备时间长达数月，此间已经联络了突厥一起行动；但是九月出现了一个小变数，北齐方面归宇文媪于周，北周权臣宇文护在道义上失去了所谓发动战争的借口。但是，行动的准备已经基本完成，作为盟友的突厥也即将出兵，所以行动只能继续。

根据双方的记载，十月甲子大军完成动员，三道并出，尉迟迥率精兵十万为前锋寇洛阳，另杨檦入轵关、权景宣出豫州攻悬瓠。十月丁卯，周武帝到沙苑（今陕

① 狭义上的府兵——精锐中央军，平时主要驻扎在长安附近。

西大荔附近，曾发生过著名的沙苑之战）劳军，周军已经完全动员完毕，屯军沙苑一是完成全军集结，二是进行最后的军事演练。权臣宇文护在此地接受周帝所赐节钺，然而此战中作为周军最高统帅，宇文护本人一直没有亲临第一线，其亲率全军在出潼关东进后，依然很谨慎地向前推进，坐镇弘农，维持补给线畅通。冬十一月甲午，迥等围洛阳，即中路主力进入洛阳地区，扫清周围的齐军阻碍，对洛阳进行了围城。

◎ 北齐重装骑兵形象

齐军的初期应对

齐国此时将主要精力放在了北方，年初突厥破口抄略到晋阳附近的经历还是让北齐朝廷心惊，这点在齐武成帝与段韶的对话里有直接的体现：对峙一段时间后武成帝想增派援军去洛阳，但更担心晋阳的安全；段韶劝说武成帝洛阳丢失危险性更高，并决计亲自领军去救援，在不影响晋阳防务的情况下只带领一千精骑出发。

在周军对洛阳形成围城后，北齐方面急调斛律光与高长恭率领五万步骑，隔河与周军主力对峙。结合其他一些记载可以明确了解到，斛律光一直以来的任务正是负责这一战略方向（河南西部与山西南部区域）的军务与防御。年初斛律光也在晋南地区与达奚武对峙过，此战得胜后对北周的一系列反攻也是有斛律光参加的。

此战高长恭到底是斛律光的下属，还是单独领军的，就有点争议了。我们已经知道，年初他是在晋阳附近作战而非河南这个方向。武平二年，高长恭与段韶一起攻取晋南周军要塞群，段韶病重，高长恭受托总领段韶全军。结合来看有两种可能：其一，高长恭是段韶的部下；其二，高长恭是独立于段韶和斛律光领军的，而且率领的是隶属中央的机动兵力。从会战上的布阵来看后一种可能性较大——兰陵王统领驻屯邺城的北齐中央直属精锐机动兵力，其中应该包括一部分由著名的“百保鲜卑”所充当的甲骑。

当然还有一位很重要的将领不能遗漏——洛阳的齐军守将独孤永业。时任河阳行台尚书的独孤永业是一位善守老将，在高澄时代已崭露头角；当周军主力兵团攻入洛州即洛阳地区时，独孤永业主动放弃了一些区域，集中兵力于洛阳城中防守。在整个洛阳地区，北齐方面实际只全力守卫了两个要点——以金墉城为核心的洛阳、以河梁南城为支点的河桥。洛阳地区齐国守军兵少，如果像撒胡椒粉一般到处设防，会被周军轻松地一一拔除，集中兵力防守要点才能保证在绝对优势的周军面前多坚守一段时间。

这里说一句题外话，著名的河桥之战中，河梁南城守城的鲜卑兵未放末路的高敖曹入城，以至其被杀。这时的南城守兵应当是当年那批鲜卑士兵的后代。由此可见虽然齐军战斗力强悍，但其内部胡汉矛盾深重，即使在大战之中也不忘攻仟，后来斛律光、高长恭之死也源自胡汉之争，北齐覆灭也多因此节。

如何应对

邙坂与大和谷

各位读者们，现在让我们跟随着北齐当世名将段韶、貌柔心壮音容兼美的兰陵王、落雕都督斛律光三人的身影，回到北朝末年那充满英雄的时代，回到一千年前的邙山。

《北齐书》记下了作为齐军统帅的段韶的踪迹："韶旦将帐下二百骑与诸军共登邙阪，聊观周军形势。至大和谷，便值周军。"现在需要好好考虑如何来解洛阳之围。史书上留下了这两个重要的地点作为线索——邙坂、大和谷。各位有志成为名将的读者们要学会从军事地理的角度出发，思考这两个地点的意义。

首先，这两个地点正是齐军发起会战的进攻出发点，从上文完全可以看出邙坂和大和谷是相连的两个地方；齐军又布阵于邙坂之上（即遣驰告诸营，追集兵马，仍与诸将结阵以待之）。那么可以确定邙坂地势较平坦，有供齐军展开布阵及两军交战的空间，这一点也正与邙坂的"坂"字相对应——顶部平缓的高地。结合地图来看，正是当时洛阳城正北的那一片高地。从另一段记载也能得到验证。《北周书·齐王宪》中记载："宪与达奚武、王雄等军于邙山。自余诸军，各分受险要。齐兵数万，奄出军后，诸军恇骇，悚各退散。唯宪与王雄、达奚武率众拒之。"齐军在击破驻守邙山的一部周军后，主力从一个周军围城集团将士意想不到的方向发起进攻，从围城周军背后（围城集团防守正面很可能是面对虎牢关方向）来袭。

这个时候尉迟迥绝对要破口大骂这些不靠谱的队友们："数万人借助地利盯着河桥，还能让齐兵冲过黄河也就罢了，怎么还把老子背后也暴露出来？就算暴露老子背后也就算了，还不来个人说一声！"宇文宪、达奚武所统诸军能够拒之而战，正是因为他们本来的目的就在于防御河桥方向；而尉迟迥的"围洛之军"只能因为"奄出军后，齐骑直前"而一时溃散了。

从地图上可以看到，大和谷正是邙山孟津缺口处的山谷。清晨段韶登上邙坂后，一路向西侦察，到了大和谷与邙山周军一部正面相遇。段韶召集齐军在邙坂之上完成布阵，然后亲自引周军上山仰攻，随后齐军逆袭击破周军，在下邙坂之后齐军分兵，一部掩护侧翼，主力从背后袭击周军围城集团。

对峙

斛律光与高长恭所率领的五万援军在相当长的一段时间里没有组织解围会战，而是与周军隔河对峙，只派出侦骑巡查，在段韶的一千精骑到达后才开展了会战。那么在这一个月左右的时间，齐军主力是在什么地方与周军对峙的？就解救洛阳来说，齐军只可能在两个方向上发起攻击：自东从虎牢关进入洛阳平原地区；从邙山以北，黄河北岸（今济源、焦作市以南地区），凭河桥济河水进军洛阳，此时黄河浮桥、河梁南城等地尚在齐军的控制之下，是齐军援救洛阳最近的路。

从记载上可以看出，段韶的援军到达时，斛律光与高长恭的主力也开始渡河了，当天夜里全军完成渡河并宿营。天亮后很快便开始了会战。这些线索正说明了一点：渡河地点和之后宿营地距离很近，当夜的宿营地就在战场旁边。结合史料上另一条记载“诏遣兰陵王长恭、大将军斛律光率众击之，军于邙山之下”，可以知道齐军驻扎地是在黄河和邙山的北边，这也正和周军的布置相对应——全军基本分成两个集团：邙山集团和围城集团。在邙山布置的周军对齐军的防御是针对北面的——垄断河阳道，也就是从河桥出发往大和谷方向孟津等地进入洛阳的道路。

那么齐军主力为什么会选择在这里与周军对峙？很明显，因为齐军要在河南要面对的不只是一个方向的压力。轵关已经失陷，如果不堵住这一路周军，那么齐国腹心之地会直面周军的攻势。同时这也是齐军对峙一个月不能出击解救洛阳的重要原因，在侧翼有威胁的时候轻易发动会战是任何一个有头脑和经验的统帅都不会犯下的错误：败则全军覆没，胜也不能保全国土。从力量对比和敌军态势上来看，都应该先解决杨檦的部队；击败这支偏师后完全能利用轵关的地形彻底堵住缺口。

杨檦这一路周军对于齐军主力侧翼的威胁是很明显的，但是杨檦孤军深入，加上自身兵力较少（一万有余，而且大部是司马裔统领的地方军，战斗力较差），给了齐军一个绝佳机会。娄太后的外甥娄睿是一位有经验的指挥官，在此前平灭高归彦的战役中也有所表现；他利用了杨檦的大意，突然袭击，成功击破杨檦军，收复轵关，这样齐军主力的侧翼就安全了。但是还有一个疑问未能解决：娄睿所率领的

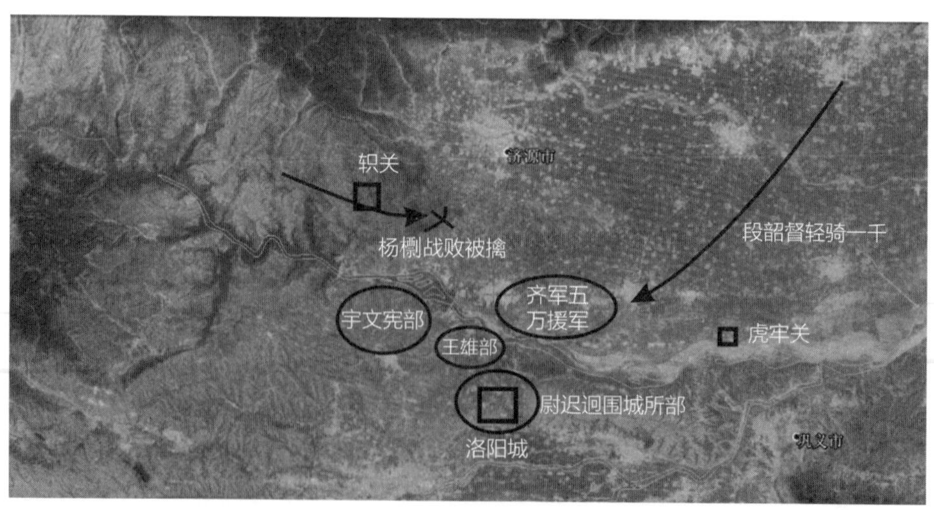

◎ 会战之前态势，两军对峙情况

部队是其单独领军还是从五万齐军主力中分兵而出的。

会战

浓雾

在了解会战过程前，我们必须站在齐军统帅的角度来思考清楚两个问题：第一，解救洛阳是否必须进行一次会战；第二，会战应在什么时机下发起。

首先回答第一个问题。现在已经是十二月了，洛阳城已经被围困了快一个月，谁也不知道独孤永业还能支持多久。有坐镇弘农的宇文护，周军的后勤也不会出现什么问题，我军无法切断其补给线。如果坐视周军彻底夺取整个洛阳地区——此时齐军援军被阻隔于黄河之北——并利用剩下的时间巩固，那齐国失去的不只是一个洛阳，北周兵锋将直接插进齐国的心脏。

会战势在必行。通过多次侦察可以了解到，周军分成两个集团——邙山集团与围城集团。北周方面在邙山上驻扎了相当有实力的部队，专门防御齐军南下解围；围城集团围攻洛阳城。想要打破局面，必须在会战中至少重创其中一个集团。

既然明确了会战必须达成的目标，那么会战的时机呢？史书中留下了线索：“值连日阴雾，齐骑直前，围洛之军，一时溃散。”首先齐军利用了“天时”——连续几日的大雾，迅速完成了渡河并对周军围城集团发起了突然袭击，彻底击溃了该集团。其次斛律光和高长恭也在等待段韶的一千精骑，该支部队仅仅用了五天时间从晋阳赶到黄河边并渡河，可见其精锐程度与强悍机动能力，邙山战场上最需要的就是机动能力强的部队。同时，此前驻扎的齐军也已开始渡河，说明双方的行动是协调过的，

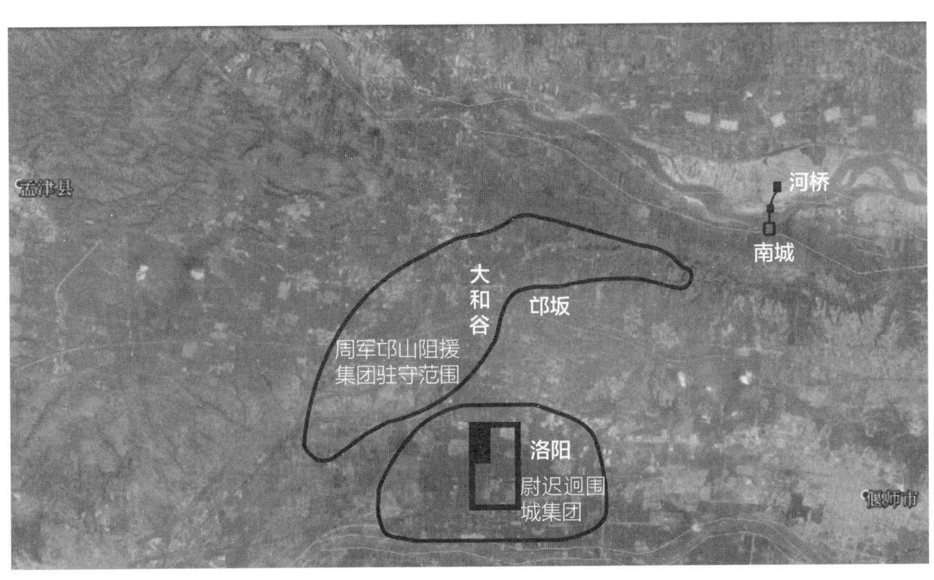

◎ 周军布防态势

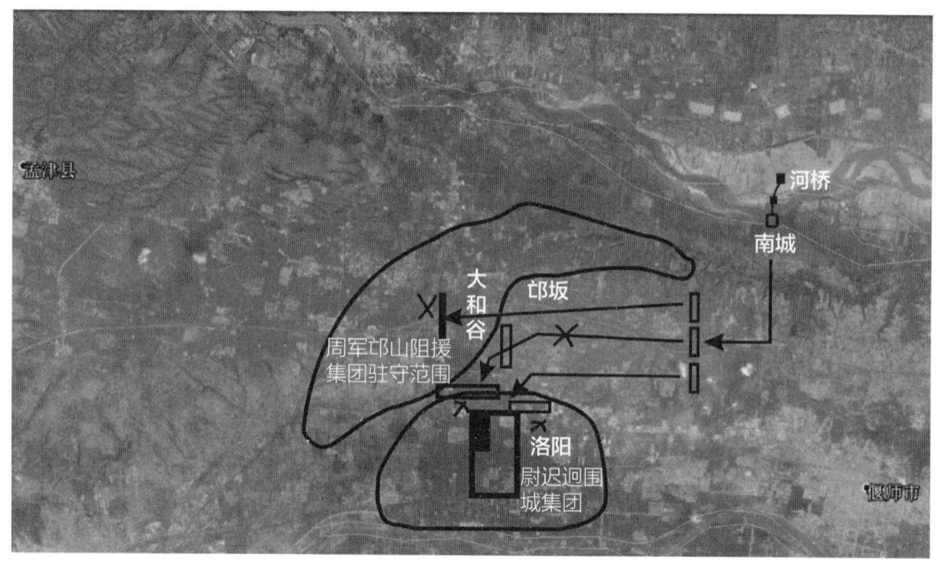

◎ *战役第一阶段示意图*

保证发起会战的兵力足够。最后一点也是最重要的一点——轵关已经收复，大军侧翼可以保证安全，也不再需要大军对西、南两个方向进行防备，可以全军出击。

既然时机成熟，那么如何解围？周军邙山集团占据河阳道及邙山各处险阻，兵锋直抵河梁南城，如何赢得战斗机动空间？如何冲到洛阳城下？

如果齐军主力轻率渡河，走河阳道往洛阳推进，会直接暴露出齐军原本兵少的弱点。河阳道南靠邙山北依大河，只有中间一点空间可供部队进攻。这样势必会打成添油战术，落入周军的圈套，这个战场正是周军步阵发挥威力的好地方。在发动会战之前，必须解决这个问题——如何以最小的代价在洛阳盆地之内击败周军。显然不能选择走河阳道。

答案就在上文中提到的两个地点当中。多日侦察得知，邙山周军只顾进攻河梁南城，忽略了邙坂，而多次进攻未遂士气又有折损。如果列阵于邙坂之上，则可引邙山周军步军上山作战，待其力弱则可破之；若其不上邙坂，北齐骑兵利用这个缝隙直冲到洛阳城下去；若周军后退，则可以甲骑逐之。大和谷则是北齐大阵转向关键点，在主力击破围城周军之时，齐军偏师绝对不能让邙山守军越过这条线。

清晨，段韶与诸将亲引两百精骑登上邙坂，向西侦察周军布阵情况，又前出大和谷以观周营形势。此时雾还很大，直到行进到大和谷的时候，段韶亲引的骑兵小队才遭遇了周军。从《北齐书·段韶传》的记载中还可以看到，周军方面对邙坂方向确实缺乏防备，当齐军做好决战准备后，才发现齐军已经渡河。这一部周军应该是驻守邙山集团的一部，收到斥候发现齐军渡河的消息紧急出动，也发现了段韶所率领的齐军，但是无法发现齐军的全部阵势（否则不会被引诱上山了）。

段韶立即下令诸将回营召集大军在邙坂列阵，自己在原地与周军对峙争取列阵时间。按照指挥关系，齐军大阵可分为左中右三阵。根据之前谋划，段韶的左军负责初战打通邙坂、大和谷至洛阳一线的进攻路线，为齐军战术机动作战争取空间，扫清进攻路径中的障碍。斛律光右军则要不停地袭扰驻守邙山各处的周军各营，保证齐军侧翼安全。段韶虽为统帅，然其兵发晋阳，而斛律光自晋州来援，都不能调集过多兵力，而且主要率领的是骑兵。唯独中军高长恭率邺城大军步人甲骑俱备，甚至还带来了著名的“百保鲜卑”甲士，兵力最为雄厚，可担当主攻任务，负责击败周军围城集团。

鉴于邙坂属于山地地形，周军将步兵布置在前阵，上山仰攻——从这里也可以判断该部属于邙山驻守周军，该集团的任务是阻隔周军进入洛阳平原地区，因此在遭遇齐军小部队时，必然选择进攻；如果是围城集团，最佳选择是驻守，让邙山集团的周军来击退齐军。

值得欣赏的是齐军这时的战术，骑兵且引且却，充分利用了骑兵的机动性，主动将周军的步阵引上邙坂；而且有意给周军指挥官这样一种感觉：齐军也在奋力向前冲，但是兵力薄弱——这里齐军只有段韶登邙坂时率领的两百骑——无法攻破本阵。本阵只要再加把劲就能将齐国骑兵击溃，让周军更加急迫地追着齐军打。步兵对阵骑兵，必须要压制住对方的机动空间，初战中的周军遵守了这一原则。但是这就落入了段韶设下的陷阱——周军步阵在上坡的过程中消耗了大量的体力，同时严整的布阵也逐渐被地形所割裂。周军到达齐军主力军阵前，齐军进行了强有力的反攻：齐军出动装备精良的下马骑兵以小群战术

◎ *北朝步兵形象*

◎ *北齐弩兵形象*

在乱战中击败了周军步兵，该部周军很快被击溃，齐军压着溃兵扫荡附近刚开始集结的周军部队。北周军各部陆续收到了齐军渡河的警报。但是因为大雾的影响，只能用传令兵传达指令——旗帜能够被看到的区域太小了，烟火信号在大雾中根本就看不见。导致各部各自为战，只能逐次赶往初战战场为齐军所趁。

顺便要提一位被史书埋没的齐军将领——徐显秀，其墓志言：“舒旌旆于芒阜，救兵未会，元戎始交，多少相悬，车徒异埶。王跃马抽剑，独奋孤挺，遂破百万之师，仍解危城之急。功大礼殊，业隆祑茂，乃封武安王。”显然他此时是高长恭的部下，随同中军一起冲击围城周军。

入阵

齐军击破当面之敌后，冲下邙坂扫荡了周边的一些周军。而后全阵向左转，正面朝向洛阳城方向，大阵整体从面西转向面南。齐军的左中右三阵开始分别行动，右军斛律光率军向西驱赶溃兵，继续对周军邙山集团进攻，以袭扰方式限制邙山诸营周军行动，将之压缩于主战场之外，驱

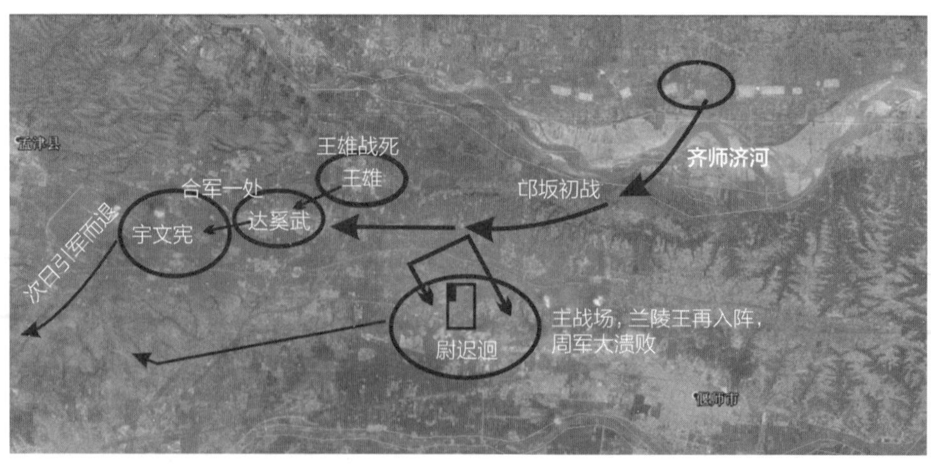

◎ *会战第二阶段态势*

赶周军邙山集团远离洛阳城以确保主力侧翼的安全。中军接替左军为进攻主力，向围城周军集团发起进攻。齐军中军主力至少发动了两次进攻才与洛阳守城齐军取得联系。《北齐书·文襄六王》中有着明确的记载："邙山之战，长恭为中军，率五百骑再入周军，遂至金镛[①]下，被围甚急，城上人弗识，长恭免胄示之以面，乃下弩手救之，于是大捷。"可以看出，在周军步阵完整的情况下，高长恭第二次冲击围城周军还是很艰难，只有五百骑成功跟随他冲到了金镛城下。周军将领尉迟迥也调动兵力，结阵困住了金墉城下的北齐甲骑。因为人数实在太少，守城的齐军将士难以确认是齐军主力前来解围。高长恭不顾战场上横飞的箭矢，脱去头盔，露出堪称绝世的容貌。城中将士认出是著名的兰陵王高长恭前来，明白确实是大军前来解围，下弩手与高长恭的骑兵一起发动反攻，彻底击溃了围城的周军。

◎ 北齐骑兵佣，男子面容女性化为当时时代特色

这里也可以看出，单纯的骑兵冲击还是难以有效击破严整的步兵军阵。在金镛城下被围时，北齐骑兵更有可能是下马步战的。下城的弩手用强弩射击使得周军步阵受到严重干扰，北齐骑兵才能重新上马发起冲击，击败周军步兵。当然在兰陵王以五百骑入阵之时，他从邺城率领来的大军也在外围配合作战。尤其是北齐步兵发挥了重要的作用，建立了稳定的战线，防止本阵发生河桥之战中出现的乱局——骑兵难以建立稳固战线，为对方反击冲破各队间隙所分割。正是由于邺城步军的奋战，兰陵王方能纵马入阵。

齐军右阵，斛律光在挤压周军溃兵的时候出现了意外。周军猛将王雄纵马反击，冲散了齐军松散的骑兵军阵。因为兵力有限而要负责的正面又较宽大，斛律光可能舍弃了纵深，将麾下所有骑兵打散为小队，以分散的小队轮番冲击周军各营地。结合其传记，斛律光惯用战术更接近于草原轻骑兵的战术。利用斛律光布阵的漏洞，王雄成功杀到了斛律光所在之地（斛律光本

① 金镛城在洛阳城西北角，是在一个高于整个城池的实心土台上修建的防御堡垒，洛阳城防体系的最后堡垒。

队为了指挥各队必须打出将旗，为王雄所发现），在冲杀中斛律光只剩下一名从骑，由于前面战斗的消耗，他的箭壶中只剩下一支羽箭。王雄想活捉这位北齐名将。斛律光沉着应对，以最后一支羽箭射杀王雄，瓦解了周军骑兵的反攻，将周军成功挤压在各自的营地中。迷雾中齐军轻骑四处冲突，宇文宪、达奚武等周将只能据营而守，不敢出战迎敌。斛律光部的游斗确保了主力不受干扰地击溃并扫荡围城周军。此战斛律光部斩首三千余，以其任务性质而言战果是很丰富的：牵制骚扰敌军一部，使该部阵亡近十分之一，还射杀其大将王雄。

入夜，达奚武和宇文宪商议后续应如何举措。达奚武明白今次围洛阳之战已经告败，继续留下只能徒损麾下兵卒，鼓动宇文宪一起连夜退兵。没有经验的宇文宪被齐军的凌厉攻势和达奚武的危言给唬住了，跟着一起退兵。这造成了尉迟迥部更大的损失，间接地为后来尉迟迥反杨忠失败埋下伏笔。

齐军整个解围行动进行得十分之顺利，仅有齐军中右两阵统帅各自遇到一次危机，都是因为总体兵力不足而造成的。但在大雾的掩护下，齐军的机动战术迷惑了几乎所有周军将领，使得周军两个集团各自为战，最终溃败。

◎ 兰陵王第一次入阵，冲破周军封锁线

天时、地利、人和

总体来看，此战中齐军骑兵很好地发挥了其自身的优势，在诱敌和进攻中机动作战，瓦解了周军步兵的阵形，还击败了周军骑兵的反击。而周军由于过度相信自

◎《胡笳十八拍图》《瑞应图》《三顾图》中的历代重骑兵形象

身的兵力优势，反倒被各个击破。

本战第一个亮点在于北齐军方对天时的把握。连续数日的大雾，不但掩护了齐军渡河布阵，而且还使得遭遇奇袭的周军诸部各自迎战，无法统一协调指挥，难以集中兵力应对——大雾中难以辨别己方旗帜的指挥信号，旗鼓烟火引号在大雾中几乎失去了指挥沟通的作用。周军无法辨别敌军兵力，无法准确判断齐军的战术目标，更无法快速调动己方兵力应战。

反观机动作战的齐军则与一头雾水的周军不同，大雾中敌人不知齐军布置，而北齐骑兵可以利用大雾的掩护灵活机动，让敌人无法判断其兵力及主攻方向，只能疲于应付。这样在战术上，拥有机动优势的齐军可以集中优势兵力击溃分散于各处的周军，从而弥补了总体上兵力较少的缺陷。正所谓兵贵精不贵多，人数较少的精兵不仅战斗力更强，更重要的是指挥更加方便，机动更加灵活。

本战第二个亮点为初战中齐军且引且却的战术，让周军指挥官以为这次又是齐军小部队的侦察骚扰行动，步兵对阵骑兵需要以严正军阵去压缩敌方骑兵的机动，将之击溃。齐军再上邙坂，又让周将以为自己占据了优势（通常情况下步兵更利于山地作战），在体力消耗和地形的作用下周军军阵散乱，被齐军下马甲士趁乱击破。

第三个亮点在于齐军利用对该地区的了解与自身机动，成功将地利因素转化为对本方有利。从敌人意想不到的方向发起进攻，确保了攻击的突然性，并有意将周军向西驱赶，防止其绝地死战。

最后一个亮点在于人和。北齐三位主将分工明确。第一阶段，段韶的左军为行动主力，保存了中军与右军的战斗力完整。第二阶段，右军在前期胜利的基础上成功将周军邙山驻守集团驱离主要战场，保证中军能全力击败周军的围城集团。中军努力奋战，高长恭以勇武冲过重围，又以其赫赫威名，极大地鼓舞了齐军的士气。

本战中，北周军指挥上的教训也是很明显的。围城集团与邙山阻援集团在没有统一指挥、敌情不明的情况之下，各自未战。若邙山集团行动更主动一些，完全可以击溃齐军，改变主战场的态势；甚至可以重创齐军解围部队。如果初战准备得更充分一些，在大和谷集结更多兵力后，合成步兵大阵同上邙山，纵使初战失利，也不至于被直接压着打下邙坂，让齐军突击到洛阳城下。又或者在初战失败之后，邙山周军能够调集其全部兵力，完全有可能击穿斛律光的防线，直接攻击齐军主力侧翼。

但是没有如果。先期的战斗进行得过于顺利，导致全军对齐国援军警惕性下降。作为最高统帅的宇文护又不在战区内统领全军，直接导致了洛阳地区内，两个任务不同的重兵集团之间缺乏统一指挥与协调，被各个击破。顿兵在洛阳城下三旬，说明此时的周军攻坚能力不足。会战中骑兵的反击失败，也说明在骑兵战斗力上周军不如齐军。从战术上说，周军的步兵（其所占兵力比重大）战役机动性较差，在大雾中沟通困难指挥不便，无法组成严整的步兵大阵，只能组织较小规模的步阵迎战。金墉城下，其表现虽有亮点，但还是没能抵御住齐国甲骑的冲击。

总体来讲，此战北齐骑兵利用其机动力，在大雾的掩护之下成功击败了缺乏足够组织的北周步兵，又利用自身素质击败了北周骑兵。这充分反映了齐国将领战术指挥水平的高超；但是在战略决策上，北周的战役先期行动更胜一筹，北齐方面险些丧失整个洛阳地区与豫州，同时腹心之地直接受到威胁。

另外我们可以再考虑一个问题：战后，北齐安德王高延宗曾说此战兰陵王高长恭应该趁战胜追击周军主力，乘机攻取北周关中地区；但是需要留意：周军尉迟迥部主力虽被击溃，但是洛阳以西地区尚有为数不少的周军还保有实力，可以组织反击；为解洛阳之围，此战北齐冒险调动了晋阳和晋州两个方向上的精锐机动兵力，这部分兵力必须尽快回归各自防区。实际上本战的胜负没有扭转齐周两国对峙的优劣形势：北齐方面依然没有能力拉平战线，形成新的防线——只要恢复军力，北周依然可以从容地在并州、晋南、河洛、荆襄这四个方向上发起新的战略进攻。

题外话一：兰陵王的面具阵存在么？

可能存在，但是史书中的记述是“免胄示之以面”，如果是个单纯的面具，直接解开系绳就可以了，为何还要免胄？显然兰陵王的面具应该是一种固定在头盔上的防护铁面——这种铁面一直到宋辽金时期还在使用，有实物流传（下图左）。另参照邺城出土北朝铁盔（下图右），其对面部遮盖不大，不至于无法辨认面孔。当然，北朝军队装备铁面并不罕见，比如侯景在建邺出动的铁甲军就人人戴铁面；玉壁之战中的韦孝宽也有一支铁面部队。所以兰陵王当时应该装备了铁面。

题外话二：“兰陵王入阵曲”真貌

北齐书记载：“武士共歌谣之为兰陵王入阵曲是也。”将士们当场所唱的显然不是战后专人另外作的曲，而是将士们即兴将鼓吹军乐共同填词唱出的凯歌。词句风格应该贴近当时口语，用词简朴朗朗上口，以纪念兰陵王在战场上的英姿。至于现在流传于日本的“兰陵王入阵曲”，其曲调晦涩悠缓，笔者认为诸位不必以为这就是北朝隋唐时曲子的原貌，在以前多年的时间里，日本人按照其自身审美对乐曲做了很多改变（例如“秦王破阵乐”与“青海波”等曲），无论是服饰还是文字，日本在吸收了中原文明后，都将其进行了本土化。我国现在演奏的“秦王破阵乐”就是根据日本所发现曲谱演奏，与日版“破阵乐”间堪称天差地别。或许要想真的听到当年的“入阵曲”，只能重新去日本引进曲谱，然后在我国复原演奏方才能实现愿望。

◎ 出土的辽代骑兵盔甲铁面

◎ 邺城出土北朝末期铁盔，注意其形制与之前北齐骑兵佣所戴头盔完全一致

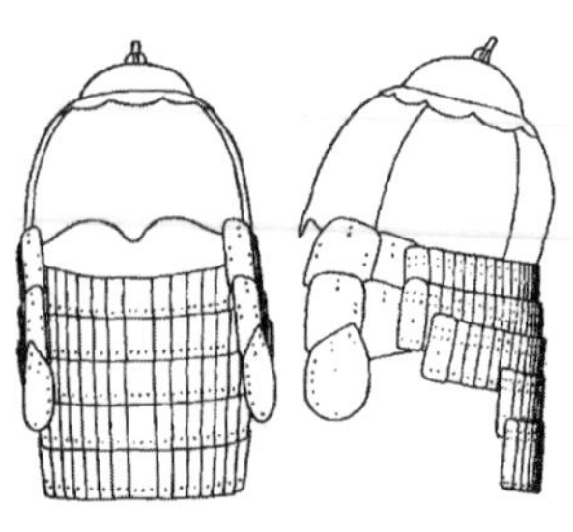

五 决战长平

在战场上，如果想围歼敌军，那么就必须暴露一个薄弱点给对方；这个薄弱点要有足够的价值让对方投入主力，而且要保证不会造成己方崩溃。当敌军陷入陷阱，主力部队被投入混战后，我方当以机动兵力截断其与后方的联系，形成合围。

作为统帅在会战中必须注意，设陷阱的时候绝对要保证己方机动兵力和预备队的隐蔽性。如果一开始己方预备力量被敌军主力黏住了，那么后续行动中很难再调集兵力去形成合围圈——敌人没有落入陷阱，而是拆开了你的陷阱。完成合围的过程中一定要干扰敌军的判断，让对方在合围圈完全成形之前迟疑不定，不去主动突围。用一系列小规模的进攻打断敌军的节奏。在最后的阶段一定要保证封堵住敌军的突围与解围部队。

决战之前

局

秦昭王四十五年，秦军伐取韩野王，断绝韩国上党道。韩上党郡守冯亭认为郑道已绝，韩国不可能再保有上党，但又不愿归于秦国，决定全郡投降赵国，派出使者去寻求当时仅次于秦国的军事强国——赵国的保护。赵国朝廷认为不用耗费一兵一卒，可平白获得一郡十七城人口与土地，极为有利且机不可失，决议出兵，接受上党。

后世常认为赵国君臣愚蠢，为如此小利，引得秦国朝野恼怒，出大军决战，最终丧军失地。然而我们换一个角度，从军事地理的角度来分析，就可以看出赵国对上党郡的渴求是十分合理的。首先，从地图上我们可以看到，上党堪称赵都城邯郸之门户——此前的阏与之战已经反映出上党山区对赵国国防的重要性。长平战后，秦军正是从上党一路出击，兵围邯郸的，如果获得上党，赵国可以获得更大的国土纵深。

若秦国将其河内郡、野王、离石、上党连为一体，则下一步攻取赵国土地更为方便，秦军可以轻易隔断晋阳与邯郸两地间的联系，如同分割韩魏国土一样分割赵国领土。其次，若赵国坚守上党，则侧翼有魏国、韩国，三晋协同锁住秦军在晋南的进攻路径，则秦国就算攻取部分上党的城邑也难以久据；同时河内郡三面受敌，也要牵制相当兵力以御敌。最后，上党山地号称“中原屋脊”，得上党则可分割南北，俯视中原及河北，利可争雄，之后的统一战争中秦国就是利用这一优势将三晋逐个击破的。

然而从政治与军事的角度来看，接收上党是绝对的昏着。秦国已经攻取野王，兵锋已直指上党，赵军很难抢在秦军之前完全控制住上党（上党山地间盆地狭小，产出不足供养大军以自守，一旦面临危局只能依靠援军来救），难以获得之前所言的优势。实际情况也是如此，可以说赵国选择了一个最糟糕的时间点来接收上党地区。若在秦伐韩野王之时出兵救韩而获上党，形势将大为不同。秦昭王四十七年，秦军全取十七城之地，而廉颇仅能引赵军二十万驻扎长平，收拢上党地区军民。一旦接受上党，必然成为抗秦第一线，赵国未得其利先受其害，秦军调转方向攻击赵军，引发了中国古代历史上最大规模的围歼战——长平决战。

秦昭王四十六年，秦攻克韩国所属的缑氏、蔺两座城邑。可以看出从攻克野王（秦昭王四十五年）到进取长平（秦昭王四十七年），期间这两年里秦国主要在稳定已获取的韩国属地，并为攻略上党做准备。四十七年，秦王又遣其大将王龁进取上党。赵孝成王听闻，急令廉颇率领二十万大军救上党。但赵军才赶到长平，上党郡十七城已经为秦军所攻占。取得胜利后，王龁决定对长平赵军发动进攻。

面对王龁麾下秦军咄咄逼人的态势，为取得先机，廉颇先遣裨将赵茄进取少水以西地区以抢占阵地，阻止西来的秦军进入长平山地。然而秦军战斗力强悍，其先头部队击败了赵军前锋并斩杀赵茄，将一只脚踏进了长平。

初战失败后，赵军在长平地区筑垒以抗秦兵。秦国已经突破了沁水防线和太行陉，留给赵军构筑防线的时间并不多。另一方面，秦军实际上是从西、南两路展开进攻。在这种情况下，无论赵国确定秦军的主力在哪一个方向，都无法忽视来自另一个方向的威胁。

对于处于防御一方的赵军来说，他们所构筑的防御体系并不只会集中在高平关或者界牌岭这两个点上。在构筑防线的时候，将领会沿着敌人可能的攻击路线分层次布设堡垒，用梯次防御逐渐消耗掉进攻方的人员与士气。面对筑垒防御的赵军，秦军没有停下攻击的脚步，从记载来看，其主力破高平关东进，于六月攻取了东西二障城，并杀赵军四尉——也就是说成建制歼灭了四支赵军部队，估计赵军损失兵力至少在两万左右。但赵军在这两个点上的抵抗也并

◎ 秦俑军阵

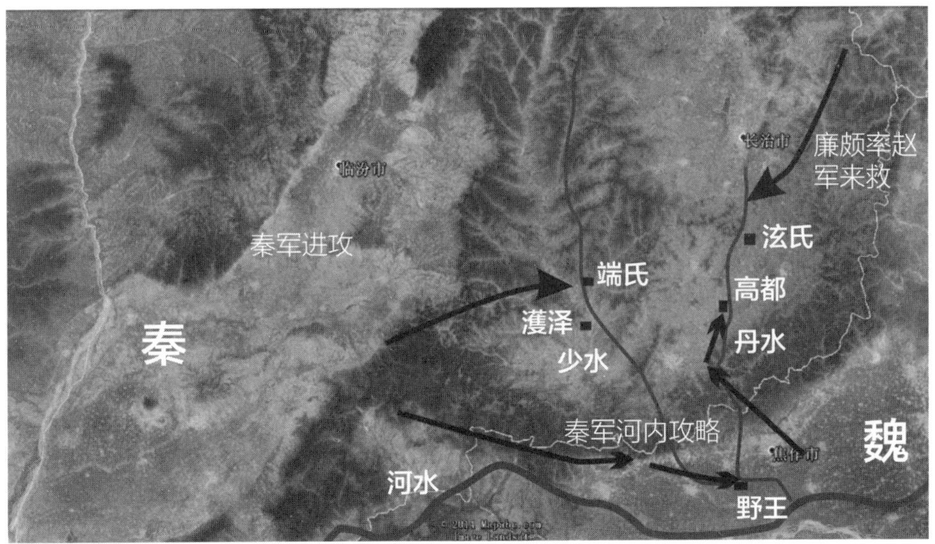

◎ 长平会战之前两军进入长平地区的态势

非没有意义，至少廉颇充分地利用这段时间，指挥赵军在丹水东西两岸山岭又各构建了一条筑垒壁防线形成梯次防御。秦军再次发动了全线进攻，到七月又攻赵军丹水以西的堡垒，并杀死赵军二尉（又是两队赵军被成建制消灭），并在随后迂回进入丹水谷地，在野战中击败赵军的反击，夺取了整个丹水以西的垒壁防线。

尽管老成持重的廉颇在仓促之间并没有多少把握能将秦军完全封堵在高平地区以外，但是数条配合高平地区错综地形所新构建的防线，也为赵军的逐级抵抗提供了信心。廉颇的策略很可能就是拖延时间，直到秦国因为要释放劳动力回到农业生产而被迫退兵。廉颇成功地利用东垒壁挡住了秦军潮水般的攻势，还利用这段时间完成了最后一道防线——百里石长城。

战场之外不得不说的二三事

从秦军前期如潮水般连绵不绝的进攻来看，此时秦军的兵力恐怕要多于赵军。长期的进攻作战让秦军疲惫不堪，也让秦国消耗了大量物资。大兵团连续两年不断征伐，而今又不得不与赵军对峙于山地之中，尽管可以利用水路的便捷，但是秦军的补给线还是太长了，再对峙下去迟早生变。秦国此次出征投入的兵力与物力堪称空前，如果不能尽快结束会战，大量劳动力就不能回到农业生产，接下来几年秦国很难有能力实施较大的行动。

然而攻克了赵军数道防线后，面前还有丹水东垒壁，后面还有更加坚固的百里石长城，真的要这样一路强攻下去，就算能取得最后的胜利，对国力和军力的损耗都是极大的。有鉴于此，秦军非常迫切地

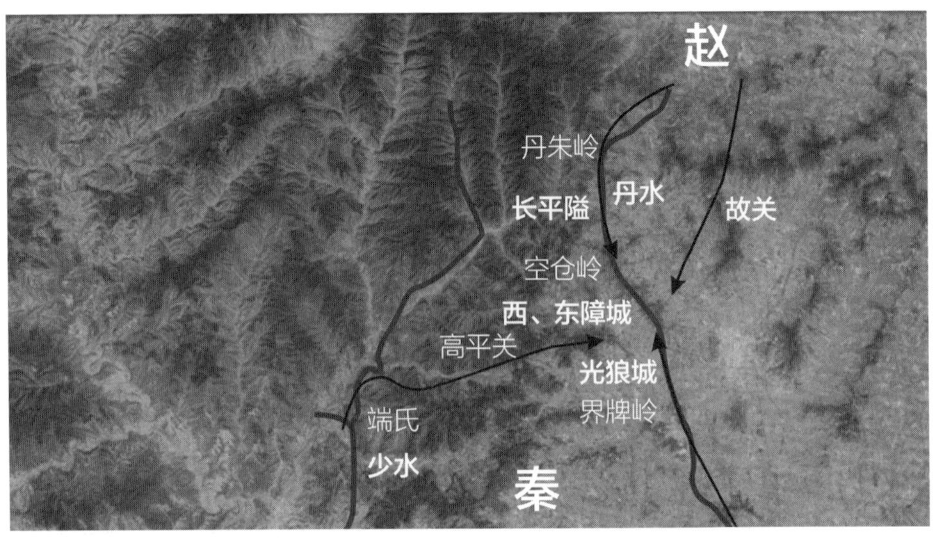

◎ *长平决战前，秦军攻入长平路线*

希望能够让赵军放弃这种保守战术，主动出击，以在野战中迅速消耗掉赵军的有生力量。

战国时代的大军是依靠国家仓储较丰富时，农闲时节临时征调大量劳动力组建的。每年，国家在农闲时都要组织治下民众进行军事训练，比如秦国就有相应的军训法令，要求治下民众每年至少要进行一个月的训练，只有累计经过三个月以上训练的民夫才能加入军队。这一时期的各诸侯国基本属于古典军国，与后世“皇权不下县”的国家政权和地主阶层联合统治不同，国家对基层的控制力强大，可以更大限度组织起人力。平时国家只维持一支常备兵力，比如齐国的技击、魏国的武卒、赵国的千金士、秦国的锐士；如果不能尽快结束战斗，那么大批的劳动力（其中还包括大军出征要征用的其他人力：兵工厂生产任务加重，需要追加人力；调动国内库存又需要一批人力组织国内调运）不能被释放回到农业生产中，则下一年会出现严重减产，这对于战国乱世中的任何国家而言，都是很危险的局面。

从赵国的角度来看，长期对峙对国家的压力更大：由于先天的地理劣势，赵国在国土防卫上的压力更大；更需要解放被牵制于长平战场的二十万大军以用在其他防线上，释放劳动力恢复农业生产。赵国的耕地情况要差于秦国，每年能收获的粮食远远少于秦国，赵国的补给线又要翻越太行山。秦国的补给线从关中出发可以依靠水运，这一点我们可以从地图上看到。赵国长平背靠长治，长治虽近但能供应的物资有限；向东翻越太行则是腹地邯郸，虽然直线距离较近，但是路途损耗还是比较大的。真的在长平比拼国力，先倒下去的肯定是赵国（长平战后赵国不得不借粮以度日）。

而这个时候的赵王，也已经被廉颇的保守战术拖得失去了耐心。特别是在连续丧失了丹水以西地区，又成建制地折损了五万兵力后（一般认为长平一战，赵军全军损失四十五万人，其中决战中秦军共计斩首敌四十万，那么前期廉颇损失兵力大概在五万左右），身处邯郸的赵王无法相信，赵军能够在这种节节败退的局面下拖死秦军。策略保守的廉颇不能带来孝成王所期待的胜利。可以说，秦国的反间计事实上迎合了赵国决战的愿望，其意义在于对方的行动在己方的计划之中，己方有足够时间完成决战前的部署。在一个史书也没有明确记载的夜晚，白起秘密到达前线，接过全军统率权。

再回长平

主攻的方向

首先我们站在赵括的角度，来看看眼前的情况：营地里印象中本该剽掠如风的赵军，如今都变成了土木系毕业的工兵部队，在对峙中不断地筑垒修建完善工事，每天干得最多的事情就是挖沟、砍树、烧砖、砌墙、盖房，成天只开发地产了。大部分士卒士气低落，看上去根本不像是一支军队的样子，显然必须先要对部队进行整顿。

廉颇老帅带着莫府军吏和卫队回邯郸，那么必须将自己的军吏队伍派下基层去整

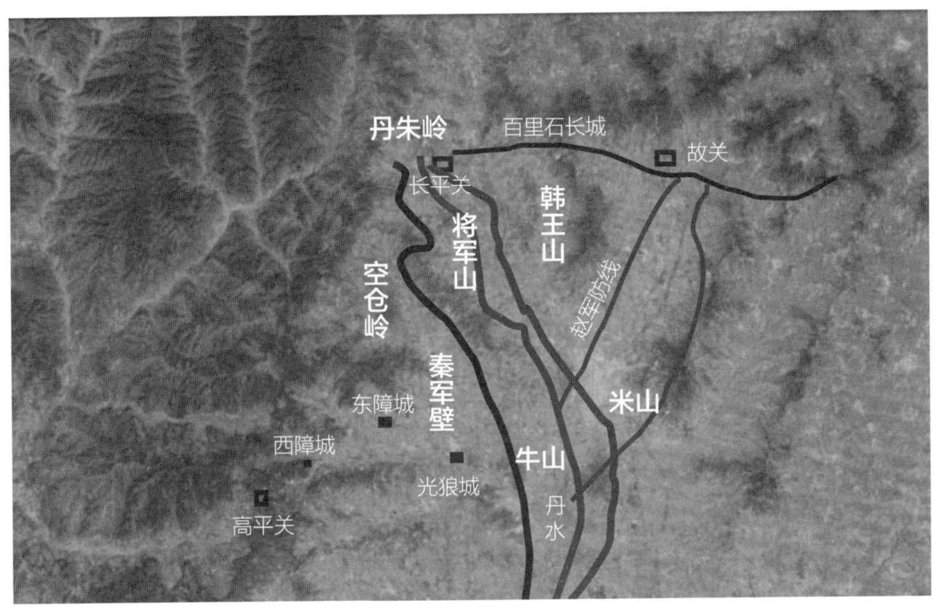

◎ 长平决战前两军态势

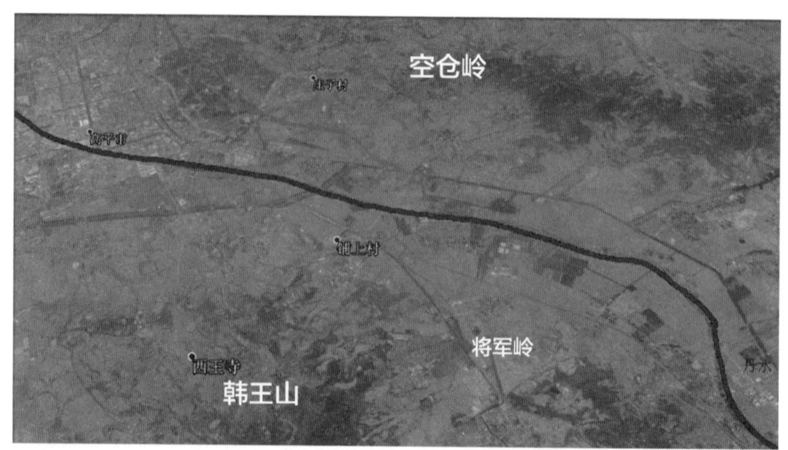

◎ 从赵军的角度鸟瞰战场

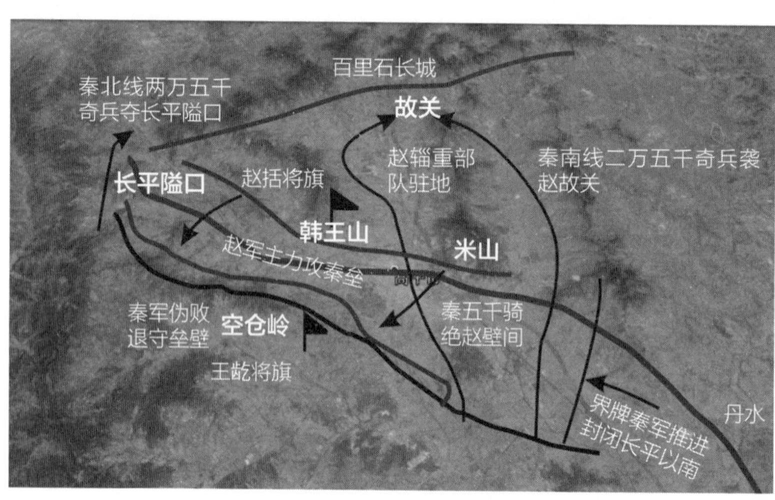

◎ 长平会战第一二阶段，白起开始包围赵军

顿大军，并建立好指挥环节，更换自己莫府的旗鼓号令。后世常认为赵括变更军吏人员、更改约束是取乱之道，但实际情况是廉颇带走了自己的莫府与旗鼓队，赵括带来了自己的一套班子，如果不下派军吏变更旗鼓号令，赵括根本无法正常指挥赵国大军。更何况这支大军成分复杂，有上党地区原韩军、去年赵国派来的接收部队、廉颇带来的援军，还有赵括自己带来的部队。秦军也面临换将，但是秦军大将都曾为白起部下，旗鼓号令很可能用的是同一套，反倒没有什么指挥上的问题。

经过一段时间的整顿，是时候发起攻击了。那么应该仔细地考虑：在长达数十里的战线上，应该从哪一点发起主要攻击？我们再回到战场，仔细观察：两军自北到南对峙，整个丹河河谷，地形如同一个喇叭口，北方狭窄，往南则逐渐开阔起来；

两军各占据了丹河东西畔一系列的山岭。北边谷口狭窄，不宜摆开大军，仰攻秦军壁垒也比较困难；南边虽然开阔，然而西、南两个防线都有秦军的营寨，秦军出寨来战，弄不好很有可能被三面包围。应该找一个平衡点来发起攻击。

同样的问题也萦绕在白起的脑海中，站在赵军的立场上，到底应该攻击什么位置更有利，或者说秦军的第一个陷阱应该设在什么位置，什么样的情况可以吸引赵军全力来攻？要保证能够不被攻克，黏住赵军主力，吸引赵括全部的注意力。同时还有两个问题：如何形成对赵军的合围圈，需要控制住哪几个要点才能把整个长平地区变成一座牢笼？如何拿下这几个要点？

双方的统帅各自站在空仓岭与将军山上对望，丹水平静地流淌着，山上的森林因为双方伐木取材而日渐减少。忽然间，赵括注意到对面山顶上的秦军帅旗，据斥候回报，秦军在空仓岭营建粮仓，正在屯粮。“对就是这里，全线出击，主力突击空仓岭，冲击秦军帅旗，在几个谷地上打开突破口，一举夺下秦军粮草。如果是白起来了，我自不敢托大，但是王龁勇夫一个，我若全力进攻他只有招架的份。”

张二奇兵袭之

次日，赵括建将旗于韩王岭俯视长平，赵军开出营寨在丹水河谷列阵。看见连日挑战不出的赵军竟然主动前来挑战，秦军士卒兴奋异常：“可等到你们这些缩头乌龟出来了，快点把脖子洗好给老子砍，这些首级正好可以给家里多换百十亩田土！”

◎ 秦俑千面，强大的秦军正是由无数的普通秦人所组成

两军在平坦的河谷上列阵激战，会战从清晨一直打到正午，秦军的战线虽然没有被击穿，但是已摇摇欲坠。赵括兴奋地下令在秦军战线中央谷口位置投放预备队，命令随着招展的统帅大旗和其他旗幡传达了下去。但是预备队的动作慢了一个节拍，秦军又从营地抽调了几个方阵，补住了宽度仅有几百米的谷口。赵括恼怒地丢下手中的长策。在指挥环节上，赵军总是滞后一个节拍——更换了约束后下面的将领还没有习惯新的旗鼓信号。在南边，意想不到的变局发生了，白起的撒手锏即将祭出。

赵军已经将战线成功地推进到原先廉颇所营建的东垒壁，秦军依仗着山岭线与营垒，将赵军死死挡住，战线发生了胶着。赵括沉吟，从现在这个态势来看，第一线的秦赵两军都到了极限，战线就像一根紧绷着的牛筋，如果谁能先在上面敲一下，就能打断这根弦。

“传令！全军压上，帅旗向前移动。我们要像一座大山一样压在秦军头上，直到碾碎他们！帅帐接管所有预备队，全体下山。”自信的赵括还不知道，老辣的白起就是在等待他做出这一决定。

王龁在东垒壁与赵括部死战，然而，王龁现在的身份已经不是秦军主帅 ，白起给他的任务就是在空仓岭一带黏住赵军主力，能吸引到的赵军越多越好。白起亲自率领主力借助山岭阻挡了赵人的视线，从北线机动到了南线，真正的包围要开始了。

用相等的兵力围住赵军的办法只有一个——将赵军彻底引入谷地中，控制几个方向上可以作为出路的谷口，利用山岭为墙，谷口为门，秦国锐士为锁，将赵国四十万大军关进长平这个巨大的牢笼里。当赵军主力攻西垒壁不克时，拿下北部长平隘口，截断长治与长平间联系；西南绕过赵军主力，攻克赵军营垒后的故关，锁住其退路；南边完善界牌防御，让赵军四处碰壁。

秦军南北派出两路奇兵。北路夺取长平隘口。这一路是在主战场的边缘，不能太早发起攻击，否则为韩王山上的赵括发现，定会拼死争夺而难以夺取。南路由于路途较远，所以需要预先出发，借助米山挡住赵军的视线，沿大东仓河谷行军直插赵军背后。两路奇兵可谓神来之笔，尤其南线要克服更多的难题：北线基本都在秦军之前控制区域之内，隘口就在眼前，只要选择合适时机便可夺下；南线需要侦察线路是否正确，还要防止赵军堵截（南线的突破口依然在赵军防线监视之下），如果被赵军发现并堵截，则该路的行动基本属于失败了。但是南线成功的关键也在于赵军的布置——赵括率全军在前与北线秦军大战，韩王山后到米山之间的赵国后勤辎重部队由冯亭统领，南线缺少有力的将领来坐镇——老帅廉颇若在，或许能够成功抵御秦军的穿插，然而廉颇老帅怎么可能屈居赵括之下为副将？更何况廉颇与赵括之父赵奢向来不和，更不会留在长平。

为了保证在最后围攻阶段前最大限度地削弱赵军战斗力，白起还决议出五千骑兵强行凿穿赵阵，穿越韩王山与米山间的山谷，袭击赵军辎重，伺机占据山岭上空虚的赵国壁垒，断绝前线赵军的粮草。这一支秦军所要完成的任务堪称是最困难的，但是五千这个数字让赵括没有放在心上，就像是牦牛被蚊子叮咬了一口，但再微小的伤口也会造成致命的伤害。

当从王龁、王陵、蒙骜、司马梗等处飞奔而来的传令兵回报行动成功时，白起不由得大喜，令界牌秦军北上封闭长平以南。天黑之前，看着韩王山上飘扬的赵军大旗已被秦军黑色战旗所取代，白起亲率主力从空仓岭以南迂回攻击赵阵侧翼，开始完善心中预想的合围圈。

为了迷惑赵括，防止其立即突围，白起决定还是要利用一下赵括的“纸上谈兵”，先将之前一直隐藏的帅旗明明白白地打了出来。白起的旗帜果然能抵十万大军，赵括和赵军将士看着白起那流露着无边杀气的帅旗在秦阵中央飘舞，秦军大阵在一片欢呼声中开始了对赵阵的攻击。

看管粮草辎重的冯亭冲破米山和韩王山间的谷口，率领最后一批赵军与赵括会合。然而辎重营地的粮食已经没剩下多少，冯亭没有给赵括带来希望，只是增加了更多要吃

◎ *长平白骨*

饭的嘴，赵括这时还没意识到自己的大军面临断粮。接下来的许多天中，在弩箭的掩护下，一个又一个新的秦军方阵显露在赵兵面前。只见秦兵端平长矛大戟向着赵阵发起一次次进攻，逼迫赵军结成防御阵形，抵御秦军几乎没有断绝的小规模攻击。出于惯性思维，赵括按照兵书上的内容布置好了营地，暗自庆幸秦军暂时无法攻破自己的防御。“胶柱鼓瑟”，这是赵奢对自己儿子的评价，知子莫若父，赵括只会按照兵书上的内容单纯应对，秦军退就追，秦军进攻就防御，根本不知道从总攻开始那一刻起，自己就成了白起手中操作的悬线木偶。

作为应试教育下的好孩子，白起“考”哪个“知识点”，赵括同学就按照兵书上的标准答案来“应答”——白起退守赵括就进攻，白起进攻赵括就马上转为防守，丝毫不去思考这个残酷的“考试”意义何在。当彻底陷入绝境后，“优等生”赵括才知道，“主考官”白起所出的试卷是多么的不怀好意——获得这份试卷的“满分”的奖品是免费地狱旅行券一份——单程，四十五万人用。

坟墓

看见秦军修建的野战营垒显形于秦阵之后，赵括终于明白这些日子秦军连续冲击赵军营寨是何目的了。合围圈业已完成，赵军已经失去了突围的最佳时机，但不管怎么样，都必须拼死突围，我既然把赵国的大军带进了死地，那我就应该把大军带出去。赵括立即下令巡视全军，整顿兵力，做突围准备。

被合围四十天的赵军已经变成野兽。随身携带的粮食早已吃完，军马和拉车的牛也被尽数宰杀吃掉，丹河里的鱼虾都绝迹了，已经有人开始掏老鼠洞；然而更骇人听闻的事情发生了——营地中有饥饿的士兵偷偷杀害伤兵，吃人肉苟活。饥饿和恐惧如同瘟疫一般在赵营蔓延着，这也是白起所希望看到的。再消极防御等待救援是不可能的了。亲王听闻白起成功围困长平赵军的消息，立刻征发河内区域（之前攻占的韩国野王之地）所有十五岁以上男子。为了使这些几年前还是韩魏之民的征夫心甘为秦国出战，秦王还赐爵位一级给全体河内民（按秦法，无军功不得赐爵，二十级军功爵所对应的政治经济权力全都是实打实的），令其成一军以断绝赵国再调派援军和粮食救援长平的四十万大军。这支新组建的秦军拿下了廉颇之前营建的百里石长城，挡住了试图翻越太行山前来的赵国援军，形成了又一道纵深防线，彻底挡住了东西直线距离仅不到十公里的生与死。

赵括用兵虽然只会按照兵法条文机械地照用，但在这个时候，他也明白一味困守根本行不通，必须立刻突围。不得不说，战略和战场直觉上，赵括没有一点经验；但是调度军队上，赵括还是有一手的，断粮四十余天，赵军建制没溃散。赵括开始组织军中尚存所有可用兵力，编组成四个大梯队，轮番对秦军临时修筑的野战阵地发起攻击。但是进攻不利，于是赵括调集所有精锐再成一队，亲自上阵轻装突围，试图打开一条生路。冲锋的路上，赵括已经单薄的身体为秦军弩箭贯穿，赵括阵亡后数十万赵军向秦军投降。

在终战阶段，双方兵力超过百万（直接投入战场双方至少各有四十万，另外秦征发河内民和赵国援救兵力人数也不会太少，加总后双方总共投入百万人上下）的大决战终于结束了。两千年后的今天，我们还能在骷髅山、白起台、杀谷这样的地名中感受四十万赵军冤魂的哭泣。

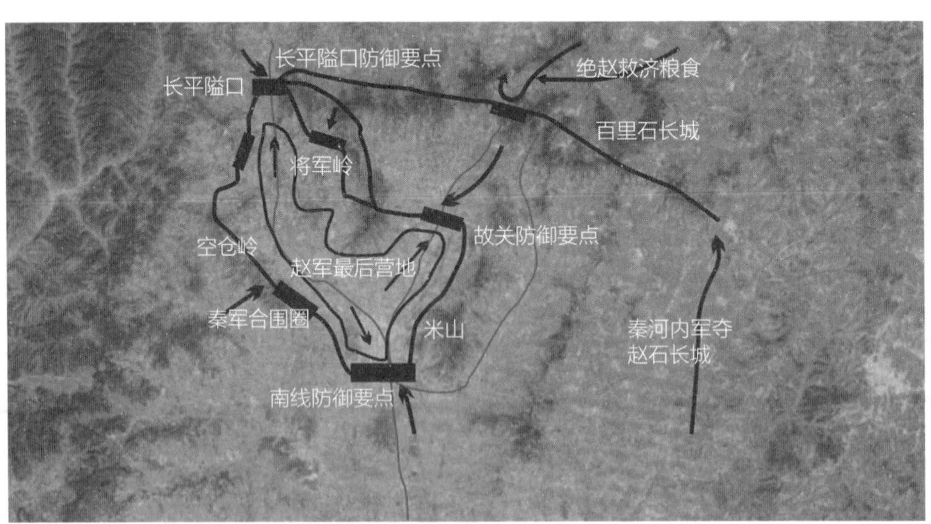

◎ *长平会战最后阶段，赵军在秦军合围圈内突围失败*

六 风起陇西——街亭的是与非

之前我们已经讲解了著名的长平之战，本次我们要谈的战役涉及历史上与赵括“齐名”的另一位纸上谈兵高手——马谡。相信大家已经猜到我们本次要谈的是街亭之战，当然这也是本文要讲的最后一场战役。可能有细心的读者会注意到，本文所谈到的战役在侧重点上有一个特点：从微观指挥到宏观决策、从战术层面向战略层面扩展。其实这也是一名合格将领在战场上的成长路径——战术上的优势需要战略上的谋划来争取，战略规划的目标要依靠战术上的成功来获取。

出陇西之策

战略进攻前的思考

实行任何重大军事行动之前，在战略层面的策划上，必须先明确这一次行动的目的是什么。首先是根本目的。即是要夺取对某一区域的控制，还是要调动敌人在另一区域的兵力，又或者是有计划地破坏敌人某一区域的经济。决定了这一点，则决定了要参与行动的本方战区与所需兵力。其次是战役目的。决定了主攻方向后，需要视敌我双方兵力与补给能力，决定进攻需要的节奏，达成胜利需要实现的各阶段性目标。

了解这些后，我们就可以来分析蜀汉军的行动目的。《隆中对》中诸葛亮对蜀汉所做的战略策划是：一军自荆襄北伐中原，一军自汉中出陇西经略关陇。然而自关羽大意失荆州之后，蜀汉只能走后一条路线北伐。

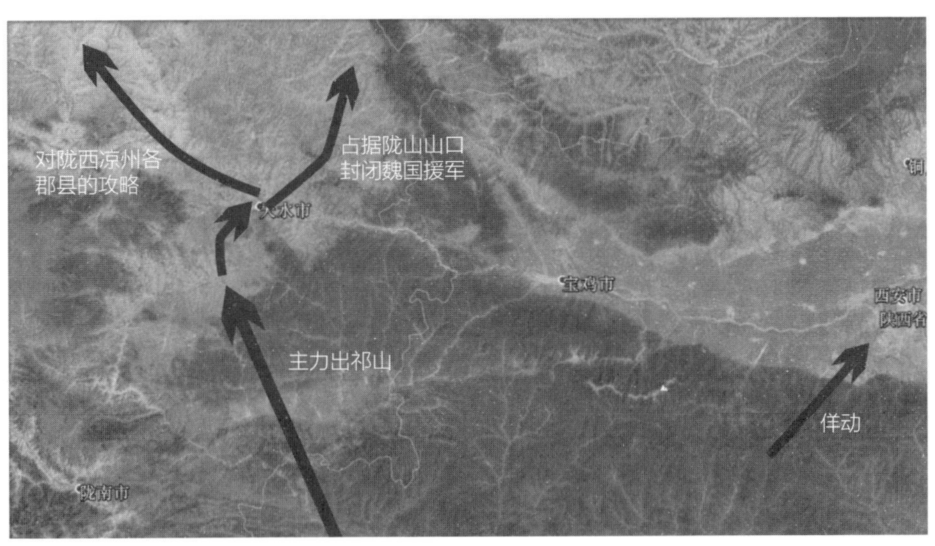

◎ 蜀汉出陇山之策态势

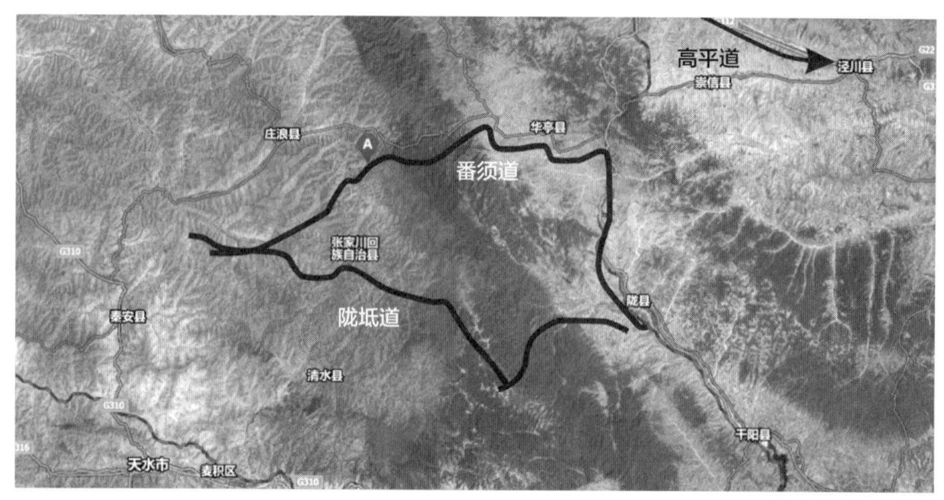

◎ 战区内沟通陇右与关中主要道路

以诸葛亮谨慎的作风，收复关陇必先从陇西入手——若先取关中一则道路险峻，二则多面受敌。那么我们就能很清楚地明白：

第一，诸葛亮出祁山根本目的是要拿下对陇西地区的控制权，而且蜀军先期的补给必须依靠从大后方运输。这严重制约了蜀军所能出动的规模和能支撑的时间，蜀军需要以最快速度攻取陇右。这样就必须做好两件事：快速袭取各要点郡县，成功阻截曹魏来自关中地区的援军。

第二，在这次行动中，时间不是蜀汉一方的朋友，而是最大的敌人。上面所说的两个任务都需要时间来完成。两者就需要取舍，决定分配的兵力和执行次序，以制定行动的时间表。

蜀军进入陇右，第一个要攻略的地方是天水郡。天水不但是蜀军出祁山后第一个要收复的郡，更重要的是，从后方运送的补给从祁山下来后，必须通过天水转运到各战役分队。另一个角度看，天水是自关中进入陇西的必经之地（需要注意的是广魏郡，郡内陇坻道是三国时期陇西和关中间联系最方便的道路），天水也是堵截魏国援兵（包括自关中与广魏郡而来的魏军）的关键节点。取得天水郡的控制权之后蜀军需要分出至少两个战役分队去分别实行上所说的两个分目标。

从现实来看，出祁山之前，赵云、邓芝等人率疑兵前据箕谷。假装攻打关中，以吸引曹真的注意力。而根据以后的历史进程来看，曹真确实上了当，连本来驻守凉州的郭淮也被调动了过来。蜀军对关中的佯动部署很成功，魏国的注意力被牵制到了错误的方向，而在陇西的兵力布置是很空虚的，诸葛亮得以成功地出了祁山，展开下一步行动。当然也只有诸葛亮第一次出祁山能够成功欺骗曹魏一方，之后曹魏清楚地掌握了诸葛亮的策略——先定西凉而望关中。唯一让司马懿感到心慌的出陈仓之略，后来也陷入了先定西凉老路。

《三国志·魏延传》记载“建兴五年，诸葛亮驻汉中，更以延为督前部，领丞相司马、凉州刺史”，表明魏延可能在这次行动之前就已经确定了任务，就是率军收取陇右郡县。在蜀汉军自祁山大营进兵之际，魏之南安、天水、永安三郡叛魏，具体来说南安、安定两郡选择了直接投降蜀汉；而天水郡则是在抵抗失败之后才为蜀汉所收服。必须注意，陇右地区分属雍、凉两州，而且下辖不止三郡，战区之内还另有广魏、陇西等郡。蜀汉方面准备充分，在开战初期即在陇右获得了立足点。可以看出只要蜀汉军能封闭关陇通道一段时间，凉州地区内兵力占优势的蜀汉军能全部平定陇右，就能消化吸收该地区。可能细心的读者会注意到这里和《三国演义》书中的内容有所不同：《三国演义》所言陇右三郡为安定、武威、天水，罗贯中老爷子为了让小说好看，有意无意改变了不少地理上的情况，比如过五关斩六将的路线，比如陇右地理，又比如下面会提到的街亭之地位。

条条大路通罗马，又有几条通往陇西?

诸葛亮的安排是将攻略陇西放在第一位（然后图谋凉州，再入关中），从补给的角度讲是非常正确的，不能获得陇西的物资补给，蜀军是无法立足的，也不能再有增援兵力（现在蜀汉军队维持的规模已经是补给线所能支撑的极限了）。在控制陇西大部分重要节点前，诸葛亮也是不敢率大军离开祁山大营的，否则有补给线被切断的危险。

接下来我们再来讨论阻截魏国援军的问题。要最终取得对陇西的控制，还是必须阻截魏军一定的时间才能达成。这样我们就必须了解当时联系陇右和关中地区的几条主要道路的情况。从关中最西部陇县出发有两条道路——陇坻道与番须道，其中陇坻道是东汉时期新开辟的道路，也是汉末三国时期最常用的道路；陇坻道的兴起造成了番须道的衰落，同时两条道路有着同样的终点——略阳城（对东汉历史比较了解的读者对这个地方应该不会陌生）。而在北线有三条道路：瓦亭道、高平道与鸡头道，考虑距离的关系，魏国援军不太可能走这三条道路——路途太过遥远。

笔者曾经驾车试着走过高平道沿线(基本是按照312国道线走的)，从陕西彬县开始进山，一路上基本都是在山地中行进，路途较远，同时也可以走到陇坻道的线路，但不清楚当年两道是否沟通。陇坻道的线路从陇县出发到关山牧场，再由牧场向西北走到张家川镇。这条道路有些路段也比较险要，但是相对来说比番须道要平顺一些。缺点是道路在河谷之中，有水淹和山崖落石的危险（陕西段内）。

街亭的地位

谁之责

魏军的援军从关中地区出发，蜀军要将魏军阻截于陇西之外才能保证安全，那么最佳的阻截地点是哪里？只可能是陇山山口。从地图上看，这里不但正面狭窄，而且在其背后还有一定面积的平原可以囤积兵力与物资，更利于屯兵阻截魏军。由记载也可见马谡所率领的仅仅是诸葛亮大军的前锋，前出在诸葛亮之前，加速行军以求先于魏军到达陇山山口。

但是魏国方面反应的迅速超过了诸葛亮的预期，张郃统领骑兵部队已经越过陇山，到达了陇西地区，在街亭与马谡部会战并击败之。换而言之，街亭之战并非是一场预备的防御战，而是一场双方得到预警之后的遭遇战。在战略上魏军先于蜀军破局，毕竟这里还是敌区，以诸葛亮求稳的作风，带领全军安全撤离，比进行一场主力决战或者一连串纠缠不止的阻击战更值得选择。

当然，史书中有这么一句话："（马）谡违亮节度，举动失宜，大为（张）郃所破。"

可见在其舍水上山之前，马谡部的行动是受到诸葛亮遥控的。至少诸葛亮在马谡出发前，专门为其行军进度做了布置，明确规定了哪一天要推进到什么位置，在这个位置应该注意什么。或许这也是诸葛亮违众提拔马谡为先锋的原因，马谡长时间担当的是参谋军官的职务。在诸葛亮看来，马谡应该更加"听话"，比魏延、吴壹等宿将更能按照自己的规划来行动。一路上马谡都按照诸葛亮的规划行军。然而到了关键的御敌时刻，马谡却违背了诸葛亮的节度，擅自上山，最终因断水而速败。

这里也带一句，马谡不选择在所谓的街亭城布置有两个可能的原因：一、马谡认为城寨太小，不利于安排兵力防御，在山上更利于阻击防御；二、城寨尚有魏军防守，这时已经得到预警，魏军援军要到了，那么直接放弃攻城，在附近山地选择险要地形更为安全。我们不如来看一下《三国志》中的记载："加郃位特进，遣督诸军，拒亮将马谡於街亭。谡依阻南山，不下据城。"请注意"拒"和"依阻"两个词，张郃的速度之快，不但超乎诸葛亮的预计，更超乎了马谡的想象。张郃先于马谡赶到了街亭附近，并挡住马谡前往城寨的脚步。马谡只能依阻南山。马谡自从南向北前进，而街亭城寨就在眼前，但是张郃的骑兵也在眼前。总不可能把张郃当成来看戏的木偶，就大大咧咧进城防守吧，只好就地展开部队准备御敌。但是马谡这时却生搬硬套兵书上的内容，上山布阵。上山只有一个目的，那就是要引诱张郃来攻，以地利击破之。常年作为参谋的马谡习惯了给主将查漏补缺，没有想过自己犯了多么大的错误：部队轻装而来，必须要在街亭补充饮水才能继续行动——这或许也是诸葛亮行程表中关键的一点。上山最后部队很快

◎ 三国后期步兵形象

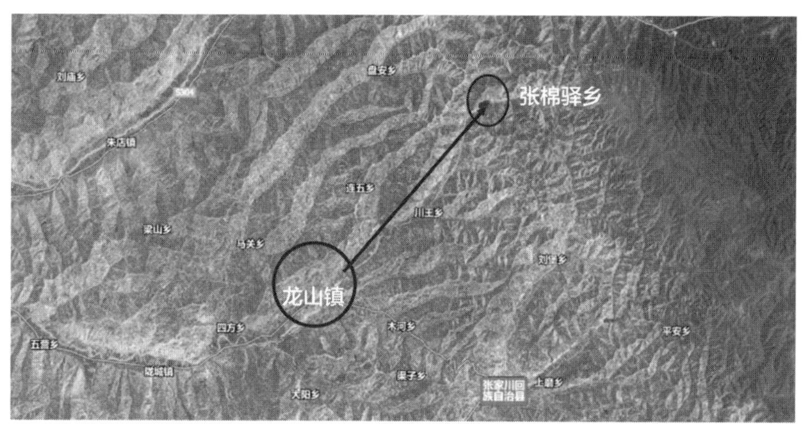

◎ 街亭真正地理所在

便断水，失去战斗力。而汲水的道路又为魏国骑兵截断，在饥渴和魏国精骑的打击下，蜀汉先锋速败于街亭，诸葛亮多年的谋划失败了。

读者们可能会发现，除了舍水上山以外，马谡所有的举动均在诸葛亮的授意和遥控下。可以说，马谡完美地按照诸葛亮订立的计划执行进军行动。那么蜀汉放在战略上的失败只能归咎于诸葛亮对魏国方面反应速度的严重低估。但是这不等于马谡不需要对战败负责，如果马谡听取王平谏言，蜀汉军先锋也不会败得这么快，这么惨——诸葛亮更不会选择如此仓皇的撤退。

马谡理解了诸葛亮的战略布局，而又错误地理解了诸葛亮的战略思路。欲收服陇西必须占有陇县，封闭山口。然而当魏军援军到达陇西后，蜀汉军已经不可能打出关键的时间差。诸葛亮只能选择全军撤回。不回撤而决战既不符合诸葛亮求稳的个性，更不是蜀汉的国力可以承受的。

街亭到底在哪

这里还隐藏着一个问题——街亭在什么地方，或者说诸葛亮让马谡据城而守的街亭城到底是哪里？是一部分学者所认为的略阳城吗？我们来看几个记载：

◎ 现代复原汉朝铁甲

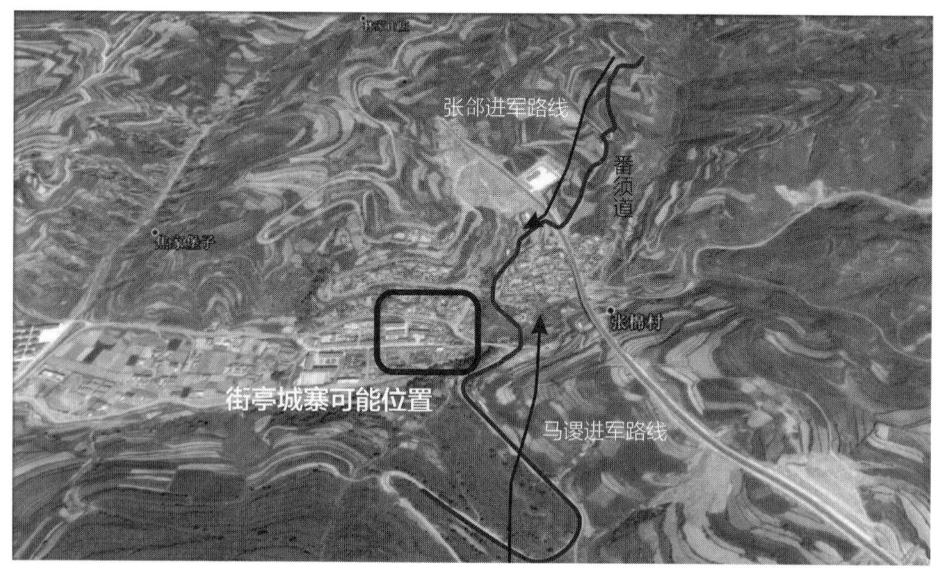

◎ *街亭战场*

一、《太平寰宇记》：“陇城县……街泉亭，俗名汉街城，在县东北六十里。汉立街泉县，以属天水郡，即三国时蜀将马谡为张和所败之处。”

此书是北宋地理学家乐史（930—1007年）写的地理学专著，是唯一比较准确地写出了街亭相对于陇城县位置的史书。也就是说，街亭不是陇城，而在陇城东北方向，距离陇城六十里。那么，乐史写此书时，陇城县在何处呢？

《太平寰宇记》：“陇城县，（秦州）东北一百二十六里。”

依然是比较准确的定位。再问：当时秦州州治又在哪里？再接着看史书记载：

《太平寰宇记》：“秦州，天水郡。旧理上邽县，今理成纪县。”北宋初期的秦州州治在成纪县，也就是今秦安郭嘉镇叶堡，从郭嘉镇叶堡向东北一百二十六里，则是北宋初期的陇城县治，也就是今龙山镇，从陇城县治再向东北六十里，街亭显然不再会是陇城镇。

二、1990年到1992年，在甘肃敦煌悬泉置出土了大批的汉代简牍，数量有25000片之多，为后人深入了解汉代西部地区的交通、政区、地理、邮驿等各方面情况，提供了大量的第一手珍贵史料。

其中Ⅱ T0315①:35号简牍中所记载的内容，对于我们确定汉代街泉城（或街泉置）的位置，有极大的帮助。该简牍内容如下：

□至鬱夷卌五里

□□至略陽卅五里

□□至池陽卅里

略陽至街泉五十五里

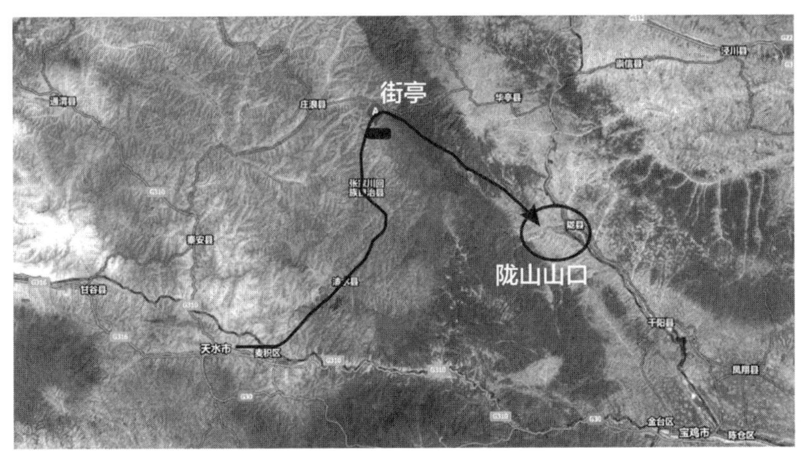

◎ 街亭之战态势图

池陽至□安五十五里

可以看到，汉简的记载与《太平寰宇记》中的记载是相符的，街亭城寨不是略阳城，街亭城寨在陇城镇东北方向五十里的地方。街亭即街泉亭，原为街泉县，被降级为亭。原因在于略阳道在东汉时衰落，翻越陇山从关中进入陇右的道路主要是陇坻道和番须道（当然更北面还有鸡头道和瓦亭道以及高平道）。陇坻道就是今天自陕西陇县到甘肃张家川间的道路，即 305 省道。番须道部分线路与华亭穿越陇山到庄浪的 304 省道重合，在今张棉驿乡附近转向南通往张家川。到了东汉时期，由于陇坻道得到了大力开拓和整修（有张家川汉代碑刻为证），因此陇坻道在穿越陇山的交通中，逐渐占据了主导地位。而番须道则因为道路偏远、狭窄难行，而逐渐退出了主要交通线之列。由此带来的后果就是，走番须道的人越来越少，以番须道交通而发展起来的街泉县的人口也随之逐渐南迁。这最终导致了街泉县人口过少，不足以建制县级单位，而被并入了南面的略阳县。

从东汉初期街泉县被撤并，到三国时期的诸葛亮第一次北伐，间隔一百多年。小城不被重视，城墙缺乏维护可能早已残破，加之城池偏小不利防守，这样马谡选择放弃城寨而上山据守，在某种程度上是可以理解的。在到达后王平规劝马谡的内容是“舍水上山，举措烦扰”，也并没有提到城寨的问题，只是认为水源易被切断。

当然，我们更可以了解到，街亭的位置对于诸葛亮预想的整个陇西之略而言，可以说无关大局。罗贯中老爷子弄明白了当时有五条道路沟通关中与陇右，又为了凸显失街亭对诸葛亮的打击，就生生把街亭写作了“五路总口”。真正的街亭作为番须道上的一个水源地，在诸葛亮给马谡订立的行程表之中，只是一个取水的地点。诸葛亮预计到马谡前军行进到街亭，因为消耗正好应该取水（由此可见诸葛亮处理军务的事无巨细），所以要求马谡据城寨以守住水源取水。但是诸葛亮没有说清这一点，在面对张郃时，马谡又忘记关注军中饮水储备的情况，悲剧就这样发生了。

从街亭的位置，更能验证前面的推论。街亭不会是诸葛亮预先所设定的阻截魏军援军的位置，只是前去路线上最佳位置——陇山山口的道路之中的一点，马谡行军至街亭附近得到了预警，张郃的军队即将到达，必须就地组织作战，当然没过多久马谡便在北方的尘土中看到了疾驰而来的魏国精骑。

同时我们更应该注意，诸葛亮决定以这条在当时几近废弃的道路进军，其目的也是可以推测出来的，附近地区的魏军并未“响应”蜀汉北伐，还在据守，更好走的陇坻道更在依然坚守的广魏郡境内。为了尽快赶到陇山山口，只能选择几乎没有魏军把守的道路行军；根本上说，还是为了绕过广魏郡，抢在魏国来自关中的援军大量进入陇西之前切断关陇之间的联系。还是回到了这句话——时间一直不在蜀汉一方。

如果历史可以假设

我们接下来再做一个有趣的设想：假如街亭之战中马谡没有速败，那么接下来会发生什么？马谡没有速败，有下面几个可能：

一、依道路谷口据守中，正与张郃部对峙。

二、马谡击败张郃，继续据守街亭。

三、马谡击败张郃，正在追击魏军。

四、马谡部未上山，现正与张郃鏖战，未冲破张郃的阻截，所部战斗力尚存。

要探讨以上几种可能，就必须要先理清这样几个问题：马谡和张郃各自的任务是什么？双方在街亭之战的兵力是多少？双方在此后几天可以得到的援军是多少？双方补给能力有多强？

已知蜀军的目的是要封堵魏国援军，力求稳固对陇西的控制；魏军的目的是击退蜀军，恢复对陇西地区的控制。那么上面四个问题中，前两个问题决定了马谡与张郃遭遇时，各自会选择怎样的策略对战；后两个问题决定了街亭对战后，魏蜀两军主力的动向。

先回答第一个问题。马谡是前出于诸葛亮主力部队的前锋部队，目的是前出于主力之前，争取在张郃之前赶到陇山山口，建立阻击关中魏军的基地。张郃被任命为援救陇西打通关陇道路的指挥官，总共统兵步骑五万，当然这些并不是直接参加街亭之战的魏军兵力。

然后回答第二个问题——兵力，这个问题只能大概推测。马谡作为大军前锋，应该统御了相对精锐的一支分队，人数不可能过万；王平与马谡发生矛盾，分兵一千在后，那么马谡的部队应该是在五千到九千人之间。张郃也没有率领全部的五万步骑，只带领了一万以骑兵为主的中军精锐，这点是蜀汉无法做到的，蜀汉没有产马地，部队只能以步兵为主。

第三个问题，马谡的援军是诸葛亮本部，而且只有这么多援军。张郃先期可以得到的援军是其本部另外的四万兵马。此外，魏明帝曹叡也已赶到关中，那么魏国将动员数量远超过蜀汉北伐军总兵力的大军，前来与诸葛亮大战。

第四个问题，蜀汉的补给要依靠祁山

大营从后方转运而来的物资，同时还能获得以收服三郡的库存，但是不能长时间支持大军的行动。魏国的补给就容易得多了，魏国背靠关中，补给线本来就比蜀汉要便利很多，关中地区为了应对蜀汉与西凉，平时就有很丰富的储备。

综上可见，在战略上蜀汉只能争取速战速决，才有可能获得整个陇右战役的胜利。从地图上我们可以看到，蜀军离胜利原来这样近——如果把马谡换成虎牢之役中的李世民，那么李世民不但会以跑死马的速度急行军，更会以跑死人的速度行军了。

已经离胜利如此之近，那么马谡在得知张郃即将到来后的心情是可以想象的：紧赶慢赶还是差了这一步啊！现在摆在马谡面前的有两条路：据守等待诸葛丞相的大军到来再会战；或者自己与张郃交战，击退之——这是何等大功！

马谡选择了在山上驻防，显然他是想先和张郃进行会战了。如果只是要堵住张郃，在山间道路上驻防是可以做到的。然而无论马谡如何作为，其都在张郃的掌控之中——击败马谡固然是好的，哪怕前锋战失败，魏国后续部队也已通过陇山山口，延番须道前来。除非马谡率领的是美国101空降师，能够直接空降到陇县并建立防御阵地，否则只能与一路又一路的魏军交战。蜀汉的战略企图彻底破产。

我们再回到最初的四个设想。

第一个设想，“马谡部尚在据守中，正与张郃部对峙”不太可能实现了。马谡只会争取尽快击败张郃部骑兵，不会选择简单的据守路口，胜负尚不可知。

第二个设想：“马谡击败张郃，继续据守街亭”。正如前面所提到的，马谡击败了张郃又能如何，向前还有数不清的魏军，陇山山口犹如地平线一般——能够望见，但到不了。唯一的收获就是争取到更多时间，蜀汉方可以凭此搬运更多人口和物资到汉中去。

第三个设想——“马谡击败张郃，正在追击魏军”，与上一个设想结局相同。除非能够发生一个最不可思议的变数——马谡一路压着张郃打，然后一路打到陇县。好吧，其实马谡率领的蜀军士兵都是超人和钢铁侠。

第四个设想，“马谡部在山下与张郃鏖战，未冲破张郃的阻拦，所部战斗力尚存”。这样的结局基本等于是马谡战败了，最好结果也只是等同设想二。

这时候或许读者已经注意到了，当张郃越过陇山，到达街亭之时，诸葛亮的陇右攻略在战略上已经失败。只有抢占在魏军之前封闭陇山山口，才能相对有把握地收复陇西各地——诸葛亮实际上派给了马谡一个不可能完成的任务。马谡严格按照诸葛亮预定的行程表行军，如今才走了不到一半路程就撞上了张郃。诸葛亮在战后也意识到了这点，请求自罚。魏国的战略优势相当明显，利用地利和兵力补给上的优势，消耗蜀汉的物资补给，当蜀汉的补给被消耗完的时候，也就是蜀汉后退的时候。

之后诸葛亮修改了行动方案，先出陈仓然后图谋陇县，意欲从关中去封闭陇山山口。但是蜀汉军机动能力差的缺陷一直未能弥补，后勤补给上的缺陷更是制约了蜀汉军队所能行动的时间和规模。国力的贫弱和战略形势的劣势不是简单战术优势可以弥补的。虽然战场上充满了偶然，但是在很多时候，战场上的胜负在两军进入战场之前已经决定了。

后记

“秦时明月汉时关，千里长征人未还。”

“可怜无定河边骨，犹是春闺梦里人。”

这些耳熟能详的诗句，无不提示着我们沙场的险恶。真正的战场并不浪漫，更不是要帅扮酷的地方；这里上演了无数的生死，决定了各方的兴衰存亡。每一部兵法都反复强调了一件事情——兵者生死之地，存亡之道，不可不查也。战场不应该被演义化，这会使人忘记战场的残酷。不能只看到“国虽大，好战必亡”，更要重视“天下虽安，忘战必危”，历代腐儒只会用前一句敷衍国事，而忘记后一句才是真正的重点。军队是国家的利剑，若这把剑为不知兵的人掌握，必为利刃所伤。

本文的几个战例侧重点各有不同，但对于一场会战而言，每一个环节都是不可省略的。欲成为名将，必先起于微末之处。阵法不是什么神话，而是古代军事科学的结晶，从微末之处方能建立起高楼大厦。任何无敌的军队都是由无数普通士兵所组成的，庞大的军阵是从最小的“伙”开始合成的，这之中容不得马虎。今古名将绝不是眼高手低，高妙的计划当以武略济之；更不是无脑莽汉，战争实际是这个星球上最消耗人类智力的活动。由于篇幅关系，本文没有选取太多战例以讲评，但是可以给诸位读者一种新的思维去思考古代战争。站在指挥官的位置上，从军阵的运作和如何实现指挥的角度，来看待将领们的举措，寻找被史料所隐藏的信息。

第八章 剑与矛的秩序

西方古典时期步兵战术的若干杂谈

作者：杨英杰

当马其顿运用方阵作战达到了精通熟练的地步时，古罗马也开始崛起为难以对付的军事强国了。

——T · N · 杜普伊 《武器和战争的演变》

自人类将对暴力的使用上升到战争的层面以来，步兵一直是所有作战方式和兵种中最基本的一种。在马镫、马鞍等尚未发明，骑兵的冲击力还不尽如人意的古典时期，这一情况尤为明显，这也成了促使当时步兵战术飞速发展的重要动力。尽管与后世的欧洲步兵战术相比有许多差异，但古典时代地中海世界最早的步兵精英们已经发出了步兵战术和阵形发展的初啼。步兵战术体系在灵活性、精密性方面均发展到了前所未有的高度。西方古典时期的步兵，尤以马其顿方阵和罗马军团两个高峰为甚，在部队组织、战术运用、单位编制上的成果，为后来的步兵体系发展留下了不少宝贵的遗产。

早在战车盛行的亚述时期，步兵在军队中的地位就开始逐步提升，亚述帝国的近卫军队中已经包括了一些步兵单位。后来的波斯、希腊，均一度以其步兵作为军事体系的核心。在这一时期，成熟的步兵部队都建立了完整细致的编制体系。在依靠军号、鼓乐和通信兵控制部队的技术条件下，上级指挥官们利用中下级指挥官，初步掌控了部队。部队组织的建立，让指挥官能够灵活地根据环境合理分配力量，形成更精细的作战风格。对作战纪律的强调，则更加强了指挥官对部队的掌控力度。除此以外，相较下更缺乏组织和纪律的同行，在对伤亡的承受能力和适应战场环境的能力上也明显居于下风。这一时期中，希腊诸城邦的重装步兵崭露头角，较好地体现了这些优势。由于希腊人广泛的殖民行动，这一作战样式也传播开来，在整个地中海范围内流行。重装步兵的特点就是

◎ 重装步兵瓶画

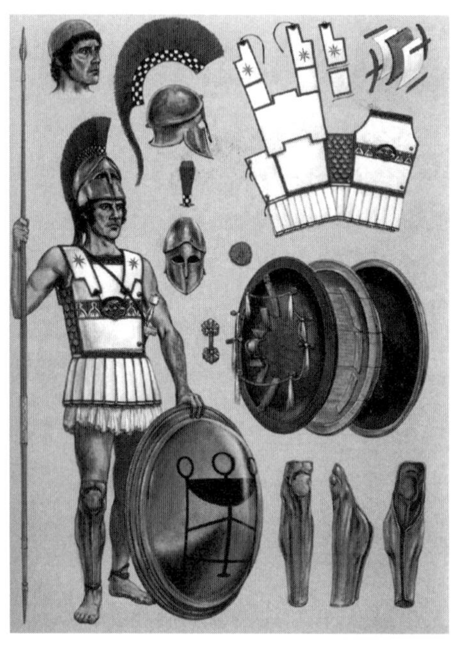

◎ *古典重装步兵装备*

极其密集的阵形，以及每人借助同僚盾牌掩护的防御方式。希腊重装步兵在战斗中需要士兵互相配合，这样的客观要求，推动了严格的组织和纪律性的形成。

在希腊世界中心的各城邦忙于争夺霸权的时候，在希腊以北的马其顿，一个吸收了邻近各地区军事特色的新军事体系诞生了。马其顿战术体系一反常规，以冲击骑兵作为最重要的打击力量。但由于古典时期的技术限制，这时期以“伙友骑兵”为代表的冲击骑兵缺乏对结阵步兵正面的攻击能力。于是从正面突击中解放出来的马其顿步兵，被赋予了维持正面战线和支持侧面攻势这两个更加特化和截然不同的战场角色。马其顿步兵的样式也由此分为超长枪方阵和较轻型方阵两部分。在亚历山大东征时期及此后的希腊化时期，马其顿步兵以其密不透风的长矛阵为典型形象，步伐遍及西至意大利、东至印度的广阔土地。为了协助骑兵完成关键的侧翼突击，步兵作战需要制订复杂的战术计划，执行时形成密切的协同合作。进行这样作战的能力，成为这个时期各个步兵体系追求的理想目标。

也就是在这一步兵战术飞速发展的时期，意大利中部的城邦国家罗马正在逐步扩张势力范围。城邦时代的罗马人，一度效仿了希腊重装步兵。但在接触了凯尔特人、伊特鲁里亚人等许多战场对手后，罗马人做出了改变。单一的战线被三线阵所取代，学习自凯尔特人的三重阵列使得罗马步兵作战更为持久和灵活。短剑、重投枪和方形大盾的使用，则让军团士兵兼具团体战斗和单打独斗的出色能力。在这些“舶来品”的基础上，罗马人还独创了一系列步兵战术：前后战线的部队，会在战斗中巧妙进行轮换，既而最大程度运用人力；以多列横队为基础，兼容纵队等队形的阵列模式，能够适应不同的战场环境。在与马其顿步兵体系的直接对战中，罗马军团更是展示出了其战术体系极大的灵活性和对基层战术单位自主性的极致运用，从而获得了几场关键会战的胜利。

在此，我们将借助古典时期内几个典型的战例，从会战亲历者的视角，剖析和展示西方步兵战术体系，尤其是罗马和马其顿两个优秀代表在这段时间里的发展脉络和成果，了解古典时代步兵精英们在战场上的取胜之道。

步兵基石：组织与纪律

卡利尼库斯会战

公元前171年，罗马共和国与马其顿安提柯王朝的关系再度破裂后，第三次马其顿战争随着罗马执政官黎西纽斯的入侵而开始。但与前两次战争不同，马其顿人不再被牵制于其他的战争，并且已经在数十年的休养生息中恢复了实力。凭借在上一次战争中建立起来的心理优势，罗马人迅速进入希腊中部，包括色萨利在内的许多原亲马其顿势力倒向了他们。完成了军队动员的马其顿国王佩尔修斯随即率军前来阻止，在卡利尼库斯（Callinicus，希腊中部色萨利地区，位于拉里萨附近），双方的精锐先锋发生了交战。

作为马其顿此前政策的成果之一，色雷斯地区的强邦——奥德里西亚王国在战争中站在了马其顿一方。包括1000名骑兵精锐在内的远征军在国王库提斯的带领下参加了战役，其中也包括了色雷斯战士菲纽斯。现在战斗仍未开始，色雷斯士兵三三两两走出队列，开始吟咏战歌，作为知名战士家族的成员，菲纽斯吟唱的内容包含了家族史上的战场功勋，这种对色雷斯传统的遵循，能够让血脉贲张的士兵更为勇猛。

完成仪式的色雷斯人回到了队伍。尽管为灵活作战预留了许多空间，但色雷斯人的阵列依然非常整齐。野蛮好斗，强调个人战技的色雷斯人，往往在战场上较为散漫，而马其顿军队中更为强调纪律、协同和组织，这些特点影响并改进了色雷斯部队。菲纽斯和他的同僚们兼具了色雷斯人的狂热善战及马其顿战士对集体行动的重视。这种角色的混合也体现在其装备上，根据普鲁塔克的记载，色雷斯人使用的是其独有的反曲长柄刀，同时却统一披着马其顿的黑色斗篷。

菲纽斯所在的马其顿左翼由亲马其顿的色雷斯部队组成。凶猛的色雷斯骑兵排布成菱形队形，习惯于跟上骑兵脚步的轻步兵则混杂在骑兵行列之间。他们所面对的是罗马军队的意大利同盟骑兵，后者被认为是非常优秀的骑兵部队，并且参加此战的老兵比例不小。在战线的其他地段上，则是由马其顿的步骑混合部队对垒罗马人和希腊人。在双方的骑兵和轻步兵背后，方阵和军团等重型化的步兵正在匆匆赶往战场。

清晨4时，日出后不久，结束了战前仪式的色雷斯人重新整队并发动了冲击，拉开了会战的序幕。色雷斯人屡次在战场上表现出的强劲冲力这一次也给罗马人留下了深刻的印象。一向在史书中对罗马人多有维护的李维对这次进攻这样描述道：“如同被囚禁在笼中久未投食的野兽一样，色雷斯人冲击了意大利同盟骑兵组成的罗马右翼，尽管后者一向以无畏著称，并已经拥有战斗经验，但仍然立即陷入了混乱和不安。”

菲纽斯牵住一名骑手的马尾巴，健步

◎ 亚历山大马赛克画

如飞地跟上骑兵，随着骑手们加快速度飞驰进行冲锋，他和队伍中的其他步兵纷纷放手，开始转向侧翼独立行动。双方骑兵接触后不久，罗马人就落入了下风。利用开战前近三十年的和平时光，马其顿王国的骑兵建设重新恢复到了接近鼎盛时期的水平，在整条战线上罗马和希腊的骑兵都逐渐被逼退。而在战线的左翼，少数悍勇的意大利人依旧在阻挡色雷斯人的进军。陷入苦战的意大利骑兵无暇顾及自己的侧面。趁这个机会，菲纽斯和其他色雷斯轻盾兵从侧面投掷标枪。还有一些更大胆的战士冲进骑兵的队伍中，把骑手拉下马来，或者使用锋利的反曲刀砍断对方长矛的枪柄，用一切手段给对方制造麻烦。一名罗马轻装步兵向菲纽斯掷出一支标枪，然而没有投中，于是拔出西班牙短剑冲上前来。菲纽斯用色雷斯长刀回以劈砍，弯曲的刀刃首先将罗马的小圆盾砍成了两块，然后将未披甲的罗马战士几乎砍为两截。

罗马希腊联军中坚持在战线上抵抗

◎ 复原的亚历山大大帝形象

◎ 色雷斯长刀

的士兵越来越少，幸存者不是逃命，就是陷入包围而被杀，于是他们的第一条战线被打破了。右翼和中央的马其顿骑兵在国王佩尔修斯的亲自率领下继续前进。一个400人的色萨利骑兵中队作为第二线的预备队发动了反冲击。马其顿右半战线猝不及防，被凌厉的反击打乱脚步，进攻陷入困境。与此同时，色雷斯的混合部队却冲破了罗马人的第二条战线，来自高卢和佩加马的辅助部队没有色萨利骑兵那么强势，被前列的溃兵冲乱阵形后，又被色雷斯战士乘胜击溃。

依照色雷斯人的传统，菲纽斯把亲手砍下的敌人头颅用短矛串起，得胜的色雷斯人狂呼着向前冲击,直到遇到第三道障碍。此时，罗马军团的重步兵已经进入了战场，借助一道土墙排出了战线。与此同时，佩尔修斯也重整了他的中央和右翼，准备再度进攻时，发现了这一情况。考虑到马其顿人的方阵此时仍远远落在后面，国王接受了克里特军官尤安德的建议，停止了攻势。命令同样传到左翼，色雷斯步兵在旗帜周围重新集结成队列后缓缓退出了战场，骑兵掩护他们直至通知撤退的号声响起。

与第二次马其顿战争中的狗头山会战（Battle of Kynoskephalai）不同，卡利尼库斯会战的规模有限，由于前哨战斗迅

◎ 色雷斯轻盾兵

◎ 高加米拉之战

速彻底地分出了胜负，这场双方会战未涉及双方主力的全面交锋。仅从这次战斗的结果而言，马其顿人仅以两位数的伤亡，赢得了一次干脆利落的战术胜利，而共和国方面则付出了200名罗马、希腊骑兵与十倍于此数目的步兵被杀，600余人被俘的代价。就一场冷兵器时代未进行彻底追击的骑兵会战而言，这个死亡数字相当惊人。也无怪乎罗马人受到相当大的震动，直到两年之后才派遣第二支远征军进入马其顿。

◎ 卡利尼库斯之战

尽管战斗规模不大，但有关这次交战的许多细节记载，能够为我们提供许多宝贵的信息，尤其是在色雷斯人的作战表现方面。长时间以来，色雷斯被认为是一个高质量的兵源地。这里的不同部落提供轻盾兵、轻重骑兵等各种不同类型的优质辅助军。而且由于色雷斯本身的政治局面混乱，没有一个统一的本土政权，色雷斯士兵经常在别国（比如马其顿）的军事体系中服役。在受马其顿军事体系影响的过程中，色雷斯步兵在组织性和纪律性上的进步，使色雷斯步兵的战斗力有了巨大的进步。

◎ 罗马骑兵

以色雷斯最著名的步兵类型——轻盾兵为例，这个泛希腊世界中最常见、最经典的兵种之一，最早源于色雷斯地区。由于利用轻型化的装备，轻盾兵拥有良好的机动性，对环境适应良好。在战场周边，他们是良好的侦察部队，熟悉地形的游击者。进行大规模会战时，轻盾兵能够在侧翼发动突击，驱逐对手的轻步兵，掩护更重型化的友军部队。对各个战场角色的良好适应性使色雷斯轻盾兵迅速受到了希腊将军们的青睐，作为多面手被引入希腊军队。但色雷斯轻盾兵在面对强有力的重步兵和骑兵时，往往显得过于脆弱。他们的游击作战在战场上屡次被对手的骑兵冲锋彻底击垮。而近战时，色雷斯人的凶猛强悍和擅长利用地形的特点虽然能够带来完美的开局，但却经常由于缺乏韧性和纪律性而在持续战斗后被击败。

在卡利尼库斯之战中，这些缺点得到了有效的改善。首先，色雷斯人的战场部署中出现了公元前 3 世纪希腊世界军队中的典型特色战术。轻步兵以合理的比例混合部署到骑兵中间去，利用他们的机动性和静态战斗时相对无马镫骑兵的肉搏能力优势，大大提升了侧翼突击行动的效果。在奥德里赛王国，甚至是整个泛色雷斯地区，这样的步骑混合战术都是第一次出现。考虑到公元前 4 世纪起色雷斯与马其顿广泛的军事交流，这样的作战方式极可能是从马其顿引入的。其次，色雷斯步兵在战场上进行白刃战的能力显著加强了。原因是马其顿战术体系需要优质的侧翼步兵和严格遵守战术安排的士兵，这使得色雷斯步兵组织更为严密，更有纪律。

◎ 轻盾兵

通过组织和纪律获得战术优势的现象，也出现在其他民族的军队中。斯巴达重装步兵一度在希腊范围内称雄，依靠的不是个人战技的优越，而是斯巴达军队严密的组织结构,以及纪律对战术行动和恐惧心理的约束。例如，在所有重装步兵军队中，由于作战方式的影响，战斗时每名士兵会不自觉地向右靠拢，从而造成宏观上战线的右移，斯巴达人每每利用这一点包抄对手的左翼获胜。冲击力出众而缺乏体力和韧性的凯尔特人在坎尼会战中，在汉尼拔的训练和领导下，更加遵守纪律，组织也更加严密，所以能够在占有绝对优势的罗马步兵的攻击下，长时间地扼守战线。

这些例子体现出组织性和纪律性在战场上对步兵的重大意义。合理的部队组织、指挥架构，以及士兵纪律观念的养成，是战术行动的必需条件。因而，组织性和纪律性，是步兵形成作战能力的基础所在。

有效作战进阶：协同与计划

塞拉西亚会战

卡利科斯声嘶力竭地向且战且退的部下呼喊着。然而，他的努力在嘈杂的战场上化作了泡影。作为马其顿著名的军事贵族，卡利科斯的家族为国王贡献了三个从军的儿子，其中两个参加了公元前 222 年夏季发生的塞拉西亚会战（Battle of Sellasia，塞拉西亚位于伯罗奔尼撒半岛南部）。而现在，作为一名方阵军官，指挥一个马其顿“白盾团”（Leucaspides）

营队的卡利科斯，正面临着他最大的危机。由于斯巴达人给予的巨大压力，他的200多名士兵被裹挟在局部战线上，正在被数量不占优势的敌人居高临下一步步地逼退。他们面对的是非斯巴达公民的“边民”（perioikoi）士兵。后者抛弃了斯巴达人传统的2—3米长枪，换上了长度达到5—6米的萨里沙长枪，同样以马其顿方阵的方式作战。于是卡利科斯和他最根正苗红的马其顿方阵士兵们，正在被一群效仿他们的敌手打败。

◎ 步行伙友

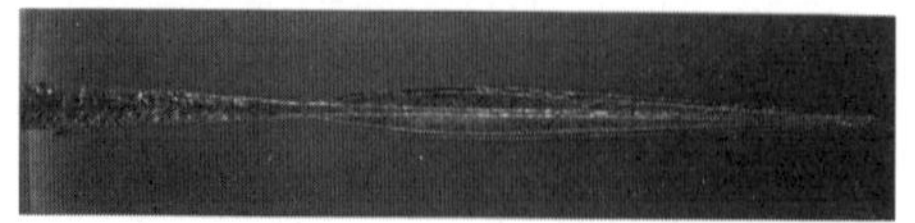

◎ 萨里沙长枪枪头

马其顿方阵这一作战方式的出现要追溯到腓力二世时期。这位马其顿的中兴之主曾经一度到希腊军事强邦底比斯充当人质。归国后，深受底比斯军事思想影响的他把萨里沙长枪交给士兵，以马其顿王国的自耕农为人力基础，组建了方阵部队。相比希腊传统的重装步兵，这些士兵更加依靠集体的力量作战。萨里沙长矛太长，即使山茱萸木制成的枪杆坚实耐用，士兵们还是发现长枪由于自身的重量产生了弯曲。使用者甚至需要适度斜举长枪，才能够使枪尖处基本保持水平。同样，士兵难以轻松地挥舞长枪，双手持枪才能勉强用它完成刺击的动作。由于腾不出手持盾，方阵长枪兵的盾牌尺寸较小（直径60—70厘米），并且悬挂在脖子上，再利用挂绳和把手固定。在标准密度的方阵中，每隔90厘米就有一名方阵士兵，他们在战斗时侧身半蹲，左脚在前，双手持矛，胸前挂有盾牌。

马其顿式方阵拥有严密的组织架构，最大的单位是1000—2000人的方阵团（或者稍小的千人队），基干战术单元则是256人的方阵营队，最基本的编制是被称为16人队或10人队的单位。马其顿方阵最标准的战斗队形采取16排纵深，因此一个16人队刚好组成方阵中的一个纵列。以16排16列的方块阵形组成的方阵营队则是战场上最基干的、拥有独立指挥班子的战术单位，大量方阵营队横向排列，组成马其顿方阵连贯绵密的战线。

塞拉西亚会战距离马其顿方阵在战场上惊艳亮相已经过去了一个多世纪。卡利科斯当然无心感慨这种作战方式已传播四方，他的部队依旧在狼狈地后退。

塞拉西亚战场的地形大致可以划分为两个部分，战场的两翼分别是厄阿斯和奥林匹斯两座高地。两座山地之间存在狭长的谷地，这块谷地中有一条关键的主干道路。出于阻止联军进入拉柯尼亚的意图，斯巴达军队在这里占领了防御阵地。卡利科斯的方阵营队就位于战场左翼的奥林匹斯山下。马其顿和亚该亚同盟组成的联军在战场的两个高地下开始了仰攻，与进展顺利的右翼不同，左翼开始进攻不久就被逐步击退。

反击的斯巴达方阵冲下了高地，而马其顿人被赶到了发起攻击的平地上。指挥这次反击的斯巴达国王克里奥米尼斯三世兴高采烈，在他看来，局势扭转有望。而卡利科斯依旧在尽全力试图阻止战线的后退。

随着从高地一鼓作气向下进攻的冲劲消耗殆尽，斯巴达王和他的部队暂时停下脚步，重整方阵的队形。每个方阵营队左前方的军官和方阵团的督战官正在大呼小叫地命令部下整队。趁这一短暂的空隙，卡利科斯和其他马其顿军官得以重整混乱不堪的战线，准备再次发动攻击。

差不多在马其顿左翼的进攻回到原点的同时，塞拉西亚战场中部的谷地里，一场两军骑兵之间的战斗分出了胜负。人数多了一倍的马其顿—亚该亚联军骑兵击溃了对手斯巴达，把斯巴达两军切成了两半。

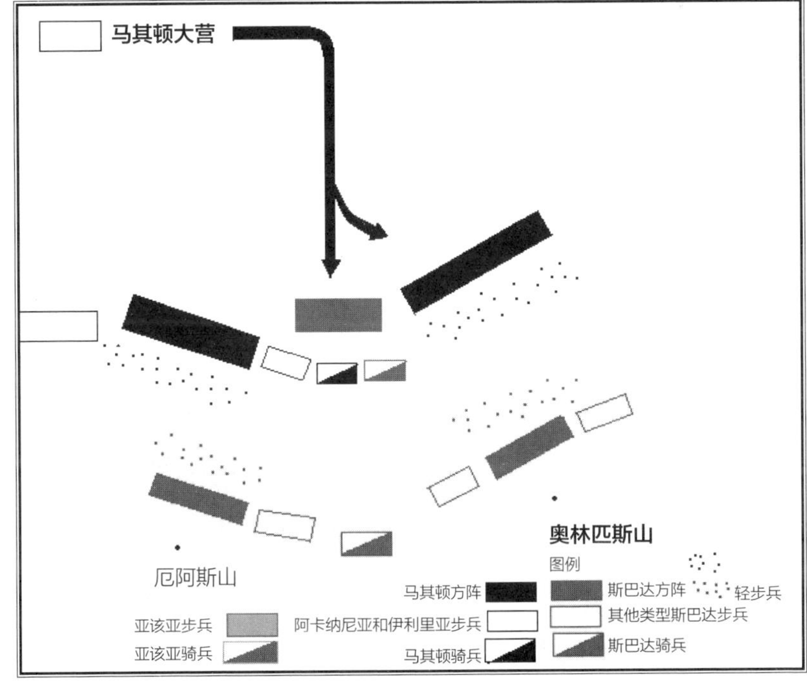

◎ 塞拉西亚会战部署

被孤立的斯巴达左翼在厄阿斯山上已经陷入包围，不久之后便全军覆没。这样的局面也使斯巴达右翼停止了进攻。卡利科斯并不知道，中央骑兵交战过程中，他在马其顿骑兵队服役的哥哥莱森阵亡了。

处在战线左翼的马其顿国王安提柯三世一直关注着整个局势。在斯巴达仅剩的右翼冲到奥林匹斯山下进退不能时，他安排了针对他们的第二次进攻。完成重整的马其顿左翼方阵重新开始前进，而在中央和右翼得胜的部队转而攻击斯巴达人的侧后。在方阵团的旗手和号手发布信号后，卡利科斯和他的营队开始了第二轮进攻，两支马其顿式方阵之间的交战注定是漫长而血腥的。在双方方阵互相靠近的过程中，双方的雇佣轻步兵分散来到阵前，这些轻步兵互相投射标枪，试图扰乱对方的队形，并努力保护己方的重步兵。随后，双方的第一排方阵士兵进入攻击范围，一开始的攻击动作往往显得谨慎而缓慢。随着后排的士兵逐渐加入战斗，长矛和盾牌的碰撞声此起彼伏，双方的阵形也开始混乱起来。

克里奥米尼斯在其所处位置看不见自己的部队已经遭到了来自侧后的攻击，但他可以清楚地发现远处厄阿斯山上的斯巴达守军已经彻底消失。这时他大概意识到了自己的结局。早在他发动第一次反冲击之前，他就已经看到厄阿斯山上的斯巴达左翼遭到包围。根据普鲁塔克的记载，当时国王向在左翼指挥作战的弟弟优克莱达斯远远呼喊，让他面对战败的现实，并鼓励他以斯巴达的传统勇敢地迎接死亡，用最后的奋战赢得荣誉和颂扬。现在，轮到这句激励对他自己适用了。不断有箭矢从厄阿斯山上飞射下来，马其顿军队中的克里特弓箭手在那里占领了阵地。由于射击距离过远，这些箭支不足以穿透金属胸甲，但方阵部队中拥有金属胸甲保护的只有军官和少数几排老兵，更多的人穿的只是廉价的亚麻和皮革胸甲。

萨里沙长枪的尾端，配有充当配重锥的“蜥蜴锥”，士兵在想要固定长枪时，把铜制的这一部分插入地面。万一长枪折断，也能用这一端继续作战。对于许多习惯于古典重装步兵作战方式的斯巴达人来说，他们更习惯于反手持握较短的半截萨里沙长枪作战。一名斯巴达士兵的长枪在肉搏中折断了，他反过手来挥舞着长矛的后半截冲向卡利科斯，后者闪身躲过了这一记刺杀。蜥蜴锥的边缘稍稍划破了胸甲的亚麻覆层，但对内衬的金属板无可奈何。卡利科斯迅速用盾牌格开长矛，挥动手中的反曲剑，猛地劈向抢入怀中的对手。斯巴达士兵头戴的皮鲁斯锥形头盔挡不住这一击，他鲜血淋漓地倒在地上。

◎ 斯巴达盾牌纹饰

越来越多的斯巴达士兵倒下，很快，装备最精良的前列士兵损失殆尽了。马其顿人涌入崩溃在即的斯巴达方阵。失去了严密阵形的方阵任人宰割，马其顿和亚该亚同盟的中央和右翼军从侧后冲入，斯巴达人丧失了最后的抵抗意志。

卡利科斯当面的斯巴达敌人在骚动中开始后退。他怒吼着招呼部下前进，这时，一名昏迷在地的斯巴达人苏醒过来，用匕首给了他致命的一击。对于马其顿和亚该亚同盟而言，这一天的会战是彻底的胜利，20000 人的敌军被彻底击败。6000 名斯巴达公民中仅有包括国王克里奥米尼斯三世在内的 200 人侥幸存活下来。但对卡利科斯的家人而言，这份胜利却充满痛楚——这个军人贵族家庭一天之内失去了两个儿子。

◎ 莱森和卡利科斯兄弟

塞拉西亚会战展示了公元前 3 世纪地中海世界中步兵作战的典型风貌以及这个时期飞速发展的步兵战术的成果。

尽管在兵力上存在巨大劣势，但斯巴达军队仍有几分胜算，因为他们作为防御者提前占据了有利地形。根据实战情况的发展，这次战败更应当归咎于战前计划不全面及军队协同能力太差。会战开始时，马其顿—亚该亚联军事先在右翼的进攻进行了周密的安排：山脚下的马其顿方阵作为正面主力仰攻厄阿斯山；在各方阵营队之间的缝隙处，机动性良好的伊利里亚步兵填补战线缝隙，掩护方阵侧面；方阵背后则有克里特弓箭手抛射箭矢压制山顶的斯巴达守军；最后由来自阿卡尼亚的轻步兵绕到高地的侧面进行夹击。

进攻开始时，在方阵周围掩护的部分伊利里亚部队进军过快，暴露出了侧翼，使得斯巴达骑兵得以向他们进行冲击。不过这一冲击被联军中部的骑兵、步兵混合部队逐退了。值得一提的是，中部的行动是由初出茅庐的亚该亚将军斐洛波门在未经允许的情况下擅自实施的，由于这一果敢准确的判断，他的抗命行为事后获得了称赞。

反观斯巴达军队，却缺乏各部分之间的配合，也没有制定战前的详细预案。厄阿斯山遭遇多面夹攻时，中央谷地的斯巴达骑兵曾一度抓到了出击的时机。但他们缺乏步兵的后援，逐渐被数量上占优势的敌军骑兵所压倒。在这段时间里，厄阿斯山上的斯巴达左翼坐拥大好战机，本可趁机发动自上而下的冲击。可他们却坐视联军包围两个侧翼。最终，斯巴达方阵只能在失去地势优势且被包围的情况下绝望地进行最后的抵抗。右翼的斯巴达方阵虽然冲击成功，并且一度击退了当面的马其顿方阵和雇佣军轻步兵，但这次在左翼动摇时发动的攻势没有其他局部友军的配合，处于前出而孤立的位置上，最终招致了同样被围歼的结局。

在塞拉西亚会战前后，环地中海世界出现了许多次类似的战例。这些会战往往发生在组织严密、具有一定纪律性的合格正规军之间。然而战局却往往不像部队本身一样双方势均力敌。决定胜负的往往是单位之间的协同情况与计划的好坏。

在汉尼拔最伟大的胜利——坎尼会战中，品质不一的各民族步兵就在汉尼拔天才的领导下展现出了极高的默契和战术执行力。步兵凸形阵的中央被敌军击退时仍保持连贯队形而不溃逃，同时战线两端的部队死守阵地不退，成功将阵线转化为凹形阵，诱敌深入。两翼的预备队此时完成包抄，同绕到敌军背后的骑兵一起，以大致相当于罗马人半数的兵力，成功组成了一个包围圈。汉尼拔的死敌——大西庇阿的军队在数年后的伊利帕会战里同样展示了令人叹为观止的步兵作战协同能力。利用纵队、横队与“棋盘格”阵形的一系列连续变换，罗马军团在骑兵、步兵均少于对手的情况下成功完成了侧翼突击，孤立了对方的中央，大获全胜。

◎ *扎马会战*

巅峰：体系灵活性与自主作战的闪光

彼得那会战

公元前168年6月22日，在马其顿北部港城彼得纳（Pydna）南郊的原野上，罗马军团迎战了马其顿军队。依照罗马人的部署习惯，步兵战线中的两端一般由拉丁同盟军团等罗马化的意大利重步兵组成，而中央位置由罗马军团自己占据。起先，这种部署是因为以萨莫奈山地步兵为代表的意大利步兵更擅长机动作战。后来随着意大利同盟各军团越来越重装化、战法和组织方式越来越接近罗马军团，这种部署习惯更多地作为传统被继承下来。意大利同盟部队尽管已经是不折不扣的重步兵，但依旧被部署在步兵战线的两端，并时常执行侧翼进攻等强调机动的作战任务。在彼得那会战中，罗马人的第一波攻击就是由意大利同盟军团在两翼发动的。

意大利同盟军团佩利格尼亚步兵大队的指挥官萨留斯在其麾下三个中队的众目睽睽之下做出了一个惊人的举动。他将整个步兵队发誓付出生命守护的步兵队旗猛力向前掷去。旗帜如同标枪一样在空中飞行了一段距离，然后落进了不远处由马其顿方阵士兵组成的矛墙之中。

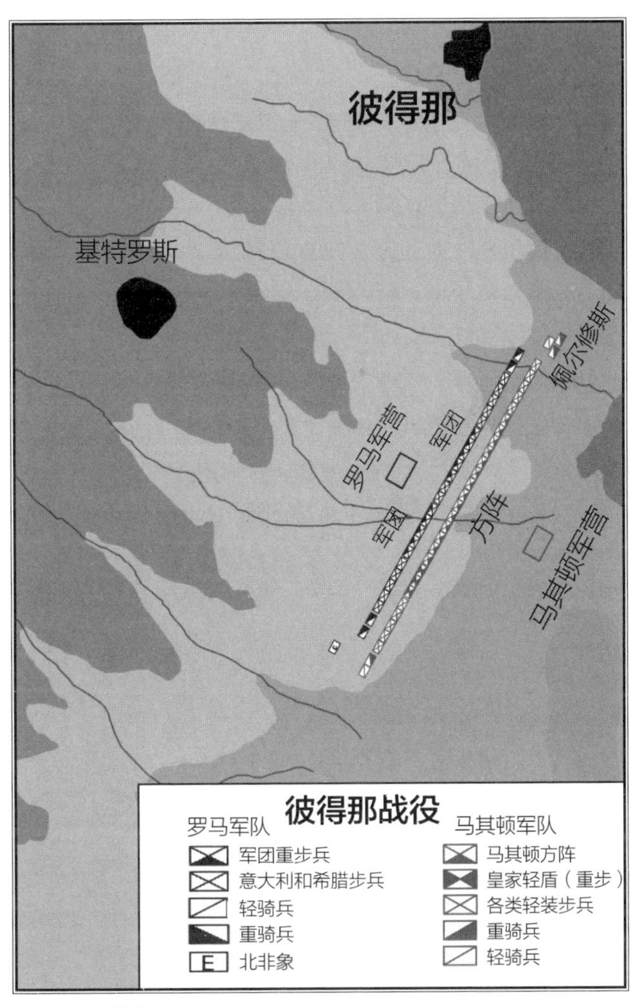

◎ *彼得那会战部署*

就在之前，这个步兵大队发动的第一次进攻失败了，他们被密集的矛墙轻松击败，第一排的老兵中有三分之一丧命。但军官的行动刺激了他们，意大利士兵再度激发出了狂热的战斗热情，以严整的队形再一次发动冲击，目的是夺回敌军矛墙背后的旗帜。战列最前端的是青年军中队，成年兵和后备兵紧随其后。罗马人举起他们源自拉丁姆地区的木质长盾，试图格挡开马其顿人的萨里沙长矛，也有人试图用西班牙短剑砍断马其顿枪杆，但每个罗马士兵平均下来要面对多达十支枪头，攻击者往往只能招架一两支长枪，就被刺倒在地。

在这样毫无弹性的正面交战中，方阵相比军团步兵密集了一倍的作战阵形和武器的长度优势起到了决定性的作用。在短暂而激烈的交战中，萨留斯的第一个步兵中队很快便损失了接近一半的作战力量，剩下的士兵也完全没有了作战意志。填补到这个中队的成年军中队同样对方阵无计可施。就在萨留斯绝望地试图投入最后一个后备兵中队时（与青年兵、成年兵不同，波利比乌斯时期的罗马军团中，后备兵以类似希腊重装步兵的长盾加长矛形式武装），同样陷入困境的友邻部队首先支撑不住，左侧的马鲁西尼亚步兵大队放弃了进攻，幸存者不顾一切地向后逃跑，大喊着“各自逃命去吧！”他们面对的马其顿方阵开始向前追击。马其顿的轻盾兵们也纷纷从方阵中跃出，攻击其他罗马步兵的侧后。萨留斯目瞪口呆地看着这一切，然后以哨声提示他的部下开始后退。以此为起点，罗马战线开始全线崩溃，尚未投入战斗的大批罗马步兵中队与溃兵一起逃命，指挥这支军队的执政官保卢斯焦急地撕扯着自己的衣服。

然而，正是在占尽上风的马其顿人以欧林浦山脚的罗马大营为最终目标进行追击时，战局不知不觉间有了巨大的逆转。山地的崎岖地形开始困扰队形紧密的方阵，

◎ 彼得那会战

◎ 条顿堡森林之战

在各单位速度不同的情况下，绵密的战线开始破裂。保卢斯敏锐地看到了这一点，简短地命令道：“分散，上前搏斗，快！”军团指挥官们连忙传达。自此，战斗转化为由步兵中队甚至更小单位主导的分散战斗。前一秒还在溃退边缘的罗马军团以惊人的速度恢复过来，转身投入了对方阵各缝隙的冲击。只有军官和前排士兵穿戴了金属胸甲的方阵显然难以在一对一的战斗中对抗军团士兵的长盾和短剑，许多马其顿人甚至只有匕首防身。萨留斯所剩不多的残兵也再次发动了冲击，两三人一组的亡命徒钻入阵形缺口。萨里沙长矛只能在人体上刺穿一个洞，而锋利的西班牙短剑却能轻易地让人四肢横飞。

◎ 西班牙短剑

现在轮到马其顿人濒临崩溃了。仿佛是嫌事情不够糟，情绪多变的马其顿国王佩尔修斯被步兵交战局势的扭转打击到，惊慌失措地率领整支尚未交战的骑兵部队离开了战场。这一举动决定了会战的结果。夜幕到来时，罗马人结束了肆无忌惮的追击。总计 25000 名马其顿士兵死亡，马其顿王国灭亡了。

彼得那会战在各种场合被无数次提及，它是罗马和马其顿两大军事强国的一次正面碰撞，也是古典时期地中海世界两大军事体系最直接和最后的较量。之后的本都王国军队尽管继承了马其顿化的军事体系，其军队的素质却难以与马其顿军队相提并论。许多马其顿军事体系的拥趸者坚持认为，这场会战中佩尔修斯的逃亡决定了他的失败。而在步兵作战方面，马其顿方阵即使陷入僵局，也展示出了不亚于罗马军团重步兵的综合能力。不过，真正展现这两个军事体系中步兵战术造诣高低的，却是一系列罗马军团与马其顿方阵的交战中都有所表现的细节。在罗马军团发动反击的关键时刻，保卢斯大胆地打散编制，把作战主导权下放给他的基层军官。本文并未详述的狗头山会战中，同样是一位罗马护民官的大胆行动决定了战局。反观马其顿军队，步兵作战却没有表现出这样的自主性。这样的差距并不是因为方阵军队中缺乏优秀的军官，而是由方阵的先天不足决定的。

以中队战术为主导的罗马步兵战术，可以在指挥官大胆打破建制、下放指挥权的情况下，以步兵百人队，甚至单个士兵为单位，继续有效行动。而马其顿方阵却几乎不能以小于方阵营队的单位作战，更别说单兵战斗了。实战中不可避免的混乱情况，以及不利于密集阵的环境，进一步放大了双方在此方面的差别。方阵战术体系中存在的这种不足，恐怕只有在与罗马军团这样协同良好、组织严密的敌手交战时才会显露。对环境的适应能力和战术体系提供给下级指挥官自由发挥的灵活空间决定了“优秀”与“顶尖”步兵战术体系间的差距。

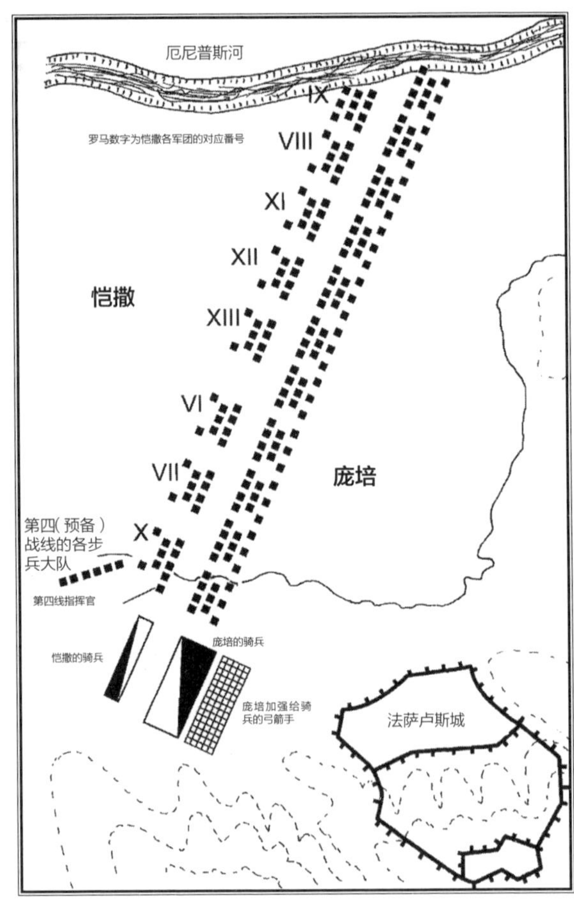

◎ *法萨卢斯会战*

总结

在长达数个世纪的征服史中，罗马从一个意大利蕞尔小邦，成为一个地跨三大洲的帝国。伴随着扣人心弦的无数场会战，罗马军团最终为世人所知的经典形象，是手持大盾和短剑、身着环片“龙虾甲”的剑盾重步兵。从城邦时期的古典重装步兵，到运作精密的罗马军团体系，罗马步兵数百年间的演变，是同一时期西方步兵战术发展的缩影。从形成初步的组织，到构建一个协作默契的成熟体系，再到使集体作战和自主行动得以兼顾，古典时代步兵体系发展的最终成果，连同其经历一起，在此后千百年间成为后来者所效仿和学习的对象。